大学物理

上册

陈源福　施一峰　主编

第2版

清华大学出版社
北京

内 容 简 介

本书是高等院校应用型特色教材,实践性、应用性和技术性较强。本书以经典物理为主要内容,近代物理适当简介,理论与企业生产实际结合紧密,内容通俗易懂。

本书共分上、下两册。上册内容包括:质点运动学、牛顿运动定律与力、质点系动力学、刚体力学基础、机械振动和机械波、气体动理论、热力学基础。下册内容包括:静电场、恒定磁场、电磁感应 电磁场和电磁波、波动光学、近代物理简介。

本书可作为应用型高等院校工科各专业本科生的大学物理基础课教材或企业工程技术人员的参考书。

图书在版编目(CIP)数据

大学物理. 上册 / 陈源福,施一峰主编. -- 2 版. -- 北京:清华大学出版社,2025. 6.
ISBN 978-7-302-69601-8

Ⅰ. O4

中国国家版本馆 CIP 数据核字第 20252EY492 号

责任编辑:朱红莲
封面设计:傅瑞学
责任校对:王淑云
责任印制:宋 林

出版发行:清华大学出版社
   网　　址:https://www.tup.com.cn,https://www.wqxuetang.com
   地　　址:北京清华大学学研大厦 A 座　　邮　　编:100084
   社 总 机:010-83470000　　邮　　购:010-62786544
   投稿与读者服务:010-62776969,c-service@tup.tsinghua.edu.cn
   质量反馈:010-62772015,zhiliang@tup.tsinghua.edu.cn
印 装 者:三河市天利华印刷装订有限公司
经　销:全国新华书店
开　　本:185mm×260mm　　印　张:13.25　　字　数:321 千字
版　　次:2018 年 2 月第 1 版　　2025 年 6 月第 2 版　　印　次:2025 年 6 月第 1 次印刷
定　　价:40.00 元

产品编号:112380-01

第2版前言

FOREWORD

本教材第 1 版出版至今已经 6 年了，在当今互联网时代，随着科技的飞速发展和教育理念的不断更新，对教材的建设提出了各种新的要求和改革。大学物理教学需要与时俱进，在传承经典理论的同时，融入现代科学成果与教学方法。在这 6 年中，根据使用本教材的教师提供的教学反馈建议以及收获一些学生的真实体验感受，我们对教材进行了进一步的修订。本次教材改版旨在适应新时代高等教育需求，结合教学实践反馈，优化内容体系，提升教材的启发性、实用性和可读性。

本次修订保留了第 1 版的主要内容和特点，此外我们做了如下修订工作：

（1）本书在每个章节内容里都增加了一些"科学家简介"的内容。主要介绍与本章物理知识密切相关的国内外科学家，比如在第 10 章中，通过介绍法拉第的成长经历和学术成就，强调"知识改变命运"的信念，激励学生珍惜学习机会，突破出身与环境限制，培养终身学习的品质。同时让学生学习法拉第的科学品格——无私与社会责任感。

（2）适当增添了多个阅读文档和一些视频资料，学生通过扫描二维码可以观看视频，拓宽学生的知识面，使教材更具有时代感和立体感。

（3）在上、下册的最后增加了 3～5 套综合测练习，方便读者和学生进行测评，可以当作对整本书掌握情况的一个综合评价。

全书第 1～3 章由施一峰修订；第 4～7 章及综合练习由陈源福修订；第 8～9 章及综合练习由陈春彩修订；第 10～12 章由骆明辉修订。

全书第 1 版在编写过程中得到了哈尔滨工业大学郭重雄教授、陈春荣教授的悉心指导，得到了同行：陈荣泉、余小刚、蔡琳敏、章进炳的大力支持，在此表示衷心的感谢！并向本书编写过程中参阅的书籍、文献的作者表示感谢！

由于作者水平有限，书中难免有不足之处甚至错误，敬请有关老师和读者批评指正。我们将在今后再版中加以改正，使我们的教材在使用中不断完善。

编　者

2025 年 3 月

于闽南理工学院

第1版前言

FOREWORD

近年来随着教学改革的不断深入，一些新建本科高等院校正在向培养应用型人才转型。各专业对教材的要求既有普通本科的共性，又有别于普通本科的自身特点，即更加注重实践性、应用性和技术性。为适应这类应用型本科院校的需要，我们根据教育部最近制定的《理工科非物理专业课程教学基本要求》及应用型本科院校工科专业需求的特点，结合编者多年的教学实践，参照国内外教学改革的成果编写本教材。

由于本教材是以培养应用型人才为目标，所以在编写过程中注重物理知识与生产技术、生活实际和自然现象相结合。本教材的主要特点表现在以下几个方面：

1. 为适应企业生产技术的需要，本教材以经典物理为主要内容，近代物理压缩为一章，仅介绍狭义相对论和量子物理的基本概念，且尽量做到通俗易懂，拓宽学生的知识面，有助于培养学生树立正确的世界观、价值观。

2. 各章节内容的编写重点强调物理思想和物理图像的构建，在正文的叙述中某些定理、定律等知识能用物理图像说清楚的就不用复杂的数学推证。

3. 书中的例题和练习题的选取注重对基础知识的理解和巩固，选择与生产实际联系紧密的应用题及对其基本解题方法进行训练，避开需要复杂的数学推导的例题和练习题。

4. 每章开头设计了本章内容的知识框架图，每章最后列出了内容概述，以便学生、读者把握教材的知识要点和线索。

5. 本教材配有多媒体课件(PPT)、电子教案和习题集等教学资源。

考虑到新建本科应用型高等院校不同专业教学计划学时可能存在较大差异，本教材各章内容相对独立，使用时可根据具体情况对内容进行重组或取舍。教学可在72～96学时范围内，对有"＊"号标示的内容可作为学生阅读或拓展内容，删除也不影响整本书的完整性和连续性。

本书由闽南理工学院具有多年教学与实际工作经验的教师集体编写而成。由陈春荣老师策划并撰写前言，由陈春彩、陈源福统稿。其中第1章的全部内容，第2～4章的插图及阅读材料由施一峰执笔；第2～4章其他内容由余小刚执笔；第5章由蔡琳敏执笔；第6、7章由陈源福执笔；第8、9、12章

(除了第 8 章图 8-1 至图 8-24 插图由章进炳绘制外)全部由陈春彩执笔；第 10 章由骆明辉执笔；第 11 章由陈荣泉执笔。

　　本书在编写过程中得到了哈尔滨工业大学郭重雄教授悉心指导,也得到了闽南理工学院领导的大力支持,在此表示衷心的感谢！并向本书编写过程中参阅的书籍、文献的作者表示感谢！

　　由于我们水平有限,时间仓促,书中难免有不足之处,敬请有关老师和读者批评指正。我们将在今后再版中加以改正,使本教材在使用中不断完善。

编　者

2017 年 7 月

于闽南理工学院

目 录

CONTENTS

第1章　质点运动学 ……………………………………………………… 1

1.1　质点运动的描述 …………………………………………………… 1

1.1.1　参考系　质点 ……………………………………………… 1

1.1.2　质点运动的矢量描述 ……………………………………… 2

1.2　曲线运动 …………………………………………………………… 5

1.2.1　圆周运动 ……………………………………………………… 5

1.2.2　一般曲线运动 ……………………………………………… 9

1.3　运动学的基本问题 ………………………………………………… 10

1.4　相对运动 …………………………………………………………… 12

本章提要 ………………………………………………………………… 14

思考题 …………………………………………………………………… 15

习题 ……………………………………………………………………… 16

第2章　牛顿运动定律与力 ……………………………………………… 18

2.1　牛顿运动定律 ……………………………………………………… 19

2.1.1　牛顿第一运动定律 ………………………………………… 19

2.1.2　牛顿第二运动定律 ………………………………………… 19

2.1.3　牛顿第三运动定律 ………………………………………… 21

2.2　几种常见的力 ……………………………………………………… 21

2.2.1　万有引力　重力 …………………………………………… 21

2.2.2　弹性力 ………………………………………………………… 22

2.2.3　摩擦力 ………………………………………………………… 22

2.3　牛顿运动定律的应用举例 ………………………………………… 23

本章提要 ………………………………………………………………… 27

思考题 …………………………………………………………………… 27

习题 ……………………………………………………………………… 28

第 3 章　质点系动力学 ··· 30

　3.1　动量守恒定律 ·· 30

　　3.1.1　质点的动量定理 ·· 31

　　3.1.2　质点系的动量定理 ·· 32

　　3.1.3　动量守恒定律 ··· 33

　3.2　功和功率 ·· 35

　　3.2.1　恒力做功 ··· 35

　　3.2.2　变力做功 ··· 36

　　3.2.3　合力做功 ··· 36

　　3.2.4　功率 ·· 37

　3.3　动能定理 ·· 37

　　3.3.1　质点的动能定理 ·· 37

　　3.3.2　质点系的动能定理 ·· 39

　3.4　势能　机械能守恒定律 ··· 41

　　3.4.1　重力、弹力、万有引力、摩擦力做功 ··· 41

　　3.4.2　保守力与非保守力 ·· 42

　　3.4.3　势能 ·· 43

　　3.4.4　机械能守恒定律 ·· 45

　　3.4.5　能量守恒定律 ··· 46

　3.5　碰撞 ··· 46

　本章提要 ··· 47

　思考题 ·· 48

　习题 ··· 49

第 4 章　刚体力学基础 ··· 51

　4.1　刚体运动的描述 ·· 52

　　4.1.1　平动 ·· 52

　　4.1.2　定轴转动 ··· 52

　4.2　力矩　转动定律　转动惯量 ·· 54

　　4.2.1　力矩 ·· 54

　　4.2.2　转动定律 ··· 55

　　4.2.3　转动惯量 ··· 55

　4.3　角动量 ··· 59

　　4.3.1　角动量定理 ·· 59

　　4.3.2　角动量守恒定律 ·· 60

　4.4　刚体定轴转动的动能定理 ·· 61

　　4.4.1　力矩做功 ··· 62

　　4.4.2　刚体绕定轴转动的动能定理 ··· 62

　4.5　刚体力学综合应用 ··· 64

本章提要 ………………………………………………………… 68

思考题 …………………………………………………………… 69

习题 ……………………………………………………………… 69

第5章　机械振动和机械波 …………………………………… 72

5.1　简谐振动的基本特征 ……………………………………… 73

　　5.1.1　简谐振动 ………………………………………… 73

　　5.1.2　运动学特征 ……………………………………… 74

5.2　描述简谐振动的特征量 …………………………………… 74

5.3　简谐振动的旋转矢量图表示法 …………………………… 77

5.4　简谐振动的能量 …………………………………………… 78

5.5　简谐振动的合成 …………………………………………… 79

5.6　机械波的产生和传播 ……………………………………… 81

　　5.6.1　机械波产生的条件 ……………………………… 81

　　5.6.2　波线与波面 ……………………………………… 81

　　5.6.3　描述机械波的特征量 …………………………… 83

5.7　平面简谐波的波动方程及其物理意义 …………………… 83

　　5.7.1　平面简谐波的波动方程 ………………………… 83

　　5.7.2　波动方程的物理意义 …………………………… 84

5.8　波的能量 …………………………………………………… 86

5.9　惠更斯原理　波的衍射 …………………………………… 86

　　5.9.1　惠更斯原理 ……………………………………… 86

　　5.9.2　波的衍射 ………………………………………… 87

5.10　波的干涉 ………………………………………………… 88

　　5.10.1　波的叠加原理 ………………………………… 88

　　5.10.2　波的干涉的定义 ……………………………… 88

　　5.10.3　驻波 …………………………………………… 90

本章提要 ………………………………………………………… 91

思考题 …………………………………………………………… 93

习题 ……………………………………………………………… 94

第6章　气体动理论 …………………………………………… 97

6.1　热运动的描述 ……………………………………………… 98

　　6.1.1　平衡态和平衡过程 ……………………………… 98

　　6.1.2　气体的状态参量 ………………………………… 98

　　6.1.3　理想气体的状态方程 …………………………… 100

6.2　理想气体的压强公式 ……………………………………… 100

　　6.2.1　理想气体的微观模型与统计假设 ……………… 100

　　6.2.2　理想气体的压强公式 …………………………… 101

6.2.3 理想气体温度的微观解释 ···················· 103
6.3 能量均分定理 理想气体的内能 ···················· 104
6.3.1 自由度 ···················· 104
6.3.2 能量按自由度均分定理 ···················· 105
6.3.3 理想气体的内能 ···················· 106
6.4 麦克斯韦气体分子速率分布律 ···················· 107
6.4.1 测定气体分子速率分布的实验 ···················· 108
6.4.2 麦克斯韦分子速率分布定律 ···················· 109
6.4.3 气体分子的三种统计速率 ···················· 110
*6.5 玻耳兹曼能量分布律 ···················· 111
6.6 分子的平均碰撞次数和平均自由程 ···················· 112
6.6.1 平均碰撞次数 ···················· 113
6.6.2 平均自由程 ···················· 114
*6.7 气体的迁移现象 ···················· 114
6.7.1 黏滞现象 ···················· 115
6.7.2 热传导现象 ···················· 115
6.7.3 扩散现象 ···················· 116
本章提要 ···················· 116
思考题 ···················· 118
习题 ···················· 119

第 7 章   热力学基础 ···················· 122
7.1 准静态过程 ···················· 122
7.1.1 准静态过程的定义 ···················· 122
7.1.2 功 ···················· 123
7.1.3 热量 ···················· 124
7.1.4 内能 ···················· 124
7.1.5 热力学第一定律 ···················· 125
7.2 热力学第一定律在理想气体中的应用 ···················· 126
7.2.1 等体过程 气体的摩尔定体热容 ···················· 126
7.2.2 等压过程 气体的摩尔定压热容 ···················· 127
7.2.3 等温过程 ···················· 128
7.2.4 绝热过程 ···················· 129
7.3 循环过程 卡诺循环 ···················· 132
7.3.1 循环过程 ···················· 132
7.3.2 热机与热机效率 ···················· 132
7.3.3 制冷机工作原理与制冷系数 ···················· 133
7.3.4 卡诺循环 ···················· 134
7.4 热力学第二定律 ···················· 137

7.4.1 热力学第二定律的两种表述 ……………………………… 137

*7.4.2 热力学第二定律两种表述的等效性 ………………………… 138

7.4.3 可逆过程和不可逆过程 …………………… 139

7.4.4 卡诺定理 …………………………………… 139

*7.5 熵和熵增加原理 ……………………………………………………… 140

7.5.1 熵 ……………………………………………… 140

7.5.2 熵增加原理 ……………………………………… 141

7.5.3 热力学第二定律的统计意义 …………………… 142

7.5.4 玻耳兹曼熵 ……………………………… 143

本章提要 ………………………………………………………………… 144

思考题 …………………………………………………………………… 146

习题 ……………………………………………………………………… 147

综合练习（一） ……………………………………………………………… 151

综合练习（二） ……………………………………………………………… 156

综合练习（三） ……………………………………………………………… 161

综合练习（四） ……………………………………………………………… 165

综合练习（五） ……………………………………………………………… 170

习题参考答案 ……………………………………………………………… 175

综合练习参考答案 ………………………………………………………… 179

参考文献 …………………………………………………………………… 191

附录Ⅰ 国际单位制 ………………………………………………………… 192

附录Ⅱ 常用基本物理数据 ………………………………………………… 194

附录Ⅲ 空气、水、地球、太阳系常用数据 …………………………………… 196

附录Ⅳ 物理量的名称符号和单位 ………………………………………… 197

第1章

质点运动学

物理学是研究物质最普遍、最基本运动形式的基本规律的一门学科,这些运动形式包括机械运动、分子热运动、电磁运动、原子和原子核运动以及其他微观粒子运动等。机械运动是这些运动中最简单、最常见的运动形式,其基本形式有平动和转动。在平动过程中,若物体内各点的位置没有相对变化,那么各点所移动的路径完全相同,可用物体上任一点的运动来代表整个物体的运动,从而可研究物体的位置随时间而改变的情况。在力学中,这部分内容称为质点运动学。

本章结构框图

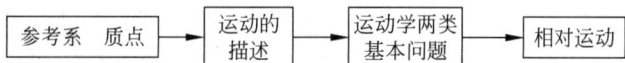

参考系 质点 → 运动的描述 → 运动学两类基本问题 → 相对运动

1.1 质点运动的描述

1.1.1 参考系 质点

1. 参考系

在自然界中所有的物体都在不停地运动,绝对静止不动的物体是没有的。在观察一个物体的位置及位置的变化时,总要选取其他物体作为标准,选取的标准物不同,对物体运动情况的描述也就不同,这就是运动描述的相对性。

为描述物体的运动而选的标准物叫作**参考系**。不同的参考系对同一物体运动情况的描述是不同的。因此,在讲述物体的运动情况时,必须指明是对什么参考系而言的。参考系的选择是任意的。在讨论地面上物体的运动时,通常选地球作为参考系。

2. 质点

物体都有大小和形状,运动方式又都各不相同。例如,太阳系中,行星除绕自身的轴线自转外,还绕太阳公转;从枪口射出的子弹在空中向前飞行的同时,还绕自身的轴转动;有些双原子分子,除了分子的平动、转动,分子内各原子还在振动。这些事实都说明,物体的运动情况是十分复杂的。物体的大小、形状、质量也都是千差万别的。

如果我们研究某一物体的运动,可以忽略其大小和形状,或者可以只考虑其平动,那么就可把物体当作一个有一定质量的点,这样的点通常叫作**质点**。

质点是经过科学抽象而形成的物理模型。把物体当作质点是有条件的、相对的,而不是无条件的、绝对的,因而对具体情况要作具体分析。例如研究地球绕太阳公转时,由于地球至太阳的平均距离约为地球半径的 10^4 倍,故地球上各点相对于太阳的运动可以看作相同的,所以在研究地球公转时可以把地球当作质点;但是,在研究地球上物体的运动情况时,就不能再把地球当作质点处理了。

应当指出,把物体视为质点这种抽象的研究方法,在实践上和理论上都有重要意义。当我们所研究的运动物体不能视为质点时,可把整个物体看成是由许多质点组成的,弄清这些质点的运动,就可以弄清楚整个物体的运动。所以,研究质点的运动是研究物体运动的基础。

1.1.2　质点运动的矢量描述

1. 位置矢量　运动方程　位移

1) 位置矢量

在参考系选定以后,为定量地描述质点的位置和位置随时间的变化,需在参考系上选择一个坐标系。

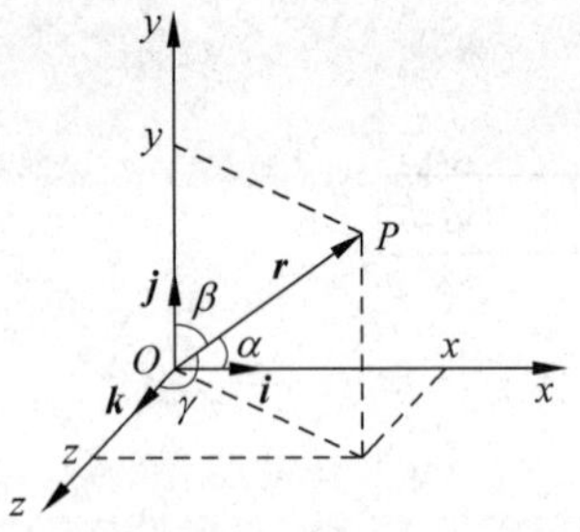

图 1-1　位置矢量

在如图 1-1 所示的直角坐标系中,在某时刻 t,质点 P 在坐标系里的位置可用**位置矢量** $r(t)$ 来表示。位置矢量简称**位矢**,它是一个有向线段,其始端位于坐标系的原点 O,末端则与质点 P 在时刻 t 的位置重合。从图中可以看出,位矢 r 在 Ox 轴、Oy 轴和 Oz 轴上的投影(即质点的坐标)分别为 x、y 和 z。所以,在 t 时刻,质点 P 在直角坐标系中的位置,既可以用位矢 r 来表示,也可以用坐标 x、y 和 z 来表示。那么位矢 r 亦可写成

$$r = x\boldsymbol{i} + y\boldsymbol{j} + z\boldsymbol{k} \tag{1-1}$$

其值为

$$|\boldsymbol{r}| = \sqrt{x^2 + y^2 + z^2} \tag{1-2}$$

位矢 r 的方向余弦由下式确定

$$\cos\alpha = \frac{x}{|\boldsymbol{r}|}, \quad \cos\beta = \frac{y}{|\boldsymbol{r}|}, \quad \cos\gamma = \frac{z}{|\boldsymbol{r}|}$$

式中,α、β、γ 分别是 r 与 Ox 轴、Oy 轴和 Oz 轴之间的夹角。

2) 运动方程

当质点运动时,它相对坐标原点 O 的位矢 r 是随时间而变化的。因此,r 是时间的函数,即

$$r = r(t) = x(t)\boldsymbol{i} + y(t)\boldsymbol{j} + z(t)\boldsymbol{k} \tag{1-3}$$

式(1-3)叫作质点的**运动方程**;而 $x(t)$、$y(t)$ 和 $z(t)$ 则是运动方程的分量式,从中消去参数 t 便得到了质点运动的**轨迹方程**,所以它们也是轨迹的参数方程。

应当指出,运动学的重要任务之一就是找出各种具体运动所遵循的运动方程。

3）位移

在如图 1-2 所示的 Oxy 平面直角坐标系中,有一质点沿曲线从时刻 t_1 的点 A 运动到时刻 t_2 的点 B,质点相对原点 O 的位矢由 $\boldsymbol{r}_A$ 变到 $\boldsymbol{r}_B$。显然,在时间间隔 $\Delta t = t_2 - t_1$ 内,位矢的长度和方向都发生了变化。我们将由起始点 A 指向终点 B 的有向线段 $\overrightarrow{AB}$ 称为点 A 到点 B 的**位移矢量**,简称**位移**。位移 $\overrightarrow{AB}$ 反映了质点位矢的变化。把位移 $\overrightarrow{AB}$ 写作 $\Delta\boldsymbol{r}$,则质点从 A 点到 B 点的位移为

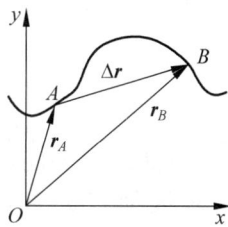

图 1-2　位移矢量

$$\Delta\boldsymbol{r} = \boldsymbol{r}_B - \boldsymbol{r}_A \tag{1-4a}$$

亦可写成

$$\Delta\boldsymbol{r} = \boldsymbol{r}_B - \boldsymbol{r}_A = (x_B - x_A)\boldsymbol{i} + (y_B - y_A)\boldsymbol{j} = \Delta x\boldsymbol{i} + \Delta y\boldsymbol{j}$$

式(1-4a)表明,当质点在平面上运动时,它的位移等于在 x 轴和 y 轴上的位移矢量和。

若质点在三维空间运动,则在直角坐标系 $Oxyz$ 中其位移为

$$\Delta\boldsymbol{r} = \boldsymbol{r}_B - \boldsymbol{r}_A = \Delta x\boldsymbol{i} + \Delta y\boldsymbol{j} + \Delta z\boldsymbol{k} \tag{1-4b}$$

应当注意,位移是描述质点位置变化的物理量,它只表示位置变化的实际效果,并非质点所经历的路程。如在图 1-2 中,曲线所示的路径 $\overset{\frown}{AB}$ 是质点实际运动的轨迹,轨迹的长度为质点所经历的路程,记为 Δs,而位移则是 $\Delta\boldsymbol{r}$。当质点经一闭合路径回到原来的起始位置时,其位移为零,而路程不为零。所以,质点的位移和路程是两个完全不同的概念,且一般情况下 $|\Delta\boldsymbol{r}| \ne \Delta s$。只有当 $\Delta t \to 0$ 时,或作单向直线运动时,才有 $|\Delta\boldsymbol{r}| = \Delta s$。

2. 速度

在力学中,若仅知道质点在某时刻的位矢,而不能同时知道该质点是静还是动,是动又动到什么程度,就不能确定质点的运动状态。所以,还应引入一物理量来描述位置矢量随时间的变化程度,这就是**速度**。

1）平均速度

如图 1-3 所示,一个质点在平面上沿轨迹 $CABD$ 曲线运动。在时刻 t,它处于点 A,其位矢为 $\boldsymbol{r}_1(t)$。在时刻 $t+\Delta t$,它处于点 B,其位矢为 $\boldsymbol{r}_2(t+\Delta t)$。在 Δt 时间内,质点的位移为 $\Delta\boldsymbol{r} = \boldsymbol{r}_2 - \boldsymbol{r}_1$。在时间间隔 Δt 内的**平均速度** $\overline{\boldsymbol{v}}$ 为

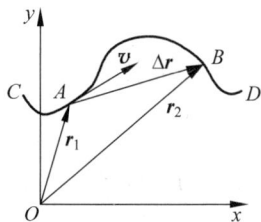

图 1-3　平均速度

$$\overline{\boldsymbol{v}} = \frac{\boldsymbol{r}_2 - \boldsymbol{r}_1}{\Delta t} = \frac{\Delta\boldsymbol{r}}{\Delta t} \tag{1-5}$$

由式(1-4b),平均速度可写成

$$\overline{\boldsymbol{v}} = \frac{\Delta\boldsymbol{r}}{\Delta t} = \frac{\Delta x}{\Delta t}\boldsymbol{i} + \frac{\Delta y}{\Delta t}\boldsymbol{j} = \overline{v}_x\boldsymbol{i} + \overline{v}_y\boldsymbol{j} \tag{1-6}$$

式中,$\overline{v}_x$ 和 $\overline{v}_y$ 是平均速度 $\overline{\boldsymbol{v}}$ 在 Ox 轴和 Oy 轴上的分量。

2）瞬时速度

当 $\Delta t \to 0$ 时,平均速度 $\overline{\boldsymbol{v}}$ 的极限值叫作**瞬时速度**(简称**速度**),用 $\boldsymbol{v}$ 表示,有

$$\boldsymbol{v} = \lim_{\Delta t \to 0} \frac{\Delta\boldsymbol{r}}{\Delta t} = \frac{\mathrm{d}\boldsymbol{r}}{\mathrm{d}t} \tag{1-7a}$$

或

$$v = \lim_{\Delta t \to 0} \frac{\Delta x}{\Delta t} \boldsymbol{i} + \lim_{\Delta t \to 0} \frac{\Delta y}{\Delta t} \boldsymbol{j} = v_x \boldsymbol{i} + v_y \boldsymbol{j} \tag{1-7b}$$

式中,

$$v_x = \frac{\mathrm{d}x}{\mathrm{d}t}, \quad v_y = \frac{\mathrm{d}y}{\mathrm{d}t}$$

v_x 和 v_y 是速度 $\boldsymbol{v}$ 在 Ox 轴和 Oy 轴上的分量,又称为速度分量。

显然,如以 $\boldsymbol{v}_x$ 和 $\boldsymbol{v}_y$ 分别表示速度 $\boldsymbol{v}$ 在 Ox 轴和 Oy 轴上的分速度(注意:它们是分矢量!),那么有

$$\boldsymbol{v} = v_x \boldsymbol{i} + v_y \boldsymbol{j} \tag{1-8}$$

式(1-8)亦可以写成

$$\boldsymbol{v} = \boldsymbol{v}_x + \boldsymbol{v}_y \tag{1-9}$$

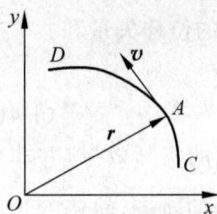

图 1-4　瞬时速度

通常把速度 $\boldsymbol{v}$ 的值,即 $|\boldsymbol{v}|$ 或 v 称为**速率**。速度 $\boldsymbol{v}$ 的方向与 $\Delta\boldsymbol{r}$ 在 $\Delta t \to 0$ 时的极限方向一致。当 $\Delta t \to 0$ 时,$\Delta\boldsymbol{r}$ 趋于和轨道相切,即与点 A 的切线重合。所以当质点作曲线运动时,质点在某一点的速度方向就是沿该点曲线的切线方向,如图 1-4 所示。

只有当质点的位矢和速度同时被确定时,其运动状态才被确定。所以位矢 $\boldsymbol{r}$ 和速度 $\boldsymbol{v}$ 是描述质点运动状态的两个物理量。这两个物理量可以从运动方程求出,所以知道了运动方程可以确定质点在任意时刻的运动状态。因此,概括说来,运动学问题有两类:一是由已知运动方程求解运动状态;二是由已知运动状态求解运动方程。

例 1.1　设质点的运动方程为 $\boldsymbol{r}(t) = x(t)\boldsymbol{i} + y(t)\boldsymbol{j}$,其中 $x(t) = t + 2$,$y(t) = \frac{1}{4}t^2 + 2$。求:(1)$t = 3\mathrm{s}$ 时的速度;(2)质点的轨迹方程。

解　这是已知运动方程求运动状态的一类运动学问题,可以通过求导数的方法求出。

(1)由题意可得速度分量分别为

$$v_x = \frac{\mathrm{d}x}{\mathrm{d}t} = 1, \quad v_y = \frac{\mathrm{d}y}{\mathrm{d}t} = \frac{1}{2}t$$

故 $t = 3\mathrm{s}$ 时的速度分量为

$$v_x = 1.0\mathrm{m \cdot s^{-1}} \quad 和 \quad v_y = 1.5\mathrm{m \cdot s^{-1}}$$

于是 $t = 3\mathrm{s}$ 时,质点的速度为

$$\boldsymbol{v} = 1.0\boldsymbol{i} + 1.5\boldsymbol{j}$$

速度的值为 $v = 1.8\mathrm{m \cdot s^{-1}}$,速度 $\boldsymbol{v}$ 与 x 之间的夹角 θ 为(图 1-5)

$$\tan\theta = \frac{v_y}{v_x}$$

$$\theta = \arctan\frac{1.5}{1} = 56.3°$$

(2)由已知运动方程

$$x(t) = t + 2, \quad y(t) = \frac{1}{4}t^2 + 2$$

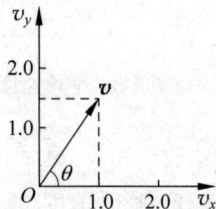

图 1-5　例 1.1 用图

消去 t 可得轨迹方程

$$y = \frac{1}{4}x^2 - x + 3$$

3．加速度

上面已经指出，作为描述质点状态的一个物理量，速度是一个矢量，所以无论是速度的数值发生改变，还是其方向发生改变，都表示速度发生了变化。为衡量速度的变化，我们将从曲线运动出发引出加速度的概念。

图 1-6　平均加速度

1）平均加速度

如图 1-6 所示，设在时刻 t，质点位于点 A，其速度为 v_1，在时刻 $t+\Delta t$，质点位于点 B，其速度为 v_2，则在时间间隔 Δt 内，质点的速度增量为 $\Delta v = v_2 - v_1$。它在单位时间内的速度增量即**平均加速度**，为

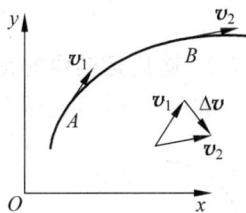

$$\bar{a} = \frac{\Delta v}{\Delta t} \tag{1-10}$$

2）瞬时加速度

当 $\Delta t \to 0$ 时，平均加速度的极限值叫作**瞬时加速度**，用 a 表示，有

$$a = \lim_{\Delta t \to 0} \frac{\Delta v}{\Delta t} = \frac{\mathrm{d}v}{\mathrm{d}t} \tag{1-11}$$

a 的方向是 $\Delta t \to 0$ 时 Δv 的极限方向，而 a 的数值是 $\left| \dfrac{\Delta v}{\Delta t} \right|$ 的极限值 $\left| \dfrac{\mathrm{d}v}{\mathrm{d}t} \right|$。

应当注意，加速度 a 既反映了速度方向的变化，也反映了速度数值的变化。所以质点作曲线运动时，任一时刻质点的加速度方向并不与速度方向相同，即加速度方向不沿着曲线的切线方向。在曲线运动中，加速度的方向指向曲线的凹侧。

由 $v = v_x + v_y$，式（1-11）可以写成

$$a = \frac{\mathrm{d}}{\mathrm{d}t}(v_x \boldsymbol{i} + v_y \boldsymbol{j})$$

即

$$a = \frac{\mathrm{d}v_x}{\mathrm{d}t}\boldsymbol{i} + \frac{\mathrm{d}v_y}{\mathrm{d}t}\boldsymbol{j} = \boldsymbol{a}_x + \boldsymbol{a}_y \tag{1-12}$$

1.2　曲线运动

1.2.1　圆周运动

若质点的运动轨迹是一个圆周，则称为圆周运动。圆周运动是一种常见的平面曲线运动，也是研究刚体转动的基础。为了较简捷地描述圆周运动，下面先引入极坐标系。

1．平面极坐标系

设有一质点在如图 1-7 所示 Oxy 平面内运动，某时刻它位于点 A。由坐标原点 O 到点 A 的有向线段 r 称为位矢（亦称径矢），r 与 Ox 轴之间的夹角为 θ。于是，质点在点 A 的位置可由 (r, θ) 来确定。这种以 (r, θ) 为坐标的参考系称为**平面极坐标系**。

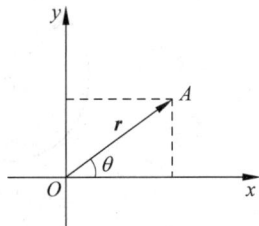

图 1-7　平面极坐标系

而在平面直角坐标系内,点 A 的坐标则为(x,y)。这两个坐标系的坐标之间的变换关系为

$$\begin{cases} x = r\cos\theta \\ y = r\sin\theta \end{cases}$$

2. 圆周运动中的角速度

如图 1-8 所示,质点作半径为 r 的圆周运动,以圆心 O 为**极点**,并任引一条射线 Ox 为

图 1-8　质点作圆周运动

极轴,那么位矢 r 与极轴的夹角 θ 称为质点的**角位置**。质点作圆周运动过程中,θ 随时间而变,因此 θ 是时间 t 的函数,即 $\theta = \theta(t)$。若 Δt 时间内位矢 r 转过 $\Delta\theta$ 角,则称 $\Delta\theta$ 为**角位移**。

当 $\Delta t \to 0$ 时,$\Delta\theta$ 与 Δt 之比的极限称为质点在 t 时刻对 O 点的**瞬时角速度**,简称**角速度**,用 ω 表示,即

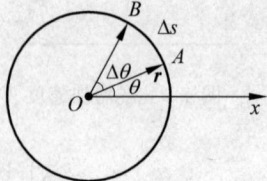

$$\omega = \lim_{\Delta t \to 0} \frac{\Delta\theta}{\Delta t} = \frac{d\theta}{dt} \tag{1-13}$$

通常以弧度(rad)量度 θ,因此 ω 的单位为弧度每秒,符号 $\mathrm{rad \cdot s^{-1}}$。

若在 Δt 时间内,质点在圆周上经过的圆弧长为 Δs,对应的角位移为 $\Delta\theta$,则有 $\Delta s = r\Delta\theta$。当 $\Delta t \to 0$ 时,有

$$v = \lim_{\Delta t \to 0} \frac{\Delta s}{\Delta t} = \lim_{\Delta t \to 0} \frac{r\Delta\theta}{\Delta t} = r\frac{d\theta}{dt}$$

因此,有

$$v = r\omega \tag{1-14}$$

此即圆周运动中速率与角速度的关系。

3. 圆周运动中的加速度

一般情况下,质点作圆周运动时,速度的大小与方向都不断地在发生变化,这种圆周运动称为变速圆周运动。下面讨论变速圆周运动的加速度。

如图 1-9(a)所示,质点经历 Δt 时间从 P 点运动到 Q 点,速度从 $v(t)$ 变为 $v(t+\Delta t)$,则在 Δt 时间内速度增量为 $\Delta v = v(t+\Delta t) - v(t)$。为便于计算,可将 Δv 分为两个分矢量 Δv_n 和 Δv_τ,如图 1-9(b)所示,即

$$\Delta v = \Delta v_n + \Delta v_\tau$$

式中,Δv_n 表示速度方向的改变;Δv_τ 表示 $v(t+\Delta t)$ 与 $v(t)$ 的数值差,即表示速度大小的改变。

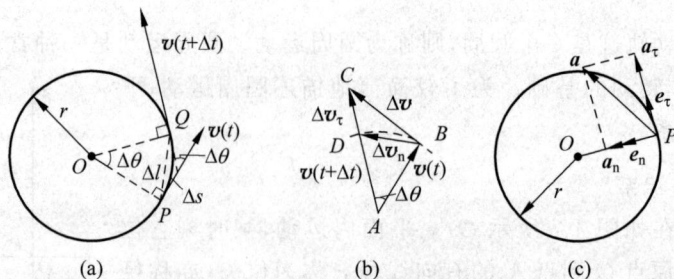

(a)　　　　　　(b)　　　　　　(c)

图 1-9　圆周运动中的加速度

因此圆周运动的加速度为

$$\boldsymbol{a} = \lim_{\Delta t \to 0} \frac{\Delta \boldsymbol{v}}{\Delta t} = \lim_{\Delta t \to 0} \frac{\Delta \boldsymbol{v}_\tau}{\Delta t} + \lim_{\Delta t \to 0} \frac{\Delta \boldsymbol{v}_n}{\Delta t} \tag{1-15}$$

当 $\Delta t \to 0$ 时，$\Delta \theta \to 0$，Q 点接近 P 点，$\angle ABD = \angle OPQ = 90°$，$\Delta \boldsymbol{v}_n \perp \boldsymbol{v}(t)$，即有 $\dfrac{\Delta \boldsymbol{v}_n}{\Delta t}$ 的方向指向圆心，因此称为**法向加速度**，记为 $\boldsymbol{a}_n$。在图 1-9(a)和(b)中，$\triangle ABD$、$\triangle OPQ$ 都为等腰三角形，且 $AC \perp OQ$，$AB \perp OP$，则 $\angle BAC = \angle POQ = \Delta\theta$。当 $\Delta t \to 0$ 时，$\overset{\frown}{BD} = \overline{BD}$，则 $BD = AB \cdot \Delta\theta$，即有 $|\Delta \boldsymbol{v}_n| = v\Delta\theta$，则

$$|\boldsymbol{a}_n| = \lim_{\Delta t \to 0} \frac{|\Delta \boldsymbol{v}_n|}{\Delta t} = \lim_{\Delta t \to 0} \frac{v\Delta\theta}{\Delta t} = v\omega = r\omega^2 = \frac{v^2}{r} \tag{1-16}$$

而 $\dfrac{\Delta \boldsymbol{v}_\tau}{\Delta t}$ 极限值的方向与 $\boldsymbol{v}(t)$ 的方向相同，称为**切向加速度**，记为 $\boldsymbol{a}_\tau$。由图 1-9(b)可知，$|\Delta \boldsymbol{v}_\tau| = |\boldsymbol{v}(t+\Delta t)| - |\boldsymbol{v}(t)| = \Delta v$，因此

$$|\boldsymbol{a}_\tau| = \lim_{\Delta t \to 0} \frac{|\Delta \boldsymbol{v}_\tau|}{\Delta t} = \lim_{\Delta t \to 0} \frac{\Delta v}{\Delta t} = \frac{\mathrm{d}v}{\mathrm{d}t} \tag{1-17}$$

在图 1-9(c)中，取 $\boldsymbol{e}_n$ 和 $\boldsymbol{e}_\tau$ 分别为法向单位矢量和切向单位矢量，则 $\boldsymbol{a}_n$ 和 $\boldsymbol{a}_\tau$ 可分别表示为

$$\boldsymbol{a}_n = \frac{v^2}{r}\boldsymbol{e}_n$$

$$\boldsymbol{a}_\tau = \frac{\mathrm{d}v}{\mathrm{d}t}\boldsymbol{e}_\tau$$

因此，在变速圆周运动中，质点任意时刻的加速度可分解为法向加速度 $\boldsymbol{a}_n$ 和切向加速度 $\boldsymbol{a}_\tau$，法向加速度反映了速度方向的改变，切向加速度反映了速度大小的改变。于是有

$$\boldsymbol{a} = \boldsymbol{a}_n + \boldsymbol{a}_\tau = \frac{v^2}{r}\boldsymbol{e}_n + \frac{\mathrm{d}v}{\mathrm{d}t}\boldsymbol{e}_\tau \tag{1-18}$$

显然，在变速圆周运动中，速度的大小、方向都在变化，因此加速度 $\boldsymbol{a}$ 的方向一般不再指向圆心 O。根据矢量加法的运算可得

$$a = \sqrt{a_n^2 + a_\tau^2} \tag{1-19}$$

$$\tan\varphi = \frac{a_n}{a_\tau} \tag{1-20}$$

而在匀速圆周运动中，速率不变，因此 $a_\tau = \dfrac{\mathrm{d}v}{\mathrm{d}t} = 0$，即匀速圆周运动的加速度为

$$\boldsymbol{a} = \boldsymbol{a}_n + \boldsymbol{a}_\tau = \frac{v^2}{r}\boldsymbol{e}_n$$

即匀速圆周运动的加速度只沿法向方向，大小为 $\dfrac{v^2}{r}$。

4. 圆周运动的角加速度

质点作变速圆周运动时，速度大小不断变化，因此角速度大小也不断变化，因此引入衡量角速度变化的物理量——角加速度。

在 t 时刻，假设质点位于 A 点，其角速度为 ω；在 $t+\Delta t$ 时刻，质点位于 B 点，其角速度

为 $\omega + \Delta\omega$。当 $\Delta t \to 0$ 时,$\dfrac{\Delta\omega}{\Delta t}$ 的极限值定义为**角加速度**,用符号 $\boldsymbol{\alpha}$ 表示,则有

$$\alpha = \lim_{\Delta t \to 0} \frac{\Delta\omega}{\Delta t} = \frac{\mathrm{d}\omega}{\mathrm{d}t} = \frac{\mathrm{d}^2\theta}{\mathrm{d}t^2} \tag{1-21}$$

角加速度的单位为弧度每二次方秒,符号 $\mathrm{rad \cdot s^{-2}}$。

对式(1-14)取 t 的一阶导数,得

$$\frac{\mathrm{d}v}{\mathrm{d}t} = r\frac{\mathrm{d}\omega}{\mathrm{d}t}$$

等式左边为切向加速度的值,所以有

$$a_\tau = r\alpha \tag{1-22}$$

再考虑到式(1-16),则质点作变速圆周运动时,加速度可用角量表示为

$$\boldsymbol{a} = \boldsymbol{a}_n + \boldsymbol{a}_\tau = r\omega^2\boldsymbol{e}_n + r\alpha\boldsymbol{e}_\tau \tag{1-23}$$

若质点在作圆周运动时,角加速度为常量,则称这种运动为匀变角加速圆周运动。设 $t=0$ 时,$\theta = \theta_0$,$\omega = \omega_0$,且 α 为常量,则有

$$\begin{cases} \omega = \omega_0 + \alpha t \\ \theta = \theta_0 + \omega_0 t + \dfrac{1}{2}\alpha t^2 \\ \omega^2 - \omega_0^2 = 2\alpha(\theta - \theta_0) \end{cases} \tag{1-24}$$

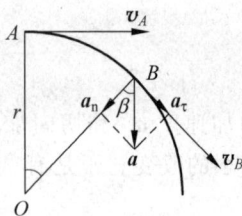

图 1-10 例 1.2 用图

例 1.2 如图 1-10 所示,飞机在高空点 A 时的水平速率为 $v_A = 1940\,\mathrm{km \cdot h^{-1}}$,沿近似于圆弧的曲线俯冲到点 B,其速率为 $v_B = 2192\,\mathrm{km \cdot h^{-1}}$,所经历的时间为 $\Delta t = 3\mathrm{s}$。设圆弧 AB 的半径约为 $3.5\mathrm{km}$,且飞机从 A 到 B 的俯冲过程可视为匀变速圆周运动。若不计重力加速度的影响,求:(1)飞机在点 B 的加速度;(2)飞机由点 A 到达点 B 所经历的路程。

解 (1)由于飞机在 AB 之间作匀变速圆周运动,所以 $\dfrac{\mathrm{d}v}{\mathrm{d}t}$ 和角加速度 α 均为常量。切向加速度 a_τ 的值为

$$a_\tau = \frac{\mathrm{d}v}{\mathrm{d}t}$$

有

$$\int_{v_A}^{v_B} \mathrm{d}v = \int_0^t a_\tau \mathrm{d}t = a_\tau \int_0^t \mathrm{d}t$$

得点 B 的切向加速度为

$$a_\tau = \frac{v_B - v_A}{\Delta t} = 23.3\,\mathrm{m \cdot s^{-1}}$$

而在点 B 的法向加速度为

$$a_n = \frac{v_B^2}{r} = 106\,\mathrm{m \cdot s^{-2}}$$

故飞机在点 B 时的加速度的值为

$$a = \sqrt{a_n^2 + a_\tau^2} = 109\,\mathrm{m \cdot s^{-2}}$$

$\boldsymbol{a}$ 与 $\boldsymbol{a}_n$ 之间夹角 β 为

$$\beta = \arctan \frac{a_\tau}{a_n} = 12.4°$$

（2）在时间 t 内，径矢 r 转过的角度为

$$\theta = \omega_A t + \frac{1}{2} \alpha t^2$$

式中，ω_A 是飞机在点 A 的角速度。故在此时间内，飞机经过的路程为

$$s = r\theta = r\omega_A t + \frac{1}{2} r\alpha t^2 = v_A t + \frac{1}{2} a_\tau t^2 = 1722\text{m}$$

1.2.2　一般曲线运动

质点作平面曲线运动时，为更好地描述质点的运动，引入**自然坐标系**。

1. 自然坐标系

一般来说，质点平面运动需用两个独立的变量（是标量）描述，如在平面直角坐标系中就是用 x、y 来描述，但质点又有其运动轨迹 $y = f(x)$，则 x、y 间只有一个是独立的。这就是说，在已知质点轨迹的前提下，质点的平面运动状况仅需一个标量函数就能确切描述。这里，我们既不选择 x，也不选择 y 充当这一描述运动的标量函数，而是选用另一种所谓"自然坐标"。

如图 1-11 所示，在已知运动轨迹上任选一点 O 为原点，沿质点的轨迹为"坐标轴"（当然是弯曲的），原点至质点位置的弧长 s 作为质点的位置坐标，弧长 s 称为**平面自然坐标**，它确定质点的位置。并在质点所在处 A 取一单位矢量沿曲线切线且指向自然坐标增加方向的矢量 $\boldsymbol{e}_\tau$，称为**切向单位矢量**；另取一单位矢量，沿曲线的法向且指向曲线的凹侧的矢量 $\boldsymbol{e}_n$，称为**法向单位矢量**。

2. 自然坐标系中的速度

如图 1-12 所示，质点在轨迹曲线上点 A 的速度为 $\boldsymbol{v}$，由于质点速度始终沿轨迹切向方向，于是点 A 的速度 $\boldsymbol{v}$ 可以写成

$$\boldsymbol{v} = v\boldsymbol{e}_\tau \tag{1-25}$$

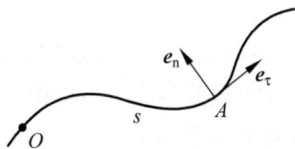

图 1-11　自然坐标系　　　　　　图 1-12　自然坐标系中的速度

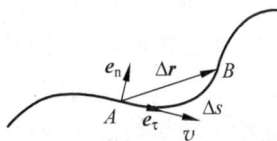

若在 Δt 时间内，质点的位移为 $\Delta\boldsymbol{r}$，路程为 Δs。当 $\Delta t \to 0$ 时，有 $|\Delta\boldsymbol{r}| = \Delta s$，则质点的运动速率

$$v = \lim_{\Delta t \to 0}\left|\frac{\Delta\boldsymbol{r}}{\Delta t}\right| = \lim_{\Delta t \to 0}\frac{\Delta s}{\Delta t} = \frac{\mathrm{d}s}{\mathrm{d}t}$$

因此

$$\boldsymbol{v} = \frac{\mathrm{d}s}{\mathrm{d}t}\boldsymbol{e}_\tau \tag{1-26}$$

3. 自然坐标系中的加速度

在曲线上取邻近的两点 A、B,过 A、B 两点各引一条切线,两切线夹角为 $\Delta\theta$,A、B 两点间弧长为 Δs,则定义 A 点的**曲率**为

$$k = \lim_{\Delta t \to 0} \frac{\Delta\theta}{\Delta s} = \frac{\mathrm{d}\theta}{\mathrm{d}s} \tag{1-27}$$

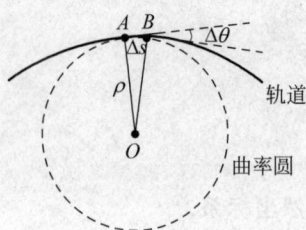

若过曲线上 A 点作一圆,该圆的曲率与曲线在 A 点的曲率相同,则称该圆为曲线在 A 点的**曲率圆**。相应地,该圆的半径 ρ 为曲线上 A 点的**曲率半径**。当曲线上 A、B 两点足够近时,可以将 AB 段曲线近似看成相应曲率圆的一段圆弧。

图 1-13 曲率与曲率圆

质点在曲线上运动时,其加速度可分为法向加速度 $\boldsymbol{a}_n$ 和切向加速度 $\boldsymbol{a}_\tau$,即有

$$\boldsymbol{a} = \boldsymbol{a}_n + \boldsymbol{a}_\tau = a_n \boldsymbol{e}_n + a_\tau \boldsymbol{e}_\tau \tag{1-28}$$

取质点所在处附近一小段曲线,可将其近似看成一段圆弧,圆弧半径为质点所在处的曲率半径 ρ。可以证明,质点在这段轨迹上的运动与圆周运动的运动规律相同,有

$$a_n = \frac{v^2}{\rho}$$

$$a_\tau = \frac{\mathrm{d}v}{\mathrm{d}t}$$

钱学森弹道

因此,平面曲线运动中的加速度可表示为

$$\boldsymbol{a} = \boldsymbol{a}_n + \boldsymbol{a}_\tau = \frac{v^2}{\rho} \boldsymbol{e}_n + \frac{\mathrm{d}v}{\mathrm{d}t} \boldsymbol{e}_\tau \tag{1-29}$$

1.3 运动学的基本问题

在质点运动学中,有两类常见的求解质点运动的问题。

第一类问题是已知质点的位置矢量 $\boldsymbol{r} = \boldsymbol{r}(t)$,求质点的速度和加速度,这类问题可以通过位矢对时间的逐级求导得到。

如何突破弹道导弹防御系统

第二类问题是已知质点的加速度或速度,反过来求质点的速度、位置及运动方程。第二类问题是通过对加速度或速度积分得到结果,积分常数要由问题给定的初始条件,如初始位置和初始速度来决定。

下面举几个这方面的例题。

例 1.3 如图 1-14 所示,长为 l 的细棒,在竖直平面内沿墙角下滑,上端 A 下滑速度为匀速 v。当下端 B 离墙角距离为 $x(x < l)$ 时,B 端水平速度和加速度多大?

解 建立如图 1-14 所示的坐标系。设 A 端离地高度为 y,则

$$x^2 + y^2 = l^2$$

方程两边对 t 求导

$$2x \frac{\mathrm{d}x}{\mathrm{d}t} + 2y \frac{\mathrm{d}y}{\mathrm{d}t} = 0$$

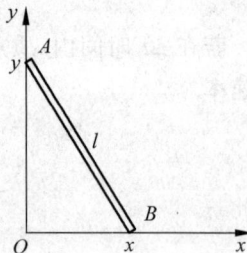

图 1-14 例 1.3 用图

$$\frac{\mathrm{d}x}{\mathrm{d}t} = -\frac{y}{x}, \quad \frac{\mathrm{d}y}{\mathrm{d}t} = \frac{y}{x}v = \frac{\sqrt{l^2 - x^2}}{x}v$$

加速度

$$\frac{\mathrm{d}^2 x}{\mathrm{d}t^2} = \frac{x\dfrac{\mathrm{d}y}{\mathrm{d}t} - y\dfrac{\mathrm{d}x}{\mathrm{d}t}}{x^2}v = -\frac{l^2}{x^3}v^2$$

例 1.4   质点作半径为 R 的圆周运动,从 $t=0$ 时刻起,其经过的弧长满足 $s=2t^2$,求质点任意时刻的加速度 a。

解   由题可知,质点运动的速率为

$$v = \frac{\mathrm{d}s}{\mathrm{d}t} = 4t$$

则质点的法向加速度与切向加速度分别为

$$a_n = \frac{v^2}{R} = \frac{16t^2}{R}, \quad a_\tau = \frac{\mathrm{d}v}{\mathrm{d}t} = 4$$

因此质点的总加速度 a 为

$$\boldsymbol{a} = \frac{16t^2}{R}\boldsymbol{e}_n + 4\boldsymbol{e}_\tau$$

例 1.5   一质点沿直线运动,加速度 $a=3t-2$,若当 $t=2\mathrm{s}$ 时,质点速度 $v=2\mathrm{m}\cdot\mathrm{s}^{-1}$,$x=3\mathrm{m}$。求质点的运动方程。

解   由

$$a = \frac{\mathrm{d}v}{\mathrm{d}t} = 3t - 2$$

有

$$\int_2^v \mathrm{d}v = \int_2^t (3t-2)\mathrm{d}t$$

则

$$v = \frac{3}{2}t^2 - 2t$$

再由

$$v = \frac{\mathrm{d}x}{\mathrm{d}t}$$

有

$$\int_3^x \mathrm{d}x = \int_2^t \left(\frac{3}{2}t^2 - 2t\right)\mathrm{d}t$$

则质点的运动方程为

$$x = \frac{1}{2}t^3 - t^2 + 3$$

例 1.6   有一个球体在某液体中垂直下落,球体的初速度为 $v_0 = 10\boldsymbol{j}$,它在液体中的加速度为 $\boldsymbol{a} = -1.0v\boldsymbol{j}$。问:(1)任一时刻 t 的球体的速度;(2)时刻 t 球体经历的路程有多长?

解   由题意知,球体作变速直线运动,加速度 $\boldsymbol{a}$ 的方向与球体的速度 v 的方向相反,由加速度的定义,有

$$a = \frac{\mathrm{d}v}{\mathrm{d}t} = -1.0v$$

得

$$\int_{v_0}^{v} \frac{\mathrm{d}v}{v} = -1.0 \int_{0}^{t} \mathrm{d}t$$

有

$$v = v_0 \mathrm{e}^{-1.0t}$$

上式表明,球体的速率 v 随时间 t 的增长而减小。

又由速度的定义,有

$$v = \frac{\mathrm{d}y}{\mathrm{d}t} = v_0 \mathrm{e}^{-1.0t}$$

得

$$\int_{0}^{y} \mathrm{d}y = \int_{0}^{t} v_0 \mathrm{e}^{-1.0t} \mathrm{d}t$$

$$y = 10(1 - \mathrm{e}^{-1.0t})$$

例 1.7　一质点作沿半径为 R 的圆周运动,在整个运动过程中切向加速度与法向加速度的大小恒保持相等。初始时刻质点速度为 v_0,求质点经过的弧长与时间关系。

证　由

$$a_n = \frac{v^2}{R}, \quad a_\tau = \frac{\mathrm{d}v}{\mathrm{d}t}$$

有

$$\frac{v^2}{R} = \frac{\mathrm{d}v}{\mathrm{d}t}$$

则

$$\int_{0}^{t} \frac{\mathrm{d}t}{R} = \int_{v_0}^{v} \frac{\mathrm{d}v}{v^2}$$

$$\frac{t}{R} = \frac{1}{v_0} - \frac{1}{v}$$

因此

$$\frac{\mathrm{d}s}{\mathrm{d}t} = v = \frac{R}{\dfrac{R}{v_0} - t}$$

则

$$\int_{0}^{s} \mathrm{d}s = \int_{0}^{t} \frac{R}{\dfrac{R}{v_0} - t} \mathrm{d}t$$

质点经过的弧长为

$$s = R \ln \frac{R}{R - v_0 t}$$

1.4　相对运动

　　质点的运动轨迹依赖于观察者(即参考系)的例子是很多的。例如一个人站在作匀速直线运动的车上,竖直向上抛出一块石子,车上的观察者看到石子竖直上升并竖直下落。但是,站在地面上的另一人却看到石子的运动轨迹为一抛物线。从这个例子可以看出,石子的运动情况依赖于参考系。在描述物体的运动时,总是相对选定的参考系而言的。通常,我们选地面(或相对于地面静止的物体)作为参考系,但是有时为了方便起见,往往也改选相对于地面运动的物体作为参考系。由于参考系的变换,就要考虑物体相对于不同参考系的运动及其相互关系,这就是相对运动问题。

1. 相对位移

如图 1-15 所示,先选定一个**基本参考系** K(地面),如果另一个参考系(车)相对于基本参考系 K 在运动,则称为**运动参考系** K'。设一运动物体(球)P 在某一时刻相对于参考系 K 和 K' 的位置,可分别用位矢 r 和 r' 表示;而运动参考系 K' 上的原点 O' 在基本参考系 K 中的位矢为 r_0,它们之间有如下关系:

$$r = r_0 + r' \tag{1-30}$$

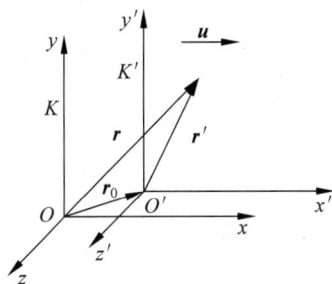

图 1-15　不同参考系下的位矢

2. 相对速度

将式(1-30)对时间 t 求导,得

$$\frac{\mathrm{d}r}{\mathrm{d}t} = \frac{\mathrm{d}r_0}{\mathrm{d}t} + \frac{\mathrm{d}r'}{\mathrm{d}t} \tag{1-31}$$

(1) $\dfrac{\mathrm{d}r}{\mathrm{d}t}$:物体在基本参考系 K 中观测到的速度,称为物体的**绝对速度**,用 v 表示;

(2) $\dfrac{\mathrm{d}r'}{\mathrm{d}t}$:物体在运动参考系 K' 中观测到的速度,称为物体的**相对速度**,用 v' 表示;

(3) $\dfrac{\mathrm{d}r_0}{\mathrm{d}t}$:运动参考系自身相对于基本参考系 K 的速度,称为物体的**牵连速度**,用 u 表示。

于是,式(1-31)可以写成

$$v = u + v' \tag{1-32}$$

即**绝对速度等于相对速度与牵连速度的矢量和**,这一结论称为**伽利略速度变换式**,它表述了不同参考系之间的速度变换关系。需指出,当质点速度接近光速时,伽利略速度变换式就不再适用,此时应遵循的是洛伦兹速度变换式。

例 1.8　东流的江水,流速为 $v_1 = 4\mathrm{m \cdot s^{-1}}$,一船在江中以航速 $v_2 = 3\mathrm{m \cdot s^{-1}}$ 向正北行驶。试求:岸上的人将看到船以多大的速率 v,向什么方向航行?

解　以岸为 K 系,江水为 K' 系。如图 1-16 所示,船相对于岸的速度

$$v = v_1 + v_2$$

由 $v_1 \perp v_2$,有

$$v = \sqrt{v_1^2 + v_2^2} = 5\mathrm{m \cdot s^{-1}}$$

方向

$$\theta = \arctan \frac{v_2}{v_1} = 36.87°$$

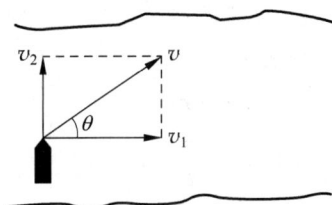

图 1-16　例 1.8 用图

例 1.9　如图 1-17(a)所示,公路上一辆汽车以速度 $v_1 = 20\mathrm{m \cdot s^{-1}}$ 沿正东方向行驶,汽车附近有一小球以速度 $v_2 = 10\mathrm{m \cdot s^{-1}}$ 沿北偏东 $30°$ 的方向运动。则汽车上的人观察到的

小球的速率为多少? 沿什么方向运动?

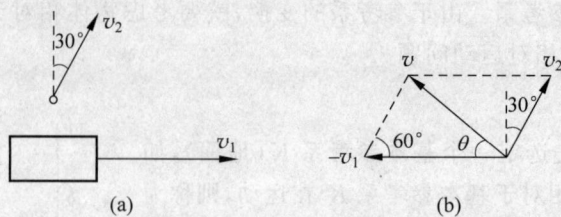

图 1-17　例 1.9 用图

解　以地面为 K 系,汽车为 K' 系,则对小球相对汽车的速度 $\boldsymbol{v}$ 有

$$\boldsymbol{v}_2 = \boldsymbol{v} + \boldsymbol{v}_1$$

则

$$\boldsymbol{v} = \boldsymbol{v}_2 - \boldsymbol{v}_1$$

如图 1-17(b)所示,$\boldsymbol{v}_2$ 与 $-\boldsymbol{v}_1$ 夹角为 $60°$,则

$$v = \sqrt{v_2^2 + v_1^2 - 2v_2 v_1 \cos 60°} = 17.3 \text{m} \cdot \text{s}^{-1}$$

方向 θ 满足

$$\frac{v}{\sin 60°} = \frac{v_2}{\sin\theta}$$

则有

$$\theta = 30°$$

伽利略

水桶实验中的时空观

本章提要

1. 质点运动的描述

参考系

质点

2. 描述质点运动的四个物理量

位矢 $\boldsymbol{r}$

位移 $\Delta\boldsymbol{r} = \boldsymbol{r}_B - \boldsymbol{r}_A$

速度 $\boldsymbol{v} = \dfrac{\mathrm{d}\boldsymbol{r}}{\mathrm{d}t}$

加速度 $\boldsymbol{a} = \dfrac{\mathrm{d}\boldsymbol{v}}{\mathrm{d}t} = \dfrac{\mathrm{d}^2\boldsymbol{r}}{\mathrm{d}t^2}$

(1) 在直角坐标系中

$$\boldsymbol{r} = x\boldsymbol{i} + y\boldsymbol{j} + z\boldsymbol{k}$$
$$\Delta\boldsymbol{r} = (x_B - x_A)\boldsymbol{i} + (y_B - y_A)\boldsymbol{j} + (z_B - z_A)\boldsymbol{k}$$

$$v = v_x i + v_y j + v_z k = \frac{\mathrm{d}x}{\mathrm{d}t} i + \frac{\mathrm{d}y}{\mathrm{d}t} j + \frac{\mathrm{d}z}{\mathrm{d}t} k$$

$$a = a_x i + a_y j + a_z k = \frac{\mathrm{d}v_x}{\mathrm{d}t} i + \frac{\mathrm{d}v_y}{\mathrm{d}t} j + \frac{\mathrm{d}v_z}{\mathrm{d}t} k = \frac{\mathrm{d}^2 x}{\mathrm{d}t^2} i + \frac{\mathrm{d}^2 y}{\mathrm{d}t^2} j + \frac{\mathrm{d}^2 z}{\mathrm{d}t^2} k$$

（2）在自然坐标系中

$$v = v e_\tau = \frac{\mathrm{d}s}{\mathrm{d}t} e_\tau$$

$$a = a_n + a_\tau = \frac{v^2}{\rho} e_n + \frac{\mathrm{d}v}{\mathrm{d}t} e_\tau$$

3．圆周运动的两种描述

（1）线量描述（与自然坐标系同）

（2）角量描述

角位移 $\mathrm{d}\theta$

角速度 $\omega = \dfrac{\mathrm{d}\theta}{\mathrm{d}t}$

角加速度 $\alpha = \dfrac{\mathrm{d}\omega}{\mathrm{d}t} = \dfrac{\mathrm{d}^2\theta}{\mathrm{d}t^2}$

（3）线量与角量的关系

$$\mathrm{d}s = r\,\mathrm{d}\theta$$
$$v = r\omega$$
$$a_n = r\omega^2, \quad a_\tau = r\alpha$$

4．相对运动

$$r_{绝} = r_{0牵} + r'_{相}$$
$$v_{绝} = u_{牵} + v'_{相}$$

思 考 题

1.1　有人说："地球绕太阳运动，太阳也绕地球运动。"你认同这个说法吗？为什么？

1.2　哪些情况下不能把物体当成质点进行处理？

1.3　比较下列几组物理量的大小关系：

（1）位移与路程；（2）平均速度与平均速率；（3）平均速度与速度。

1.4　能否存在这样的运动：（1）物体的速度很大，加速度很小；（2）物体的加速度很大，速度很小。举例说明。

1.5　一质点作匀速圆周运动，取其圆心为坐标原点。试问：质点的位矢与速度、位矢与加速度、速度与加速度的方向之间有何关系？

1.6　在地球的赤道上，一物体随地球自转的加速度为 a_1，而此物体随地球绕太阳公转的加速度为 a_2。请估计这两个加速度的比值？

1.7　分别指出以下各运动中的切向加速度 a_τ 和法向加速度 a_n 的大小是否为零：

（1）匀速直线运动；（2）匀加速直线运动；（3）匀速圆周运动；（4）平抛运动。

1.8 两个观察者以恒定速度作相对运动,他们观测同一物体的位移和速度,所测结果相同吗? 为什么?

习 题

1.1 选择题

(1) 一质点在某时刻位矢为 $r(x,y)$,则其速度大小为( )。

     A. $\dfrac{\mathrm{d}\boldsymbol{r}}{\mathrm{d}t}$ B. $\dfrac{\mathrm{d}r}{\mathrm{d}t}$

     C. $\sqrt{\left(\dfrac{\mathrm{d}x}{\mathrm{d}t}\right)^2+\left(\dfrac{\mathrm{d}y}{\mathrm{d}t}\right)^2}$ D. $\dfrac{\mathrm{d}|\boldsymbol{r}|}{\mathrm{d}t}$

(2) 质点沿半径为 R 的圆周作匀速率运动,每 6s 转一圈,则在 9s 内质点的位移与路程分别为( )。

     A. $\pi R,2R$ B. $2R,\pi R$ C. $R,3\pi R$ D. $2R,3\pi R$

(3) 下列哪个运动的切向加速度为零,而法向加速度不为零( )。

     A. 匀加速直线运动   B. 平抛运动

     C. 匀速圆周运动   D. 匀加速圆周运动

1.2 质点在 Oxy 平面上运动,其运动方程为 $\boldsymbol{r}=(2t-1)\boldsymbol{i}+(3t^2+2)\boldsymbol{j}$,式中 r 和 t 的单位分别为 m、s。求 t 时刻质点的速度与加速度。

1.3 已知质点运动方程为

$$\begin{cases} x=-R\sin\omega t \\ y=R(1+\cos\omega t) \end{cases}$$

式中 R、ω 为常量,求:(1)质点的轨迹方程;(2)质点的速度和加速度的大小。

1.4 一质点由静止开始作直线运动,初始的加速度 a_0,以后加速度以 $a=a_0+bt$ 均匀增加(式中 b 为一常数),求经 t 秒后,质点的速度和位移。

1.5 一质点自原点开始沿抛物线 $y=bx^2$ 运动,其中 $b=0.25\mathrm{m}^{-1}$,且质点在 Ox 轴上的分速度为一恒量,其值为 $v_x=4.0\mathrm{m\cdot s^{-1}}$,求质点位于 $x=2.0\mathrm{m}$ 处的速度和加速度。

1.6 一足球运动员在正对球门前 25.0m 处以 20m·s⁻¹ 的初速率罚任意球,已知球门高 3.44m。若要在垂直于球门的竖直平面内将足球直接踢进球门,问他应在与地面成什么角度的范围内踢出足球?(足球可视为质点)

1.7 设从某一点 O 以同样的速率,沿着同一竖直面内各个不同方向同时抛出几个物体。试证:在任意时刻,这几个物体总是散落在某个圆周上。

1.8 一质点沿半径为 R 的圆周按规律 $s=v_0t-\dfrac{1}{2}bt^2$ 运动,v_0、b 都是常量。求:

(1)t 时刻的总加速度;(2)t 为何值时总加速度在数值上等于 b? (3)当加速度达到 b 时,质点已沿圆周运行了多少圈?

1.9 一半径为 0.5m 的飞轮在启动时的短时间内,其角速度与时间的平方成正比。在 $t=2.0\mathrm{s}$ 时测得轮缘一点速度值为 4m·s⁻¹。求:(1)该轮在 $t'=0.5\mathrm{s}$ 的角速度,轮缘一点的切向加速度和总加速度；(2)该点在 2.0s 内所转过的角度。

1.10　一质点在半径为 0.10m 的圆周上运动，其角位置为 $\theta = 2 + 4t^3$。求：(1)在 $t = 2.0$s 时质点的法向加速度和切向加速度；(2)当切向加速度的大小恰等于总加速度大小的一半时，θ 值为多少？(3) t 为多少时，法向加速度和切向加速度的值相等？

1.11　一无风的下雨天，一列火车以 $v_1 = 20\text{m} \cdot \text{s}^{-1}$ 的速度匀速前进，在车内的旅客看见玻璃窗外的雨滴和垂线成 75°下降，求雨滴下落的速度 v_2。(设下降的雨滴作匀速运动)

1.12　一人能在静水中以 1.10m·s^{-1} 的速度划船前进，今欲横渡一宽为 100m、水流速度为 0.55m·s^{-1} 的大河。(1)他若要从出发点横渡该河而到达正对岸的一点，那么应如何确定划行方向？到达正对岸需多少时间？(2)如果希望用最短的时间过河，应如何确定划行方向？船到达对岸的位置在什么地方？

1.13　一质点相对观察者 O 运动，在任意时刻 t，其位置为 $x = vt$，$y = \dfrac{1}{2}gt^2$，质点运动的轨迹为抛物线。若另一观察者 O' 以速率 v 沿 x 轴正向相对 O 运动，试问质点相对 O' 的轨迹和加速度如何？

第2章

牛顿运动定律与力

运动学主要描述物体的运动情况,并不涉及运动状态变化的原因。在研究一个物体运动时,往往不仅需要知道物体运动状态如何变化,还要清楚使物体运动状态发生变化的原因。动力学主要研究物体运动产生和运动状态改变的原因以及运动状态如何变化,主要是利用基本的力学定理、定律对给定的运动物体建立研究动力学问题的基本方程,并求解方程,以确定物体的运动状态以及物体运动状态变化与作用力之间的关系。简单来说,动力学是研究物体的机械运动与作用力之间的关系。

动力学是理论力学的一个分支,其研究对象是运动速度远小于光速的宏观物体。以动力学为基础而发展起来的应用学科有天体力学、振动理论、运动稳定性理论、外弹道学、多刚体系统动力学等,广泛应用于天文学、机械工程、土木工程、航空航天等领域,所以说动力学是物理学和天文学的基础,也是许多工程学科的基础。

动力学以牛顿运动定律为基础,基本内容包括质点动力学、质点系动力学、刚体动力学等。本章主要介绍牛顿运动定律的内容及其在质点运动学方面的一些简单运用。

本章结构框图

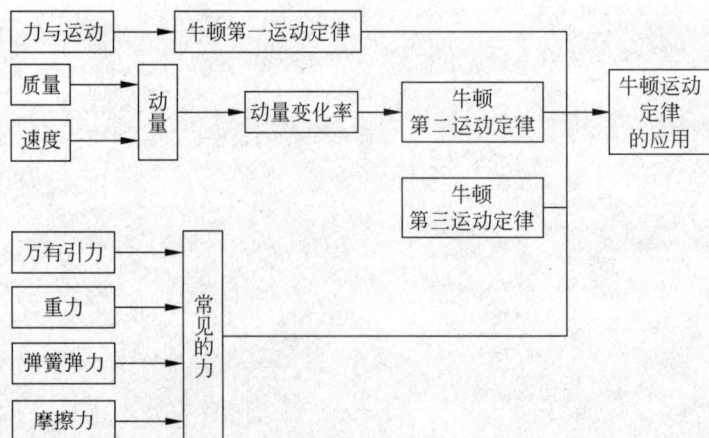

2.1　牛顿运动定律

力学是物理学中发展最早的一个分支,和人类的生活与生产密切相关。人们最早的力学知识都只是从生产实践中摸索得到的,受当时条件的限制,无法完全排除各种干扰因素,因此也得到了许多错误的结论。直到 17 世纪,以伽利略(Galileo Galilei, 1564—1642)为代表的物理学家开始以科学的实验方法对力学展开了广泛的研究,为力学的发展开辟了一条正确的道路。伽利略的两部著作:《关于托勒密和哥白尼两大世界体系的对话》(1632 年)和《关于力学和运动两种新科学的谈话》(1638 年)为力学的发展奠定了思想基础。随后,牛顿(*Isaac Newton*,1642—1727)将天体的运动规律和地面上的实验研究加以综合,进一步得到了力学的基本规律,建立了牛顿运动三定律。

2.1.1　牛顿第一运动定律

牛顿第一运动定律,也称为惯性定律,是牛顿力学的重要基石之一,从亚里士多德的自然哲学转变到牛顿的经典力学,最深刻的变化就在于建立了惯性定律。亚里士多德认为,一切物体的运动都是由力来维持的,力消失,物体运动就会停止。伽利略通过实验反驳了亚里士多德的结论。他认为,物体的

牛顿

运动并不需要力来维持,物体会停止下来是因为受到摩擦阻力的缘故,力是改变物体运动状态的原因。笛卡儿(*Rene Descartes*,1596—1650)进一步发展了伽利略的观点,他认为,物体的运动不需要力来维持,如果没有其他原因,运动的物体将继续以同一速度沿着一条直线运动,既不会停止,也不会偏离原来的方向。牛顿在总结前人经验的基础上,提出了**牛顿第一运动定律:任何物体都要保持其静止或匀速直线运动状态,直到外力迫使它改变运动状态为止**。

牛顿第一运动定律阐明了物体运动状态改变的原因——受到了外力的作用。在不受外力作用的条件下,物体有保持运动状态不变的性质,这个性质称为**惯性**,所以牛顿第一定律又称为**惯性定律**。惯性是物体的固有属性,一切物体都具有惯性。影响物体惯性大小的因素是质量,质量越大的物体,惯性也越大。

在前面我们已经讲到,物体的运动是相对的,任何物体运动状态的确定都是相对于某个参考系而言的。如果物体在某个参考系中,不受其他物体的作用而保持静止或者匀速直线运动状态,那么这个参考系就称为**惯性系**。相对于惯性系作匀速直线运动的参考系也是惯性系。而相对于惯性系作非匀速运动的参考系则是**非惯性系**。地球虽然有自转和公转,但是由于地球自转和公转的加速度都非常小,所以在研究地球表面附近物体的运动时,一般都近似地把地球看作惯性系。

2.1.2　牛顿第二运动定律

牛顿第一运动定律只告诉了我们力的一个作用效果是改变物体的运动状态,但是并没有告诉我们力是如何改变物体的运动状态的,牛顿第二运动定律则回答了这个问题。

动量是描述物体运动状态的一个物理量,为物体的质量 m 与运动速度 v 的乘积,用 p 表示,即

$$p = mv \tag{2-1}$$

显然,动量是一个矢量,其方向与速度方向相同。

牛顿第二运动定律表明:**物体的动量随时间的变化率等于作用于物体的合外力**,即

$$F = \frac{dp}{dt} = \frac{d(mv)}{dt} \tag{2-2}$$

对宏观低速的物体来说,其速率 v 远小于光速 c($v \ll c$),其质量 m 为常量,则式(2-2)可改写成

$$F = \frac{dp}{dt} = m\frac{dv}{dt} = ma \tag{2-3}$$

需要说明的是,当物体的速度接近光速,此时物体的质量不再是常量,而是一个依赖于速度的变量,则式(2-3)不再成立。

在直角坐标系中,式(2-3)也可以写成

$$\begin{cases} F_x = m\dfrac{dv_x}{dt} = ma_x \\[2mm] F_y = m\dfrac{dv_y}{dt} = ma_y \\[2mm] F_z = m\dfrac{dv_z}{dt} = ma_z \end{cases} \tag{2-4}$$

当物体作平面曲线运动时,一般在物体运动的轨迹上建立由切向坐标和法向坐标两个坐标轴构成的自然坐标系,如图 2-1 所示,则式(2-3)也可以写成

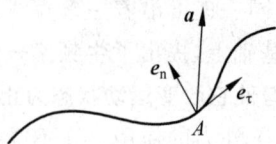

图 2-1　自然坐标系

$$\begin{cases} F_\tau = ma_\tau = m\dfrac{dv}{dt} \\[2mm] F_n = ma_n = m\dfrac{v^2}{\rho} \end{cases} \tag{2-5}$$

式中,F_τ 和 F_n 分别为物体所受合外力沿平面曲线轨迹的切线方向和法线方向的分力,ρ 是曲线上某点的曲率半径。

牛顿第二运动定律是牛顿运动定律的核心,它告诉了我们力对物体运动状态的改变是通过改变动量来实现的,即物体所受合外力等于物体动量的变化率。在运用牛顿第二定律解题时,须注意以下几点:

(1)牛顿第二运动定律只适用质点或者能看成质点的物体的运动。一般平动的物体,都可以当成质点来处理。以后如不特别说明,在论及物体的平动时,都是把物体当作质点来处理的。

(2)牛顿第二运动定律所表示的合外力与加速度之间的关系是瞬时对应的关系,每一个瞬时的加速度都有一个瞬时的合外力与之对应。

(3)当物体同时受到几个外力作用时,其合外力所产生的加速度与每个力单独存在时所产生的加速度的矢量和相等。

2.1.3 牛顿第三运动定律

牛顿第三运动定律,也称为作用与反作用定律,其内容可表述为:**两个物体之间的作用力 F 与反作用力 F' 沿同一直线,大小相等,方向相反,分别作用在两个不同的物体上。**其数学表达式为

$$F = -F' \tag{2-6}$$

牛顿第三运动定律表明,作用力和反作用力总是成对的同时出现,同时消失,且作用在两个不同的物体上,所以不能相互抵消。当我们把两个物体看作一个系统时,每一对作用力与反作用力都是该系统的内力,其合力为零,对系统的整体运动不产生影响。

2.2 几种常见的力

力是物体与物体之间的相互作用,物体运动状态和形状的变化,都是由这种相互作用引起的。所以,正确分析物体受力是研究物体运动状态和形状变化的关键,是求解动力学问题的基础。下面,我们来介绍力学中常见的几种力:万有引力、重力、弹性力和摩擦力。

2.2.1 万有引力 重力

17 世纪初,德国天文学家开普勒分析第谷观察行星所得到的大量数据,提出了开普勒三大定律。但是,是什么原因使得行星都维持在各自的轨道上运动呢?牛顿在总结前人经验的基础上,通过深入研究,提出了著名的万有引力定律。它可表述为:**在自然界中,任何两个物体之间都存在着引力,引力的大小与两个物体的质量 m_1、m_2 的乘积成正比,与两个物体之间距离 r 的平方成反比**,即

$$F = G\frac{m_1 m_2}{r^2} \tag{2-7}$$

引力的方向在两个物体的连线上,如图 2-2 所示。式中 G 是万有引力常量,普遍适用于任何物体。1798 年,英国物理学家卡文迪什利用扭秤实验较为精确地测出了万有引力常量的数值。在一般计算时,通常取其近似值为 $G = 6.67 \times 10^{-11} \mathrm{N \cdot m^2 \cdot kg^{-2}}$。

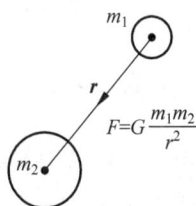

图 2-2 万有引力

日常生活中,两个物体之间的万有引力非常微小,我们察觉不到它,可以不予考虑。比如,两个质量都是 50kg 的人,相距 1m,他们之间的万有引力不足百万分之一牛顿。但是,在天体系统中,由于天体的质量很大,因此即使它们相距很远,万有引力也还是会对它们的运动起着决定性的作用。当前的天体力学这门学科就是以开普勒三大定律和万有引力定律为基础的,用它们可以研究天体运动的规律,确定行星的质量和轨道,计算行星、彗星、卫星的位置,在星际航行方面有着重要应用。人们就曾经利用万有引力定律成功地预言并发现了海王星。

重力是由地球对其表面附近物体的引力引起的。忽略地球自转的影响,

卡文迪什

物体所受的重力就等于它所受到的地球引力。由于重力方向是始终竖直向下的,大小为 $P=mg$,因此

$$mg = G\frac{Mm}{R^2}$$

式中,g 是地球表面附近的重力加速度。由上式可以得到地球表面附近的重力加速度的估算公式为

$$g = G\frac{M}{R^2} \tag{2-8}$$

以 $G=6.67\times10^{-11}\,\text{N}\cdot\text{m}^2\cdot\text{kg}^{-2}$,地球质量 $M=5.98\times10^{24}\,\text{kg}$,地球半径 $R=6.37\times10^6\,\text{m}$,代入式(2-8),可以得到地球表面附近的重力加速度 $g\approx9.8\,\text{m}\cdot\text{s}^{-2}$。

2.2.2　弹性力

物体由于形变而产生的企图恢复原来形状的力称为**弹性力**。常见的弹性力有:重物放在支撑面上产生的正压力(作用在支撑面上)和支持力(作用在物体上);绳索被拉紧时所产生的张力;弹簧被拉伸或压缩时产生的弹簧弹性力等。

通常相互紧压的物体或拉紧的绳子的变形都很小,很难直接观察到,所以常常忽略。而对被拉伸或压缩的弹簧或弹性绳来说,形变量较大,可以直接观察到,也可被测量出来。当形变量在弹性限度内时,其弹性力遵从**胡克定律**:

$$F = -kx \tag{2-9}$$

式中,k 是弹簧的**劲度系数**,由弹簧本身性质决定;x 是弹簧的改变量;负号表示弹簧弹性力与改变量的方向相反。

胡克定律不仅适用于形变量较大的弹性体,工程上常用的各向同性材料,如合金钢、低碳钢等,在轴向拉伸或压缩变形和剪切变形时也适用。

材料的拉伸或压缩胡克定律:

$$\sigma = E\varepsilon \tag{2-10}$$

式中,$\sigma=F/S$ 是横截面 S 上的正应力,$\varepsilon=\Delta l/l$ 是轴线方向上的应变(Δl 是材料的改变量,l 是材料的原长),E 是材料的杨氏模量,由材料的本身性质所决定。

材料的剪切胡克定律:

$$\tau = G\gamma \tag{2-11}$$

式中,$\tau=F/S$ 是剪切面 S 上的剪应力,$\gamma=r\varphi/l$ 是圆柱体扭转时的切应变(r 是圆柱体横截面的半径,φ 是圆柱体两端的相对扭转角,l 是圆柱体的长度),G 是材料的切变模量,由材料本身性质所决定。

2.2.3　摩擦力

墨家与力

两个相互接触并相互挤压的物体作相对运动或者有相对运动趋势时,在两物体的接触面上产生的阻碍它们相对运动或相对运动趋势的力,称为**摩擦力**,其方向沿两物体接触面的切线方向,并与物体相对运动或相对运动趋势的方向相反。根据两个相互接触的物体是否有发生相对运动,又可以将摩擦力

分为**静摩擦力**和**滑动摩擦力**。

两个相互接触并相互挤压的物体在外力作用下有相对运动趋势,但还没有发生相对运动时产生的摩擦力称为**静摩擦力**。静摩擦力存在与否的判断准则是确定是否有相对运动趋势。例如静止在水平支撑面上的物体,不受水平外力作用时,物体与支撑面之间没有相对运动趋势,没有静摩擦力;静止在倾斜支撑面上的物体,由于受到一个沿倾斜面向下的力(重力的一个分力)的作用,与支撑面之间有相对运动的趋势,有静摩擦力;静摩擦力 f_s 的大小与使它产生相对运动趋势的力的大小相等,方向相反。因此,静止在水平支撑面上的物体,在水平外力 F 的作用下仍然保持静止状态时,物体所受到的静摩擦力 f_s 大小等于外力 F 的大小;当水平外力 F 逐渐增大时,静摩擦力 f_s 也随之增大。当外力 F 增大到某一数值时,物体将处于即将开始滑动的临界状态,此时物体所受到的静摩擦力称为**最大静摩擦力**,用 f_{max} 表示。大量实验研究表明,最大静摩擦力与接触面的正压力 N 成正比,即

$$f_{max} = \mu_0 N \tag{2-12}$$

式中,μ_0 称为静摩擦因数,与两接触物体的材料性质以及接触面的情况有关,而与接触面的大小无关。需要指出的是,一般情况下,静摩擦力的大小介于零与最大静摩擦力之间,即

$$0 < f \leqslant f_{max}$$

当外力 $F > f_{max}$ 时,两物体间开始有相对滑动,这时的摩擦力称为**滑动摩擦力**。滑动摩擦力的大小与接触面的正压力 N 成正比,即

$$f = \mu N \tag{2-13}$$

式中,μ 是**滑动摩擦因数**,与两接触物体的材料性质以及接触面的情况有关,而与接触面的大小无关。滑动摩擦因数 μ 与静摩擦因数 μ_0 一样,其大小与两接触物体的材料性质及接触面的情况有关,而与接触面的大小无关。一般情况下,滑动摩擦因数 μ 略小于静摩擦因数 μ_0。但在一般计算时,除非特别说明,可以认为它们是近似相等的,即 $\mu \approx \mu_0$。

摩擦力普遍存在于我们的日常生活和生产中。例如人的行走、车轮的滚动、机器的制动等,所依靠的都是摩擦力。很难想象,没有摩擦力的自然界会是什么样的。但是,在多数情况下摩擦力是有害的,既损伤机器,又浪费能量。因此,合理利用或减小摩擦是很有必要的。基于摩擦与工业技术的密切相关,从而导致了一门新的学科——摩擦学的形成。

2.3　牛顿运动定律的应用举例

牛顿运动定律是研究物体机械运动的基本定律,在实践中有着广泛的应用。本节将举例说明如何应用牛顿运动定律来分析问题和解决问题。应用牛顿运动定律大致可以解决两类动力学问题:一类是已知物体的受力情况求解物体的运动;另一类是已知物体的运动求物体的受力情况。解题过程一般可以按照以下步骤进行。

1. 确定研究对象

在求解物体动力学问题时,首先要确定研究对象,然后把研究对象从与它相联系的其他物体中隔离出来,把其他物体对它的作用分别用力来代替。被隔离出来的研究对象称为**隔离体**。隔离体可以是某个物体,也可以是几个物体的组合,也可以是某个物体的一部分,主要由所研究的问题决定。

2. 受力分析,画出受力图

在正确确定研究对象后,需要对研究对象进行受力分析,正确绘制受力图,受力图上应

该画出它受的全部力。

3. 选取坐标系

根据物体的运动情况和受力图建立坐标系。选择合理的坐标系,有助于简化运算过程。

4. 根据牛顿运动定律列方程并求解

按照选定的坐标系,利用牛顿第二运动定律对每个研究对象列出方程。如果所列方程数目小于未知量数目,还应根据题中其他条件,如几何关系、运动关系、摩擦力或其他约束条件,列出适当的补充方程以联合求解。列方程时,若力和加速度的方向不能判定,可以先假定一个方向,然后按照假定方向列出方程并求解,所得结果为正则表示假定方向与实际方向相同,结果为负则表示假定方向与实际方向相反。

5. 分析讨论

最后,还要对所求得的解进行分析、讨论,说明解的物理意义、解的适用范围等。

例 2.1　如图 2-3(a)所示,用一向右与水平方向成 $37°$、大小为 10N 的斜向上拉力 F 拉动一静止于水平面上的物体,若已知物体的质量为 2kg,物体与水平面间的滑动摩擦系数为 0.2,求物体运动的加速度。(g 取 10m/s)

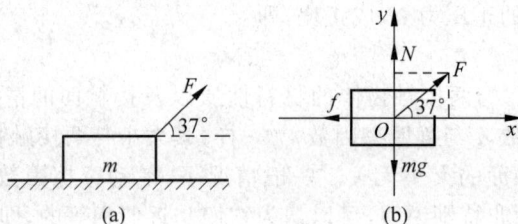

图 2-3　例 2.1 用图

解　以物体 m 为研究对象,物体受重力 mg、支持力 N、滑动摩擦力 f 以及拉力 F 的作用,如图 2-3(b) 所示,根据牛顿第二定律列方程可得:

x 方向:

$$F\cos37° - f = ma$$

y 方向:

$$N + F\sin37° - mg = 0$$
$$f = \mu N$$

联立以上方程,求解可得:

$$a = \frac{F\cos37° - \mu(mg - F\sin37°)}{m} = \frac{10\cos37° - 0.2\times(20 - 10\sin37°)}{2}\text{m}\cdot\text{s}^{-2} = 3.6\text{m}\cdot\text{s}^{-2}$$

例 2.2　质量为 m 的质点只在变力 $F = F_0(1 - kt)$(F_0、k 为常量)作用下沿 Ox 轴作直线运动。若 $t = 0$ 时,质点在坐标原点,速度为 v_0,求质点任意时刻的速率及运动方程。

解　设质点任意时刻的速率为 v,因为质点只受变力 F 的作用,则根据牛顿第二定律,可知质点的动力学方程为

$$m\frac{\text{d}v}{\text{d}t} = F_0(1 - kt)$$

简单整理上式后,两边同时积分,可得

$$\int_{v_0}^{v} \mathrm{d}v = \int_{0}^{t} \frac{F_0}{m}(1 - kt)\,\mathrm{d}t$$

解之可得，任意时刻质点的速率为

$$v = v_0 + \frac{F_0}{m}\left(t - \frac{1}{2}kt^2\right)$$

设质点的运动方程为 x，则

$$\frac{\mathrm{d}x}{\mathrm{d}t} = v_0 + \frac{F_0}{m}\left(t - \frac{1}{2}kt^2\right)$$

两边同时积分，可解得质点的运动方程为

$$x = v_0 t + \frac{F_0}{2m}\left(t^2 - \frac{1}{3}kt^3\right)$$

例 2.3　质量为 m 的跳水运动员，从 10m 高台上由静止跳下落入水中，高台距水面距离为 h。把跳水运动员视为质点，并略去空气阻力。运动员入水后垂直下沉，水对其阻力为 bv^2，其中 b 为一常量。若以水面上一点为坐标原点 O，竖直向下为 Oy 轴，求：(1)运动员在水中的速率 v 与 y 的函数关系；(2)若 $\dfrac{b}{m} = 0.4\mathrm{m}^{-1}$，跳水运动员在水中下沉多少距离才能使其速率 v 减小到落水速率 v_0 的 1/10? (假定跳水运动员在水中的浮力与所受的重力大小恰好相等)

解　(1) 运动员在水中的受力图如图 2-4 所示，根据牛顿第二运动定律列方程可得

$$mg - F - F_f = ma$$

运动员入水前可视为自由落体运动，故入水时的速度为

$$v_0 = \sqrt{2gh}$$

由题意 $mg = F$，$F_f = bv^2$，而 $a = \dfrac{\mathrm{d}v}{\mathrm{d}t} = \dfrac{\mathrm{d}v}{\mathrm{d}y} \cdot \dfrac{\mathrm{d}y}{\mathrm{d}t} = v \cdot \dfrac{\mathrm{d}v}{\mathrm{d}y}$，代入上式后可得

$$-bv^2 = mv \cdot \frac{\mathrm{d}v}{\mathrm{d}y}$$

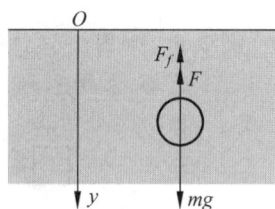

图 2-4　例 2.3 用图

考虑初始条件 $y_0 = 0$ 时，$v_0 = \sqrt{2gh}$，对上式积分可得

$$\int_{0}^{y}\left(-\frac{b}{m}\right)\mathrm{d}y = \int_{v_0}^{v}\frac{\mathrm{d}v}{v}$$

$$v = v_0 \mathrm{e}^{-\frac{by}{m}} = \sqrt{2gh}\,\mathrm{e}^{-\frac{by}{m}}$$

(2) 将已知条件 $\dfrac{b}{m} = 0.4\mathrm{m}^{-1}$，$v = 0.1v_0$ 代入上式，可解得

$$y = -\frac{m}{b}\ln\frac{v}{v_0} = 5.76\mathrm{m}$$

例 2.4　水平桌面上放置一半径为 R 的固定圆环，物体紧贴环的内侧作圆周运动，如图 2-5(a)所示。其摩擦因数为 μ，开始时物体的速率为 v_0，求：(1) t 时刻物体的速率；(2)当物体速率从 v_0 减小到 $0.5v_0$ 时，物体所经历的时间及经过的路程。

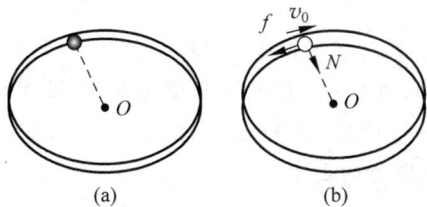

图 2-5　例 2.4 用图

解　(1) 设物体质量为 m，取图 2-5(b)中所示的自然坐标，按照牛顿第二运动定律，有

$$N = ma_n = \frac{mv^2}{R}$$

$$f = ma_\tau = m\frac{dv}{dt}$$

$$f = -\mu N$$

整理上式可得

$$\mu\frac{v^2}{R} = -\frac{dv}{dt}$$

取初始条件 $t=0$，$v=v_0$，并对上式积分，可得

$$\int_0^t dt = -\frac{R}{\mu}\int_{v_0}^v \frac{dv}{v^2}$$

$$v = \frac{Rv_0}{R + \mu v_0 t}$$

(2) 当物体的速率从 v_0 减小到 $0.5v_0$ 时，由上式可得所需的时间为

$$t_1 = \frac{R}{\mu v_0}$$

物体在这段时间内所经过的路程

$$s = \int_0^{t_1} v\,dt = \int_0^{t_1} \frac{Rv_0}{R + \mu v_0 t}dt = \frac{R}{\mu}\ln 2$$

例 2.5　如图 2-6(a)所示，已知两物体 A、B 的质量均为 $m = 3\text{kg}$，物体 A 以加速度 $a = 1\text{m}\cdot\text{s}^{-2}$ 运动，求物体 B 与桌面间的摩擦力。(滑轮与连接绳的质量不计)

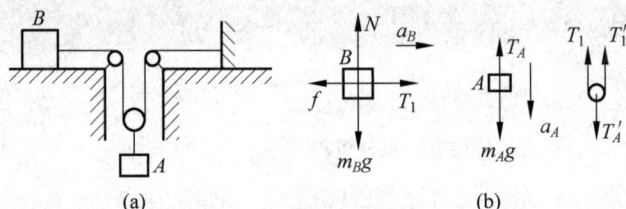

图 2-6　例 2.5 用图

解　分别对物体和滑轮作受力分析，如图 2-6(b)所示。由牛顿定律分别对物体 A、B 以及滑轮列方程可得

$$m_A g - T_A = m_A a_A$$

$$T_1 - f = m_B a_B$$

$$T_A - T_1 - T_1' = 0$$

由题意可知 $m_A = m_B = m$，$T_A = T_A'$，$T_1 = T_1'$，$a_A = 2a_B$，联立上式可解得

$$f = \frac{mg - (m + 4m)a_A}{2} = 7.2\text{N}$$

例 2.6　如图 2-7 所示，轻绳一端固定于 O 点，另一端系一质量为 m 的小球。小球在竖直平面内绕 O 点作半径为 R 的圆周运动。设小球运动到水平位置时开始计时，其初速度为 v_0。求小球下落到任意角度 θ 时的速率和绳中张力的大小。

解　小球受力如图 2-7 所示，由牛顿第二运动定律可得

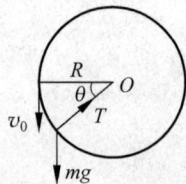

图 2-7　例 2.6 用图

切线方向上有：

$$mg\cos\theta = m\frac{\mathrm{d}v}{\mathrm{d}t}$$

法线方向上有：

$$T - mg\sin\theta = m\frac{v^2}{R}$$

因为 $\dfrac{\mathrm{d}v}{\mathrm{d}t} = \dfrac{\mathrm{d}v}{\mathrm{d}\theta}\dfrac{\mathrm{d}\theta}{\mathrm{d}t} = \omega\dfrac{\mathrm{d}v}{\mathrm{d}\theta} = \dfrac{v}{R}\dfrac{\mathrm{d}v}{\mathrm{d}\theta}$，代入上式可得

$$g\cos\theta = \frac{v}{R}\frac{\mathrm{d}v}{\mathrm{d}\theta}$$

整理上式后积分

$$\int_0^\theta g\cos\theta\,\mathrm{d}\theta = \frac{1}{R}\int_{v_0}^v v\,\mathrm{d}v$$

由此可解出拉绳处于 θ 角时小球速率为

$$v = \sqrt{v_0^2 + 2Rg\sin\theta}$$

绳中张力为

$$T = mg\sin\theta + (v_0^2 + 2gR\sin\theta)\frac{m}{R} = 3mg\sin\theta + m\frac{v_0^2}{R}$$

科里奥利力

本章提要

1. 牛顿第一运动定律

任何物体都要保持其静止或匀速直线运动状态,直到外力迫使它改变运动状态为止。

2. 牛顿第二运动定律

$$\boldsymbol{F} = \frac{\mathrm{d}\boldsymbol{p}}{\mathrm{d}t} = m\frac{\mathrm{d}\boldsymbol{v}}{\mathrm{d}t} = m\boldsymbol{a}$$

3. 牛顿第三运动定律

$$\boldsymbol{F} = -\boldsymbol{F}'$$

4. 几种常见的力

万有引力 $F = G\dfrac{m_1 m_2}{r^2}$；弹性力 $F = -kx$；摩擦力 $f = \mu N$

5. 牛顿运动定律的两类问题：

(1) 已知物体的受力情况求解物体的运动；

(2) 已知物体的运动求物体的受力情况。

思 考 题

2.1 摩擦力一定与运动方向相反吗？举例说明。

2.2 火车轨道在拐弯处为什么要做成外高内低？

2.3　冬天,人走在冰面稍微融化的道路上,较之走在冰面没有融化的道路上要滑得多,这是为什么?

2.4　人推车的力和车推人的力是一对作用力与反作用力,为什么人可以推着车前进呢?

习题

2.1　选择题

(1) 用水平力 F 把一个物体压着靠在粗糙的竖直墙面上保持静止,当 F_N 逐渐增大时,物体所受到的静摩擦力 F_f 的大小(　　)。

A. 不为零,但保持不变

B. 随 F_N 成正比地增大

C. 开始随 F_N 增大,达到某一最值后,就保持不变

D. 无法确定

(2) 如习题 2.1(2)图所示,质量为 M 的物体在恒力 F 的作用下,沿天花板作直线运动,物体与天花板间的动摩擦因数为 μ,则物体受到的摩擦力大小等于(　　)。

A. $F\sin\alpha$　　　　　　　　　　　B. $F\cos\alpha$

C. $\mu(F\sin\alpha - mg)$　　　　　　D. $\mu(mg - F\sin\alpha)$

(3) 如习题 2.1(3)图所示,物体 a、b 和 c 叠放在水平桌面上,水平力 $F_b=5$N、$F_c=10$N 分别作用于物体 b、c 上,a、b 和 c 仍保持静止。以 F_1、F_2、F_3 分别表示 a 与 b、b 与 c、c 与桌面间的静摩擦力的大小,则(　　)。

A. $F_1=5$N,$F_2=0$N,$F_3=5$N　　　　B. $F_1=5$N,$F_2=5$N,$F_3=0$N

C. $F_1=0$N,$F_2=5$N,$F_3=5$N　　　　D. $F_1=0$N,$F_2=10$N,$F_3=5$N

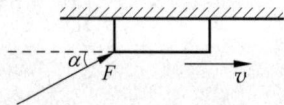　　　　　　　　　　　　　　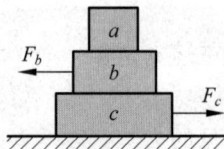

习题 2.1(2)图　　　　　　　　　　　　习题 2.1(3)图

2.2　已知质量为 10kg 的质点的运动学方程为:$r = (8t^2 - 3t + 12)i + (6t^2 + 8t - 10)j$。式中 r 的单位为 m,t 的单位为 s,求作用于质点的合力的大小。

2.3　如习题 2.3 图所示,质量为 0.78kg 的金属块放在水平桌面上,在与水平成 37° 斜向上、大小为 3.0N 的拉力 F 作用下,以 $4\text{m}\cdot\text{s}^{-1}$ 的速度向右作匀速直线运动。已知 $\sin37°=0.6,\cos37°=0.8,g$ 取 $10\text{m}\cdot\text{s}^{-2}$。

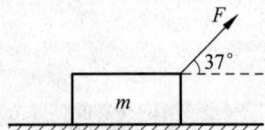

(1) 求金属块与桌面间的动摩擦因数;

(2) 如果从某时刻起撤去拉力,则撤去拉力后金属块在桌面上还能滑行多远?

习题 2.3 图

2.4　一质量为 10kg 的质点在力 F 的作用下沿 x 轴作直线运动。已知 $F=120t+$

40N。在 $t=0$s 时,质点位于 $x=5$m 处,其速度 $v_0=6.0$m·s^{-1}。求质点在任意时刻的速度和位置。

2.5　桌面上叠放着两块木板,质量各为 m_1、m_2。如习题 2.5 图所示,m_2 和桌面间的摩擦系数为 μ_2,m_1 和 m_2 间的静摩擦系数为 μ_1。问沿水平方向用多大的力才能把下面的木板抽出来。

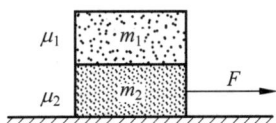

2.6　如习题 2.6 图所示,半径为 R 的半球形碗中有质量为 m 的小钢球,小球以角速度 ω 在水平面内沿碗内壁作匀速圆周运动,求此时小球距碗底有多高?

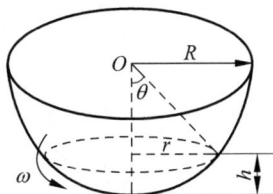

习题 2.5 图　　　　　　　　　　　習题 2.6 图

2.7　一辆电动小车质量为 2kg,在水平地面上由以 2m/s 作匀速运动。若某时刻起小车的电动机输出的牵引力随时间均匀增大,在 6s 内从 3N 增大到 15N,而小车阻力保持不变,则这 6s 内小车运动了多长的距离?

2.8　一个质量为 3kg 的小球以 6m/s 的速度竖直落入水中。小球在水中运动时,受到水的浮力为 20N,受到水的阻力随速度变化而变化,若该阻力可近似用 $f=10+\dfrac{30}{(t+2)^2}$(N)表达,则小球的最终速度为多大?

2.9　如习题 2.9 图所示,一个半径为 0.5m 的圆盘从静止开始匀加速转动,其角加速度 $\alpha=2$rad/s^2。圆盘上放有一个质量为 1kg 的小物块,随圆盘转动。求圆盘转动 2s 后小物块所受摩擦力大小。

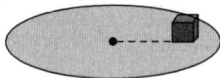

习题 2.9 图

第 3 章

质点系动力学

牛顿运动定律是质点动力学的核心,描述了质点受力与其运动之间的联系。而在实际问题中,很多时候面对的是由质点系构成的复杂系统,其受力与运动之间的联系则由质点系动力学予以描述。质点系动力学的基本定理包括动量定理、动量守恒定律、动能定理以及由这三个基本定理、定律推导出来的其他一些定理、定律。除了位移、速度和加速度,动量和动能也是描述质点和质点系动力学的两个基本物理量。本章将主要介绍质点系动力学的几个基本定理、定律,包括保守力和非保守力、内力和外力等基本概念。

本章结构框图

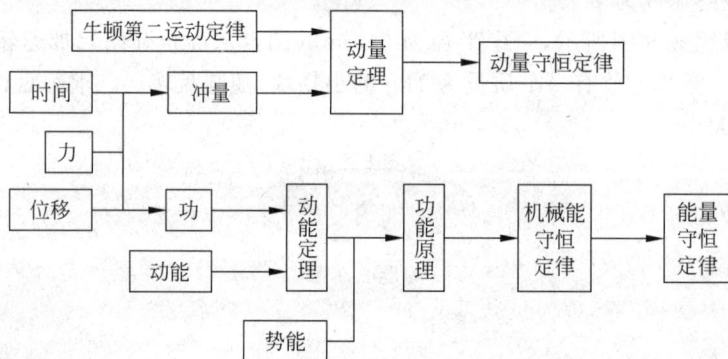

3.1 动量守恒定律

牛顿第一运动定律说明了力的作用是物体运动状态发生改变的原因,牛顿第二运动定律给出了作用于物体上的合外力与物体动量变化之间的瞬时关系。因此,牛顿第二运动定律也可以称为力的瞬时作用定律。但是,物体运动状态的变化必须经过一个运动过程后才能体现出来,这就意味着物体运动状态的变化是力持续作用的累积效应。这种力的累积效应主要反映在力的时间累积效应和空间累积效应两个方面,下面先讨论力的时间累积效应。

3.1.1 质点的动量定理

牛顿第二运动定律的数学表示可表示为

$$\boldsymbol{F} = \frac{\mathrm{d}\boldsymbol{p}}{\mathrm{d}t} = \frac{\mathrm{d}(m\boldsymbol{v})}{\mathrm{d}t}$$

上式可改写为

$$\boldsymbol{F}\mathrm{d}t = \mathrm{d}\boldsymbol{p} = \mathrm{d}(m\boldsymbol{v})$$

式中,力 $\boldsymbol{F}$ 与时间元 $\mathrm{d}t$ 的乘积 $\boldsymbol{F}\mathrm{d}t$ 反映了力 $\boldsymbol{F}$ 在时间元 $\mathrm{d}t$ 内的累积效应,称为冲量元。将冲量元在 $t_1 - t_2$ 时间内积分即可得到力 $\boldsymbol{F}$ 在时间间隔 $\Delta t = t_1 - t_2$ 内的累积效应,称为**冲量**,用 $\boldsymbol{I}$ 表示,即

$$\boldsymbol{I} = \int_{t_1}^{t_2} \boldsymbol{F}\mathrm{d}t = \int_{\boldsymbol{p}_1}^{\boldsymbol{p}_2} \mathrm{d}\boldsymbol{p} = \boldsymbol{p}_2 - \boldsymbol{p}_1 = m\boldsymbol{v}_2 - m\boldsymbol{v}_1 \tag{3-1}$$

式中, $\boldsymbol{v}_1$ 和 $\boldsymbol{p}_1$ 是质点在 t_1 时刻的速度和动量, $\boldsymbol{v}_2$ 和 $\boldsymbol{p}_2$ 是质点在 t_2 时刻的速度和动量。式(3-1)说明:在给定的时间间隔内,合外力作用在质点上的冲量等于质点在此时间内动量的变化量,这也就是**质点的动量定理**。冲量也是矢量,但一般来说,冲量的方向并不与动量的方向相同,而是与动量变化量的方向相同。

式(3-1)是质点动量定理的矢量表达式,在直角坐标系中,其分量形式为

$$\begin{cases} I_x = \displaystyle\int_{t_1}^{t_2} F_x \mathrm{d}t = p_{2x} - p_{1x} = mv_{2x} - mv_{1x} \\[2mm] I_y = \displaystyle\int_{t_1}^{t_2} F_y \mathrm{d}t = p_{2y} - p_{1y} = mv_{2y} - mv_{1y} \\[2mm] I_z = \displaystyle\int_{t_1}^{t_2} F_z \mathrm{d}t = p_{2z} - p_{1z} = mv_{2z} - mv_{1z} \end{cases} \tag{3-2}$$

由式(3-2)可知,质点在某方向上的动量变化量等于合外力在该方向上的冲量。

由动量定理可知,在相等的冲量作用下,不同质量的物体,其速度变化量是不相同的,但是它们动量的变化量却是相同的。而作用于物体上的力和力的持续时间是影响物体动量变化量的两个重要因素,因此,在给定动量的变化量时,可以通过增加作用时间(或减小作用时间)来减小(或增大)冲力。

例 3.1 水平地面上有一质量为 $m = 10\mathrm{kg}$ 的木箱,在水平拉力 F 的作用下由静止开始作直线运动。已知拉力大小随时间的变化关系如图 3-1(a)所示,木箱与地面间的滑动摩擦因数 $\mu = 0.2$,求 $t = 6\mathrm{s}$ 时木箱的速度。

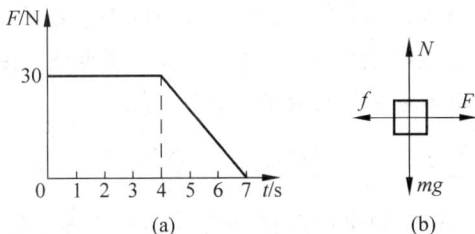

图 3-1　例 3.1 用图

解   取木箱为研究对象,木箱受力如图 3-1(b)所示。由图 3-1(a)可知,从 $t_0=0$s 到 $t_1=4$s 之间,拉力 $F_0=30$N;从 $t_1=4$s 到 $t_2=7$s 之间,力 $F=70-10t$。设 $t=6$s 时木箱的速度为 v,根据动量定理可得

$$I = \int_{t_0}^{t_1} (F_0 - \mu mg)\mathrm{d}t + \int_{t_1}^{t} [(70-10t) - \mu mg]\mathrm{d}t = mv - 0$$

解方程可得

$$v = 4.24\mathrm{m \cdot s^{-1}}$$

3.1.2   质点系的动量定理

上面讨论了质点的动量定理,然而许多时候还需要研究由多个有相互作用的质点组成的系统,即质点系的动量变化。质点系内各质点间的相互作用力称为**内力**,系统以外其他的物体对系统内任意一质点的作用力称为**外力**。质点系内各质点动量的矢量和就是该质点系的动量。

设质点系由 n 个质点组成,各个质点的质量分别为 $m_1,m_2,\cdots,m_n$,在时刻 t 的速度分别为 $v_1,v_2,\cdots,v_n$,若用 p 表示质点系在时刻 t 的动量,则

$$p = \sum_i m_i v_i \tag{3-3}$$

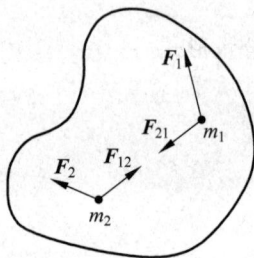

图 3-2   质点系的内力和外力

先以两个质点组成的系统为研究对象,如图 3-2 所示。质点系由质量为 m_1 和 m_2 的两个质点组成,且分别受 F_1、F_2 的外力作用,两质点之间有相互作用的内力 F_{12}、F_{21}。假设两质点在 t_1、t_2 时刻的速度分别为 v_{10}、v_1 和 v_{20}、v_2,则在 $\Delta t = t_2 - t_1$ 时间内分别对两质点应用动量定理,有

$$\int_{t_1}^{t_2} (F_1 + F_{12})\mathrm{d}t = m_1 v_1 - m_1 v_{10}$$

$$\int_{t_1}^{t_2} (F_2 + F_{21})\mathrm{d}t = m_2 v_2 - m_2 v_{20}$$

将上两式相加,可得

$$\int_{t_1}^{t_2} (F_1 + F_2 + F_{12} + F_{21})\mathrm{d}t = (m_1 v_1 + m_2 v_2) - (m_1 v_{10} + m_2 v_{20}) \tag{3-4}$$

两质点间的内力 F_{12}、F_{21} 是作用力与反作用力,由牛顿第三运动定律可知 $F_{12} = -F_{21}$,代入式(3-4)可得

$$\int_{t_1}^{t_2} (F_1 + F_2)\mathrm{d}t = (m_1 v_1 + m_2 v_2) - (m_1 v_{10} + m_2 v_{20}) = p_2 - p_1$$

式中,$p_1 = m_1 v_{10} + m_2 v_{20}$ 和 $p_2 = m_1 v_1 + m_2 v_2$ 分别是系统在 t_1 和 t_2 时刻的动量。

上式表明,作用于两质点组成系统的合外力的冲量等于系统动量的变化量。这一结论可以推广到任意 n 个质点组成的质点系,得到**质点系动量定理:在给定时间内,作用于质点系的合外力的冲量等于质点系动量的变化量**,其数学表述为

$$\int_{t_1}^{t_2} \left(\sum_{i=1}^{n} F_i^{\mathrm{ex}} \right)\mathrm{d}t = \sum_{i=1}^{n} m_i v_i - \sum_{i=1}^{n} m_i v_{i0} = p_2 - p_1 \tag{3-5}$$

如同质点的动量定理一样,式(3-5)也可以写成式(3-2)一样的分量形式。

由质点系的动量定理可以看出,内力不影响质点系的动量,只有外力能改变质点系的动

量。动量定理常用于解决打击、碰撞、冲击、爆炸等问题。在这类问题中,物体相互作用的时间非常短,但相互作用力却往往较大且随时间改变,这种相互作用力通常称为**冲力**。冲力随时间变化的规律很复杂很难测定,但质点在冲力作用下动量的变化量却很容易测量出来,因此可利用计算动量的变化量来确定质点在时间间隔 Δt 内的冲量,从而可以通过计算冲力在时间间隔 Δt 内的平均值来简单估计冲力的大小。冲力在 Δt 时间内的平均值称为平均冲力,用 $\overline{F}$ 表示,即

$$\overline{F} = \frac{\int_{t_1}^{t_2} F \, dt}{\Delta t} = \frac{p_2 - p_1}{\Delta t} \tag{3-6}$$

例 3.2　高空作业时系安全带是非常必要的。假如一质量为 51kg 的高空作业员在高空作业时不慎从高空竖直跌落下来,由于安全带的保护,最终使他被悬挂起来。已知此时高空作业员离原处的距离为 2m,安全带的弹性缓冲时间为 0.5s。求安全带对高空作业员的平均冲力。

解　高空作业员的跌落过程可以分为自由落体和缓冲两个过程,以高空作业员为研究对象并将其视为质点。在自由落体过程中,高空作业员跌落至 2m 处时的速度为

$$v_1 = -\sqrt{2gh}$$

在缓冲过程中,高空作业员的受力如图 3-3 所示,由动量定理可知

$$(\overline{F} - mg) \cdot \Delta t = mv_2 - mv_1$$

高空作业员最后静止地悬挂在安全带上,即 $v_2 = 0$,代入上式可得

$$\overline{F} = \frac{mv_2 - mv_1}{\Delta t} + mg = \frac{m\sqrt{2gh}}{\Delta t} + mg = 1.14 \times 10^3 \, \text{N}$$

图 3-3　例 3.2 用图

3.1.3　动量守恒定律

由质点系的动量定理可以推出,**当系统所受到的合外力为零时,系统的总动量将保持不变**,这就是**动量守恒定律**,其数学表述为

$$\text{当} \sum_i F_i^{ex} = 0, \quad p = p_0 \tag{3-7}$$

式中,p_0、p 分别表示系统的初、末动量。

式(3-7)是动量守恒定律的矢量表达式,在直角坐标系中,其分量形式为

$$\begin{cases} \sum_i F_{ix}^{ex} = 0, & p_{x0} = p_x \\ \sum_i F_{iy}^{ex} = 0, & p_{y0} = p_y \\ \sum_i F_{iz}^{ex} = 0, & p_{z0} = p_z \end{cases} \tag{3-8}$$

由式(3-8)可知,作用在系统某方向上的合外力为零时,系统在该方向上的动量守恒。

动量守恒定律表明,系统总动量的变化只与系统受到的合外力有关,系统的内力并不能改变系统的总动量。对系统内的质点来说,每个质点与系统内其他质点间的相互作用力是该质点的外力,所以系统的内力虽不能改变系统的总动量,却可以改变系统内某些质点的动量。所有质点动量的改变量之和为零,并不影响系统的总动量。此外,在应用动量守恒定律

时,还应该注意以下几点:

(1) 在动量守恒定律中,系统的动量守恒是指系统内各质点动量的矢量和不变,并不是指组成质点系的所有质点的动量都不变。

(2) 系统动量守恒的条件是系统不受外力或者所受合外力为零。有些时候,尽管系统所受合外力不为零,但是由于系统所受的合外力要远远小于系统内力,所以此时可以忽略外力对系统的作用,近似认为系统的动量是守恒的,例如打击、碰撞、冲击、爆炸等问题,都可以近似认为动量守恒。因为在这类问题中,系统内各物体之间的相互作用时间非常短,相互作用内力很大,而一般的外力(如空气阻力、重力或摩擦力)相对于内力而言可以忽略不计,所以在打击、碰撞、冲击、爆炸等过程中,可以认为参与碰撞的物体系统的总动量保持不变。

(3) 如果系统所受合外力的矢量和并不为零,但是合外力在某方向上的分量为零,此时,系统的总动量虽然不守恒,但系统在该方向上的分动量却是守恒的。

(4) 动量守恒定律是物理学最普遍、最基本的定律之一。动量守恒定律虽然是从表述宏观物体运动规律的牛顿运动定律导出的,但近代的科学实验和理论分析都表明,在自然界中,大到天体间的相互作用,小到质子、中子、电子等微观粒子间的相互作用都遵守动量守恒定律;而在原子、原子核等微观领域中,牛顿运动定律却是不适用的。因此,动量守恒定律比牛顿运动定律更加基本,是自然界中最普遍、最基本的定律之一。

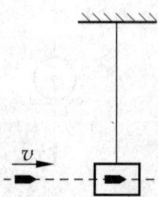

图 3-4　例 3.3 用图

例 3.3　冲击摆如图 3-4 所示,一质量为 M 的物体被静止悬挂着。现有一质量为 m 的子弹沿水平方向以速率 v 射中物体并留在其中。求子弹刚停在物体内时物体的速率。

解　由于子弹射入物体到停止在其中所经历的时间很短,所以在此过程中物体基本上未动而停在原来的平衡位置。于是对子弹和物体这一系统,在子弹射入这一短暂过程中,它们所受的水平方向的外力为零,系统在水平方向上动量守恒。设子弹刚停在物体中时物体的速率为 v_2,则有

$$mv = (m+M)v_2$$

解之可得

$$v_2 = \frac{m}{m+M}v$$

例 3.4　A、B 两船在平静的湖面上平行递向航行,当两船擦肩相遇时,两船各自向对方平稳地传递 50kg 的重物,结果 A 船停了下来,而 B 船以 $3.4\mathrm{m \cdot s^{-1}}$ 的速度继续向前驶去。A、B 两船原有质量分别为 $0.5 \times 10^3\mathrm{kg}$ 和 $1.0 \times 10^3\mathrm{kg}$,求在传递重物前两船的速率。(忽略水对船的阻力)

解　因为是平稳的传递重物,所以两船的横向传递速度可以忽略不计,则对搬出重物后的 A 船与从 B 船搬入的重物组成的系统 I 而言,在水平方向上没有外力作用,系统的动量守恒。同样地,搬出重物后的 B 船与从 A 船搬入的重物组成的系统 II 在水平方向上动量守恒。设 A、B 两船原有速率分别为 v_{A0}、v_{B0},传递重物后的速率分别为 v_A、v_B,A、B 船和被搬运物体的质量分别为 m_A、m_B 和 m,分别列出系统 I 和系统 II 的动量守恒方程有

$$m_A v_{A0} = (m_A - m)v_A + m v_B$$
$$m_B v_{B0} = (m_B - m)v_B + m v_A$$

霍尔推进器

由题意可知 $v_A = 0$,$v_B = 3.4\mathrm{m \cdot s^{-1}}$,代入上式得

$$v_A = \frac{-m_B m v_B}{(m_B - m)(m_A - m) - m^2} = -0.4\mathrm{m \cdot s^{-1}}$$

$$v_B = \frac{(m_A - m)m_B v_B}{(m_B - m)(m_A - m) - m^2} = 3.6\text{m} \cdot \text{s}^{-1}$$

3.2 功和功率

前面讨论了力的时间累积效应,得到了质点和质点系的动量定理,了解到在力的时间累积效应下,质点或质点系动量的变化量等于质点或质点系所受合外力的冲量。接下来讨论力的空间累积效应,即在力的作用下经历一段位移后,物体的运动状态会发生怎样的变化。本节先讨论力的空间累积作用。

笛卡儿

3.2.1 恒力做功

如图 3-5 所示,物体 M 在水平恒力 F 的作用下沿直线从 a 点运动到 b 点,在这一过程中,力 F 使物体的空间位置发生了变化,产生了大小为 s 的位移 r。与力的时间累积作用类似,在这一过程中,力 F 的空间累积作用为 Fs,我们将这一反映力的空间累积作用的物理量称为功,用 W 表示。即在水平恒力 F 的作用下,物体沿力的方向发生大小为 s 的位移 r 时力对物体所做的功为

$$W = Fs$$

若恒力 F 方向不水平,而是与位移 r 有 θ 的夹角,如图 3-6 所示,将力 F 在水平方向和竖直方向上进行分解,发现只有水平方向上的分力 $F\cos\theta$ 使物体产生了位移 r,而竖直方向上的分力 $F\sin\theta$ 并没有在竖直方向上使物体产生位移,所以在这一过程中力 F 对物体所做的功为

$$W = F\cos\theta \cdot s \tag{3-9}$$

由此可知,物体在恒力 F 的作用下沿直线发生位移为 r 的运动时,力 F 的空间累积效应,也就是力 F 所做的功等于力 F 的大小乘以位移 r 的大小 s 以及力 F 与位移 r 之间夹角 θ 的余弦 $\cos\theta$。因为力 F 和位移 r 都是矢量,所以根据矢量点乘法则,式(3-9)可以改写为以下矢量点乘的形式

$$W = \boldsymbol{F} \cdot \boldsymbol{r} \tag{3-10}$$

即,作用在沿直线运动物体上的恒力 $\boldsymbol{F}$,在物体位移 r 上所做的功等于力 $\boldsymbol{F}$ 与位移 r 的点乘。由矢量点乘法则可知,功是标量,只有大小,没有方向。需要注意的是,功有正负,表示物体做正功或负功。力做正功还是负功由力与位移的夹角 θ 来决定:当夹角 $\theta < 90°$ 时,力做正功;当夹角 $\theta > 90°$ 时,力做负功;当夹角 $\theta = 90°$ 时,力不做功。在国际单位制中,功的单位为焦耳,用 J 表示,在电工学中也常用 kW·h 作为功的单位,$1\text{kW} \cdot \text{h} = 3.6 \times 10^6 \text{J}$。

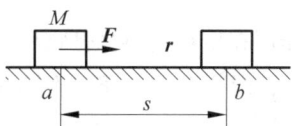

图 3-5 水平恒力做功

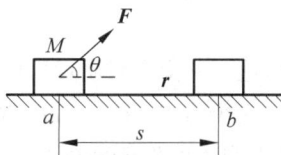

图 3-6 有倾角恒力做功

3.2.2　变力做功

在实际生活中,物体在恒力作用下沿直线运动的情况较少,更一般的情况是物体在变力的作用下作一般曲线运动,此时式(3-10)不再适用,因为功是一个过程量。对恒力而言,在直线位移 r 这一过程中,力的大小以及力与位移的夹角 θ 都不变,所以物体在恒力作用下沿直线运动时恒力的功可以直接利用式(3-10)求得。但是对更一般的变力曲线运动而言,在位移 r 这一过程中,力的大小和力与位移的夹角 θ 都可能会发生变化,所以式(3-10)不再适用。

如图 3-7 所示,一质点在变力 F 的作用下沿如图所示路径由 A 点运动到 B 点,在这一过程中力 F 是随时间变化的,但是当把位移 r 分为许多小段的位移元 dr 时,对每一位移元 dr 而言,对应的时间足够小,以至于力 F 尚未来得及变化,也就是说在每一位移元上,力 F 是恒力,且位移元 dr 近似为直线位移,则每一位移元 dr 上对应的元功 dW 可以利用式(3-10)直接写出来,为

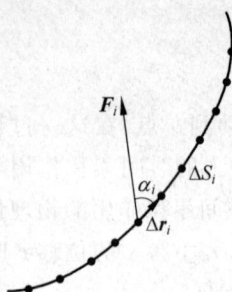

图 3-7　变力做功

$$dW = F \cdot dr \qquad (3\text{-}11)$$

功是标量,可以直接相加,所以整个位移 r 过程中的总功等于所有位移元 dr 上元功 dW 的代数和,即

$$W = \int dW = \int_A^B F \cdot dr \qquad (3\text{-}12)$$

式(3-12)变力做功的表达式是一个矢量积分的表达式。

矢量积分的基本方法是将矢量积分转化为标量积分,积分的本质是微元的累积求和。所以式(3-12)的计算通常可以先将力和位移分别进行正交分解,然后分别在正交分解的方向上进行标量累积求和,最后对几个正交方向上的结果进行矢量叠加。例如,在直角坐标系中,可以先将力 F 和位移元 dr 分别进行正交分解 $F = F_x i + F_y j + F_z k$,$dr = dx i + dy j + dz k$,其中 i、j、k 分别为 x、y、z 方向上的单位方向矢量。然后分别在 x、y、z 方向上进行元功的累积求和 $W_x = \int_A^B F_x dx$,$W_y = \int_A^B F_y dy$,$W_z = \int_A^B F_z dz$。因为功是标量,所以最后的总功等于 x、y、z 方向功的和,即 $W = W_x + W_y + W_z$。而如果力 F 与位移元 dr 的夹角为 θ,在整个积分过程中都不变,由于路程元 ds 与位移元 dr 大小相等,即 $ds = |dr|$,则式(3-12)还可以直接改写成 $W = \int_A^B F \cdot dr = \int_A^B F\cos\theta |dr| = \int_A^B F\cos\theta ds$ 的形式进行标量积分计算。

3.2.3　合力做功

上面讨论了一个力对质点所做的功,若有多个力同时作用在质点上,它们所做的功又是多少呢?设有 n 个力 $F_1,F_2,\cdots,F_n$ 同时作用于同一质点上,它们的合力为 $F = F_1 + F_2 + \cdots + F_n$,当质点在合力的作用下产生一段位移时,合力所做的功为

$$W = \int F \cdot dr = \int (F_1 + F_2 + \cdots + F_n) \cdot dr$$

$$= \int \boldsymbol{F}_1 \cdot \mathrm{d}\boldsymbol{r} + \int \boldsymbol{F}_2 \cdot \mathrm{d}\boldsymbol{r} + \cdots + \int \boldsymbol{F}_n \cdot \mathrm{d}\boldsymbol{r}$$

$$= W_1 + W_2 + \cdots + W_n$$

即合力对质点所做的功等于每个分力单独存在时对质点所做功的代数和。

3.2.4　功率

在实际应用中,不仅要计算做了多少功,往往还要考虑做功的快慢。我们将功随时间的变化率叫作**瞬时功率**,用 P 表示,即

$$P = \frac{\mathrm{d}W}{\mathrm{d}t} \tag{3-13}$$

将式(3-11)代入式(3-13)可得

$$P = \frac{\mathrm{d}W}{\mathrm{d}t} = \boldsymbol{F} \cdot \frac{\mathrm{d}\boldsymbol{r}}{\mathrm{d}t} = \boldsymbol{F} \cdot \boldsymbol{v} \tag{3-14}$$

在国际单位制中,功率的单位名称为瓦特,简称瓦,用符号 W 表示。

3.3　动能定理

前面讨论了力的空间累积作用,引出了功的概念,下面我们将讨论力的空间累积效应,即物体在力的空间累积作用下运动状态将会产生怎样的变化。

3.3.1　质点的动能定理

如图 3-8 所示,一质点在合外力 $\boldsymbol{F}$ 的作用下从 A 点开始作一般曲线运动到 B 点,由式(3-12)可知,合外力 $\boldsymbol{F}$ 对质点所做的功为

$$W = \int_A^B \boldsymbol{F} \cdot \mathrm{d}\boldsymbol{r}$$

则在切线方向和法线方向上的元功分别有

$$\mathrm{d}W_\tau = F_\tau \mid \mathrm{d}\boldsymbol{r} \mid = F_\tau \mathrm{d}s, \quad \mathrm{d}W_n = 0$$

由式(3-12)可知,切向力 $F_\tau = m a_\tau = m \dfrac{\mathrm{d}v}{\mathrm{d}t}$,则合外力 $\boldsymbol{F}$ 对质点所做的元功为

图 3-8　动能定理

$$\mathrm{d}W = \mathrm{d}W_\tau + \mathrm{d}W_n = F_\tau \mathrm{d}s = m \frac{\mathrm{d}v}{\mathrm{d}t} \cdot \mathrm{d}s = m \mathrm{d}v \cdot \frac{\mathrm{d}s}{\mathrm{d}t} = mv\mathrm{d}v$$

于是,质点从 A 点运动到 B 点这一过程中,合外力 $\boldsymbol{F}$ 对外所做的功为

$$W = \int \mathrm{d}W = \int_{v_A}^{v_B} mv\mathrm{d}v = \frac{1}{2}mv_B^2 - \frac{1}{2}mv_A^2 \tag{3-15}$$

式中,v_A 和 v_B 分别为质点经过 A 点和 B 点时的速率。式(3-15)说明,力对质点做功会改变质点的运动状态,在数量上和功相应的是 $\dfrac{1}{2}mv^2$ 这个量的改变量,这个量是由各个时刻

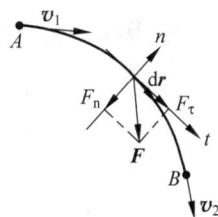

质点的运动状态(以速率为表征)决定的。我们定义这个量为质点的**动能**,用 E_k 表示,即质点动能为

$$E_k = \frac{1}{2}mv^2 \qquad (3\text{-}16)$$

在国际单位制中,动能的单位为焦耳,用 J 表示。

由式(3-16)可知,式(3-15)可以改写为

$$W = E_{kB} - E_{kA} \qquad (3\text{-}17)$$

式(3-17)表明:**合外力对质点所做的功,等于质点动能的变化量**,这个结论就叫作**质点的动能定理**。由动能定理可知,当合外力做正功($W > 0$)时,物体的动能增加,即合外力的空间累积作用引起了物体状态的变化,这种状态由动能表示;而当合外力做负功($W < 0$)时,物体的动能减小,此时物体克服外力做功。由此可见,物体以一定的速度运动时,就具有一定的动能,物体克服外力做功是以减小自己的动能为代价的。

关于质点的动能定理,还需要说明的是:

(1) 功与动能是两个不同的概念,功是能量变化的量度,是与质点的运动过程有关的一个过程量,而动能是由质点运动状态决定的一个状态量。

(2) 与牛顿第二运动定律一样,动能定理也只适用于惯性系。在不同的惯性系中,质点的位移和速度是不同的。因此,功和动能都依赖于惯性系的选取,但对不同的惯性系,动能定理的形式是相同的。

质点动能定理是质点动力学中最重要的定理之一,它将质点的速率与作用于质点的合力以及所经过的路程三个物理量联系起来了。而且动能定理的表达式是一个标量方程,给我们分析、研究某些动力学问题提供了很大的方便。

例 3.5　质量为 $m = 0.5\text{kg}$ 的质点,在外力 $\boldsymbol{F}$ 的作用下由静止开始沿直线运动,若 $t = 2\text{s}$ 后外力 $\boldsymbol{F}$ 对质点做了 4J 的功,求此时质点的速率。

解　根据动能定理可得,外力 $\boldsymbol{F}$ 对质点所做的功为

$$W = E_k - E_{k0} = \frac{1}{2}mv^2 - \frac{1}{2}mv_0^2$$

式中,E_{k0}、E_k 分别为质点的初、末动能,v_0、v 分别为质点的初、末速率。

代入初始速率 $v_0 = 0\text{m} \cdot \text{s}^{-1}$,合外力做功 $W = 4\text{J}$,可解得 $t = 2\text{s}$ 时质点的速率为

$$v = \sqrt{\frac{2W + mv_0^2}{m}} = \sqrt{\frac{2 \times 4 + 0}{0.5}} \, \text{m} \cdot \text{s}^{-1} = 4\text{m} \cdot \text{s}^{-1}$$

利用动能定理求解动力学问题时,一般可以参照以下步骤:

(1) 确定研究对象,并对研究对象进行受力分析。

(2) 确定各力的做功情况,即分析哪些力做功,哪些力不做功;哪些力做正功,哪些力做负功。

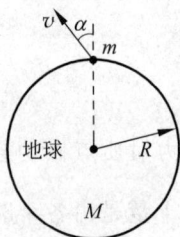

图 3-9　例 3.6 用图

(3) 确定研究过程,明确过程的初状态和末状态,确定初、末状态的动能。

(4) 根据动能定理列方程并求解。

例 3.6　把质量为 m 的物体,从地球表面沿与铅垂线夹角为 α 的方向发射出去,如图 3-9 所示。求能使物体脱离地球引力而作宇宙飞行所需的最小初速度——第二宇宙速度。

解　设地球半径为 R,质量为 M。物体刚好能够进行宇宙飞行的条件是物体运动到无穷远处 $(r_2=\infty)$ 时的速率刚好为零。取地球中心为坐标原点,物体从初始位置 $(r_1=R)$ 运动到末位置 $(r_2=\infty)$ 的过程中,万有引力做功为

$$W = \int_R^\infty \left(-G\,\frac{mM}{r^2}\right) \mathrm{d}r = -G\,\frac{mM}{R}$$

由题设可知,物体的末动能为 0。设物体的最小发射速度为 v,则由动能定理,有

$$W = E_k - E_{k0} = 0 - \frac{1}{2}mv^2$$

联立上两式可解得

$$v = \sqrt{\frac{2GM}{R}} \tag{3-18}$$

把万有引力常量 G、地球质量 M 和半径 R 的数值代入式(3-18),可得

$$v = 11.2 \times 10^3 \,\mathrm{m \cdot s^{-1}}$$

　　由以上例题可知,把物体从地球表面沿任意方向发射出去,如果发射速度满足式(3-18),物体将脱离地球引力的作用而一去不复返,所以第二宇宙速度也称为逃逸速度,该逃逸速度的表达式对任何星体都适用。由式(3-18)可知,星体的质量 M 越大,半径 R 越小,其逃逸速度就越大。假设有一星体的逃逸速度大到等于光速 c,按照狭义相对论,任何物体的速度都不可能超过光速,则任何物体,包括质量为 $\dfrac{h\nu}{c^2}$ 的光子,都不能逃离这样的星体。这样的星体被称为**黑洞**。若这样一个星体的质量为 M_B,则其半径为

$$R_B = \frac{2GM_B}{c^2}$$

通常,把这样的半径称为史瓦西半径。

　　在史瓦西半径内,所有物质都会被吸向黑洞内部,因此黑洞本身将无法维持星体这样的形态,所有的物质都会聚集到一个点上,这个点称为奇点。奇点以外,半径为史瓦西半径的球面称为视界。黑洞就是由一个奇点和一个视界组成的一个区域(这里指不带电、不旋转的黑洞)。在视界内,所有物质都不可避免地被拉向奇点,就算一束向外发射的光,也会落向奇点;在视界上,只有沿视界发射的光才能不落向黑洞,并将沿视界运动;只有在视界外,物体才有可能逃离黑洞。

　　而黑洞一般都很小,一个太阳质量的黑洞,其史瓦西半径只有 3km。地球如果坍缩成黑洞,只有不到 1cm 的半径。就算是银河系中央 400 万倍太阳质量的黑洞(据推测),半径也还不到太阳半径的 10 倍。

3.3.2　质点系的动能定理

　　上面讨论了质点的动能定理,但在许多实际问题中,往往需要研究的是由多个质点构成的质点系。对构成质点系的质点而言,往往不只受到外力作用,还会受到质点系内力的作用。我们先以两个有相互作用的质点组成的质点系为例来讨论质点系的动能变化和它们受力所做功的关系。

　　如图 3-10 所示,一质点系由质量分别为 m_1 和 m_2 的两

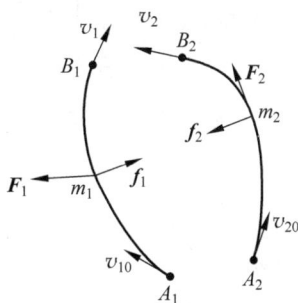

图 3-10　质点系动能定理

质点构成,且分别受到 F_1、F_2 的外力作用和 f_1、f_2 的内力作用。假设两质点的初、末速率分别为 v_{10}、v_{20} 和 v_1、v_2,则分别对 m_1 和 m_2 用动能定理可得

$$\text{对 } m_1 \quad \int_{A_1}^{B_1} F_1 \cdot dr_1 + \int_{A_1}^{B_1} f_1 \cdot dr_1 = \frac{1}{2} m_1 v_1^2 - \frac{1}{2} m_1 v_{10}^2$$

$$\text{对 } m_2 \quad \int_{A_2}^{B_2} F_2 \cdot dr_2 + \int_{A_2}^{B_2} f_2 \cdot dr_2 = \frac{1}{2} m_2 v_2^2 - \frac{1}{2} m_1 v_{20}^2$$

将上两式相加可得

$$\int_{A_1}^{B_1} F_1 \cdot dr_1 + \int_{A_2}^{B_2} F_2 \cdot dr_2 + \int_{A_1}^{B_1} f_1 \cdot dr_1 + \int_{A_2}^{B_2} f_2 \cdot dr_2$$

$$= \left(\frac{1}{2} m_1 v_1^2 + \frac{1}{2} m_2 v_2^2 \right) - \left(\frac{1}{2} m_1 v_{10}^2 + \frac{1}{2} m_2 v_{20}^2 \right)$$

式中,$\int_{A_1}^{B_1} F_1 \cdot dr_1 + \int_{A_2}^{B_2} F_2 \cdot dr_2$ 是外力对质点系所做的功,用 W^{ex} 表示;$\int_{A_1}^{B_1} f_1 \cdot dr_1 + \int_{A_2}^{B_2} f_2 \cdot dr_2$ 是内力对质点系所做的功,用 W^{in} 表示;$\frac{1}{2} m_1 v_1^2 + \frac{1}{2} m_2 v_2^2$ 是质点系的末动能,用 E_k 表示;$\frac{1}{2} m_1 v_{10}^2 + \frac{1}{2} m_2 v_{20}^2$ 是质点系的初动能,用 E_{k0} 表示,则上式可以写为

$$W^{ex} + W^{in} = E_k - E_{k0} \tag{3-19}$$

这一结果很明显地可以推广到任意多个质点组成的质点系,它表明:**所有外力对质点系做的功和所有内力对质点系做的功之和等于质点系总动能的变化量**,这就是**质点系的动能定理**。

需要注意的是,系统内力对质点系所做功的和可以不为零,所以**内力可以改变系统的总动能**。如地雷爆炸后弹片四向飞散,它们的总动能显然比爆炸前增加了,这是内力(火药的爆炸力)对各弹片做正功的结果,这跟前面所讲的**内力不能改变系统的总动量**是不一样的,需要相互区别。

例 3.7　如图 3-11 所示,质量为 m_A 的物体 A 由静止沿光滑斜面下滑,同时质量为 m_B 的物体 B 被绳子拉着上升。绳子质量不计且不可伸缩,滑轮质量以及滑轮与轴承间的摩擦力可忽略不计。求当物体 A 滑过距离 s 时,物体 A、B 的速率。

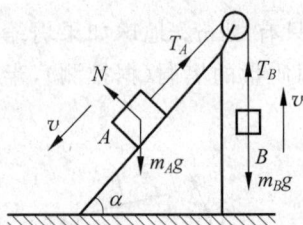

图 3-11　例 3.7 用图

解　以 A、B 和绳子组成的系统为研究对象,系统受力如图 3-11 所示,其中系统所受到的外力只有 A、B 的重力做功,系统内力只有绳子的拉力 T_A、T_B 做功,且运动过程中,绳子的拉力 T_A、T_B 做功之和为零。所以,整个运动过程中系统合力所做的功为

$$W = m_A g s \sin\alpha - m_B g s$$

系统的初、末动能分别为

$$E_{k0} = 0, \quad E_k = \frac{1}{2} m_A v^2 + \frac{1}{2} m_B v^2$$

则根据质点系的动能定理有

$$m_A g s \sin\alpha - m_B g s = \frac{1}{2} m_A v^2 + \frac{1}{2} m_B v^2 - 0$$

解之可得

$$v = \sqrt{\frac{2gs(m_A \sin\alpha - m_B)}{m_A + m_B}}$$

3.4　势能　机械能守恒定律

动能是由于物体运动而具有的能量,是机械运动能量的一种,对同一个物体来说,它由各个时刻物体的速率所决定。本节将介绍另一种由物体的相对位置所决定的能量——势能。为此,先将从万有引力、重力、弹簧弹力和摩擦力做功的特点介绍保守力和非保守力,再介绍引力势能、弹性势能和重力势能。

莱布尼茨

3.4.1　重力、弹力、万有引力、摩擦力做功

例 3.8　重力做功。如图 3-12 所示,一质量为 m 的质点,在重力的作用下从 A 点沿路径 ACB 运动到 B 点,A 点和 B 点的高度分别是 y_A 和 y_B,求这一过程中重力所做的功。

解　质点的重力为 $-mg\boldsymbol{j}$,利用式(3-12)计算重力对物体做的功为

$$W = \int_A^B (-mg\boldsymbol{j}) \cdot d\boldsymbol{r}$$

将重力和位移元分别在 x,y 方向上分解后分别求功可得

$$W_x = \int_{x_A}^{x_B} 0 \, dx = 0, \quad W_y = \int_{y_A}^{y_B} (-mg) \, dy = -(mgy_B - mgy_A)$$

则重力所做的功为

$$W = W_x + W_y = -(mgy_B - mgy_A) \tag{3-20}$$

上述结果表明:**重力做功只与质点的起始位置 y_A 和终止位置 y_B 有关,而与所经过的路径无关。**

例 3.9　弹簧弹力做功。如图 3-13 所示,劲度系数为 k 的弹簧,质量可以忽略不计,弹簧一端固定,另一端与一质量为 m 的物体相连,静止地放在一水平光滑的桌面上,先用力将物体拉到 A 点后释放,求物体由 A 点运动到 B 点时,弹簧弹力所做的功。

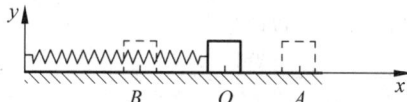

图 3-13　例 3.9 用图

解　以平衡位置为原点建立如图 3-13 所示坐标系,设 A、B 点的坐标分别为 x_A、x_B,物体在运动过程中所受弹簧弹力为

$$F = -kx$$

则弹簧弹力所做的功为

$$W = \int_{x_A}^{x_B} (-kx) \, dx = -\left(\frac{1}{2}kx_B^2 - \frac{1}{2}kx_A^2\right) \tag{3-21}$$

上述结果表明:**弹簧弹力做功只与质点的起始位置 x_A 和终止位置 x_B 有关,而与所经过的路径无关。**

例 3.10　万有引力做功。如图 3-14 所示,质量为 m 的物体在质量为 M 物体的万有引

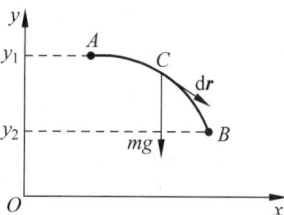

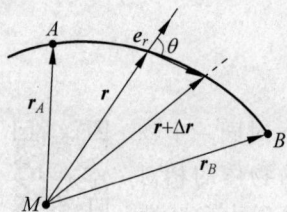

图 3-14   例 3.10 用图

力作用下从 A 点沿如图所示轨迹运动到 B 点,求这一过程中万有引力所做的功。

解   这一过程中,物体 m 所受到的万有引力为

$$\boldsymbol{F} = -G\frac{Mm}{r^2}\boldsymbol{e}_r$$

式中,$\boldsymbol{e}_r$ 为沿矢径 $\boldsymbol{r}$ 的单位方向矢量。利用式(3-12)计算万有引力所做的功为

$$W = \int_A^B \left(-G\frac{Mm}{r^2}\boldsymbol{e}_r\right)\cdot \mathrm{d}\boldsymbol{r}$$

将万有引力和位移元分别在横向方向和径向方向上分解可得

$$F_\varphi = 0, \quad F_r = -G\frac{Mm}{r^2}$$

分别在切线和径向方向上求功

$$W_\varphi = 0, \quad W_r = \int_{r_A}^{r_B}\left(-G\frac{Mm}{r^2}\right)\mathrm{d}r = -\left[\left(-G\frac{Mm}{r_B}\right) - \left(-G\frac{Mm}{r_A}\right)\right]$$

则万有引力所做的功为

$$W = W_\varphi + W_r = \int_{r_A}^{r_B}\left(-G\frac{Mm}{r^2}\right)\mathrm{d}r = -\left[\left(-G\frac{Mm}{r_B}\right) - \left(-G\frac{Mm}{r_A}\right)\right] \tag{3-22}$$

上述结果表明:**万有引力做功只与质点的起始位置 r_A 和终止位置 r_B 有关,而与所经过的路径无关。**

例 3.11   摩擦力做功。 如图 3-15 所示,一质量为 m 的物体在摩擦系数为 μ 的固定水平面上运动。若物体由 A 点沿任意曲线路径运动到 B 点时所经历的路径长度为 s,求这一过程中摩擦力所做的功。

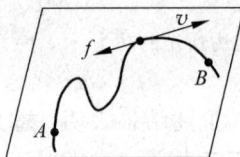

图 3-15   例 3.11 用图

解   这一过程中,物体 m 所受到的摩擦力为

$$\boldsymbol{f} = -\mu mg\boldsymbol{e}_\tau$$

式中,$\boldsymbol{e}_\tau$ 为切线方向的单位方向矢量。利用式(3-12)计算摩擦力所做的功为

$$W = \int_A^B \boldsymbol{f}\cdot \mathrm{d}\boldsymbol{r} = \int_A^B (-\mu mg\boldsymbol{e}_\tau)\cdot \mathrm{d}\boldsymbol{r}$$

由于摩擦力 $\boldsymbol{e}_\tau$ 与位移元 $\mathrm{d}\boldsymbol{r}$ 同向,所以上式可以改写为

$$W = -\int_A^B \mu mg\,|\,\mathrm{d}\boldsymbol{r}\,|$$

由于位移元 $\mathrm{d}\boldsymbol{r}$ 大小与路程元 $\mathrm{d}s$ 相等,即 $|\mathrm{d}\boldsymbol{r}|=\mathrm{d}s$,所以上式可以改写为

$$W = -\int_A^B \mu mg\,\mathrm{d}s = -\mu mgs$$

即摩擦力所做的功为

$$W = -\mu mgs \tag{3-23}$$

式(3-23)中,负号表示摩擦力做负功。

上述结果表明:**摩擦力做功与质点的具体运动路径有关,运动路径不同,路径的长度 s 不同,则摩擦力所做的功也不同。**

3.4.2   保守力与非保守力

上面对万有引力、重力、弹簧弹力和摩擦力几种力做功进行了初步讨论,了解到一些力

做功只与初、末位置有关。我们把这种**做功只与物体的起始位置和终止位置有关，而与具体运动路径无关的力**称为**保守力**，如万有引力、重力和弹簧弹力。而另一类做功与具体运动路径有关的力称为**非保守力**，如摩擦力。

　　设一物体在保守力作用下从 A 点分别沿不同的路径 ACB 和 ADB 运动到 B 点，如图 3-16(a)所示。由保守力做功只与初、末位置有关，而与具体运动路径无关的特点可知

$$W_{ACB} = W_{ADB} = \int_{ACB} \boldsymbol{F} \cdot \mathrm{d}\boldsymbol{r} = \int_{ADB} \boldsymbol{F} \cdot \mathrm{d}\boldsymbol{r}$$

由积分性质可知

$$\int_{ADB} \boldsymbol{F} \cdot \mathrm{d}\boldsymbol{r} = -\int_{BDA} \boldsymbol{F} \cdot \mathrm{d}\boldsymbol{r}$$

所以，当物体在保守力作用下沿如图 3-16(b)所示的闭合路径 $ACBDA$ 运动一周时，保守力所做的功为

$$W = \oint_l \boldsymbol{F} \cdot \mathrm{d}\boldsymbol{r} = \int_{ACB} \boldsymbol{F} \cdot \mathrm{d}\boldsymbol{r} + \int_{BDA} \boldsymbol{F} \cdot \mathrm{d}\boldsymbol{r} = \int_{ACB} \boldsymbol{F} \cdot \mathrm{d}\boldsymbol{r} - \int_{ADB} \boldsymbol{F} \cdot \mathrm{d}\boldsymbol{r} = 0$$

上式表明，**物体沿任意闭合路径运动一周时，保守力做功为零**。这是保守力做功与具体路径无关这一特点的另一种表述形式。式中积分号 $\oint_l$ 表示沿闭合曲线积分，即保守力沿任意闭合路径的曲线积分为零，即

$$W = \oint_l \boldsymbol{F} \cdot \mathrm{d}\boldsymbol{r} = 0 \tag{3-24}$$

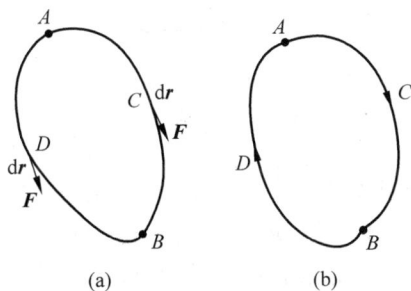

图 3-16　保守力做功

3.4.3　势能

　　功是能量转化的量度，力做了多少功就表示有多少能量发生了转化。由保守力的特点可知，保守力做功多少只取决于物体的初、末位置，所以在有保守力做功时，物体肯定存在一个由位置决定的能量。我们把这种**由位置所决定的能量**称为**势能**（也叫作位能），用 E_p 表示。

　　势能是位置的函数，而物体的位置坐标是相对的，所以势能也是一个相对量，与物体零势能点的选取有关。物体在某点的势能在数值上等于将物体从该点移动到零势能点处保守力所做的功。为了使表述简单，我们可以把势能的零点选取在最方便的地方。例如：物体的重力势能零点可以选取在坐标原点上，弹簧弹性势能零点可以选取在弹簧原长处，万有引

力势能零点可以选取在无穷远处,则重力势能为

$$E_p = \int_y^0 (-mg)dy = mgy \tag{3-25}$$

即,重力势能等于重力 mg 与物体和零势能点间高度差 y 的乘积。

弹性势能为

$$E_p = \int_x^0 (-kx)dx = \frac{1}{2}kx^2 \tag{3-26}$$

即,弹性势能等于弹簧的劲度系数与其变形量平方乘积的一半。

万有引力势能为

$$E_p = \int_r^\infty \left(-G\frac{Mm}{r^2}\right)dr = -G\frac{Mm}{r} \tag{3-27}$$

负号表示在选定无穷远处万有引力势能为零的情况下,物体任意一点的万有引力势能均小于无穷远处的万有引力势能。

根据式(3-25)~式(3-27),可将势能和物体间的相对位置关系描绘成如图 3-17(a)、(b)、(c)所示的势能曲线。

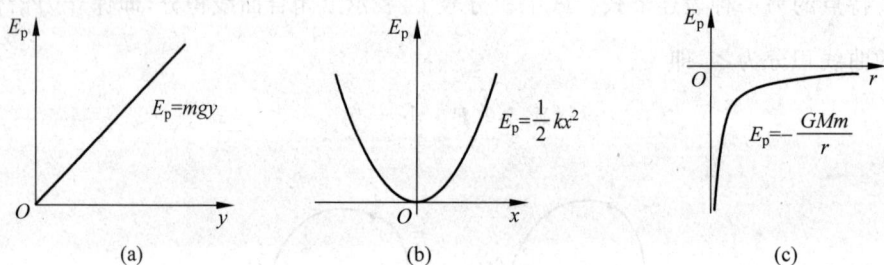

图 3-17 势能曲线

利用式(3-25)~式(3-27)可将式(3-13)~式(3-15)统一写成

$$W = -(E_{p2} - E_{p1}) = -\Delta E_p \tag{3-28}$$

式(3-28)表明,保守力做功等于势能增量的负值,即保守力做正功,势能减小,保守力做负功,势能能加。

关于势能,需要注意以下几点:

(1)势能是一个相对量,其值与零势能点的选取有关,零势能点位置选取的不同,物体的势能具有不同的值,所以势能是一个相对量。但任意两点之间的势能之差是绝对的,与零势能点的选取无关。

(2)势能是状态的函数。在保守力的作用下,只要物体的起始点和终止点位置确定,保守力所做的功也就确定了,而与物体所经过的具体路径无关。所以说,势能是坐标的单值函数,也即状态的函数,即 $E_p = E_p(x, y, z)$。

(3)势能是属于系统的。势能是由于系统内各物体间具有保守力作用而产生的,所以它是系统的。单独谈单个物体的势能是没有意义的。例如重力势能就是属于地球和物体所组成的系统的,如果没有地球对物体的作用,也就谈不上重力做功和重力势能的问题。同样,弹性势能和引力势能也是属于弹性力和引力作用的系统的。

3.4.4　机械能守恒定律

我们已经知道,质点系总动能的变化量等于质点系所有外力和内力做功之和。如果把系统内力做功分为保守力内力做功(用 W_c^{in} 表示)和非保守内力做功(用 W_{nc}^{in} 表示)两部分,则质点系的动能定理式(3-23)可写为

$$W^{ex} + W_c^{in} + W_{nc}^{in} = E_k - E_{k0} \qquad (3-29)$$

由式(3-28)可知,保守力做功等于势能增量的负值,则式(3-29)可以写为

$$W^{ex} + W_{nc}^{in} - (E_p - E_{p0}) = E_k - E_{k0} \qquad (3-30)$$

式(3-30)可进一步改写为

$$W^{ex} + W_{nc}^{in} = (E_k + E_p) - (E_{k0} + E_{p0}) \qquad (3-31)$$

在力学中,动能和势能统称为**机械能**。若以 E_0 和 E 分别表示质点系的初机械能和末机械能,即

$$E_0 = E_{k0} + E_{p0}, \quad E = E_k + E_p$$

则式(3-31)可写成

$$W^{ex} + W_{nc}^{in} = E - E_0 \qquad (3-32)$$

式(3-32)表明,**质点系的机械能的增量等于外力与非保守内力做功之和**,这就是质点系的**功能原理**。而当系统的外力与非保守内力做功之和为零时,由式(3-31)可知系统的初、末机械能相等,即

$$当 W^{ex} + W_{nc}^{in} = 0 \ 时, \quad E_0 = E \qquad (3-33)$$

式(3-33)的物理意义是,**当作用于质点系的外力和非保守内力不做功或所做功之和为零时,质点系的总机械能不变**,这就是**机械能守恒定律**。

当只有保守内力做功时,式(3-30)可以写成

$$E_k - E_{k0} = -(E_p - E_{p0}) \qquad (3-34)$$

式(3-34)的物理意义是,只有保守内力做功时,系统的总机械能不变,但质点系的动能和势能可以相互转换,动能的增加量等于势能的减小量,动能和势能的相互转换是通过保守内力做功来实现的。

例 3.12　如图 3-18 所示,把质量 $m = 0.2\text{kg}$ 的小球放在位置 A 时,弹簧被压缩 $\Delta l = 7.5 \times 10^{-2}\text{m}$。然后在弹簧弹性力的作用下,小球从位置 A 由静止释放,小球沿轨道 $ABCD$ 运动。小球与轨道间的摩擦力不计,已知 BCD 是半径为 $r = 0.15\text{m}$ 的半圆弧,AB 相距为 $2r$。求弹簧劲度系数的最小值。

解　弹簧劲度系数取最小值的条件是小球刚好能通过 BCD 轨道最高点 C,此时轨道对小球的支持力 $F_N = 0$,小球由重力提供向心力。设此时小球的速度为 v_c,则有

$$mg = \frac{mv_c^2}{r}$$

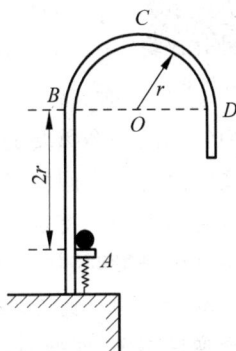

图 3-18　例 3.12 用图

取小球、弹簧和地球为系统,小球在被释放后的运动过程中,只有重力和弹力两个保守内力做功,轨道对小球支持力不做功,因此系统机械能守恒。取小球开始时所在的 A 位置为重力

势能零点,则小球在初始位置 A 的动能为 0,重力势能为 0,弹性势能为 $\frac{1}{2}k(\Delta l^2)$,小球在圆弧顶点 C 处的动能为 $\frac{1}{2}mv_c^2$,重力势能为 $mg(3r)$,弹性势能为 0,则由机械能守恒定律,有

$$\frac{1}{2}k(\Delta l)^2 = mg(3r) + \frac{1}{2}mv_c^2$$

联立以上两式可解得

$$k = \frac{7mgr}{(\Delta l)^2} = 366\text{N} \cdot \text{m}^{-1}$$

3.4.5 能量守恒定律

流浪地球
之引力弹
弓效应

以上的讨论中,我们知道如果外力和非保守内力不做功时,系统的动能和势能之间是可以相互转化的,总和是守恒的。但是,如果在外力不做功的条件下,系统内除了保守内力做功之外,还有非保守力做功,那么系统的机械能就要与其他形式的能量发生转换。

在长期的生产和科学实验中,人们总结出一条重要的结论:**对于一个与外界无任何联系的孤立系统来说,系统内各种形式的能量是可以相互转化的,但是不论如何转化,能量既不能产生,也不能消灭**。这一结论叫作能量守恒定律,它是自然界的基本定律之一。能量是这一守恒定律中的不变量或守恒量,在能量守恒定律中,系统的能量是不变的,但是能量的各种形式之间却可以相互转化。例如机械能、电能、热能、光能以及分子、原子、核能等能量之间都可以相互转化。应当指出,在能量转化的过程中,能量的变化常用功来量度。在机械运动范围内,功是机械能变化的唯一量度。但是,不能把功与能量等同起来,功总是和能量的变化与转化过程相联系的,是能量变化与转化的一种量度,是一个过程量。而能量则只是和系统的状态有关,是一个状态量。

3.5 碰撞

亥姆霍兹

碰撞是物理学研究的重要对象。两运动物体相互碰撞时,其运动状态会有急剧的变化,相互间有很大的作用力。在微观状态下,通过微观粒子的碰撞去研究物质结构和粒子间相互作用是一个重要手段。从微观角度研究热现象时,就会涉及原子间的碰撞。在宏观状态下,两个宏观物体的碰撞问题,是工程中常见的一个重要的动力学问题,例如手锤敲击石块、打桩、锻压等。另外,机器中传动零件之间总有一定间隙,启动时也会有撞击发生。

碰撞有两个特点:一是碰撞的时间非常短暂,且物体的运动状态会发生明显的变化;二是发生碰撞时,物体之间的相互作用力很强,所以可以忽略外界影响。因此,碰撞过程中,系统动量守恒。此外,如果在碰撞后,两物体的动能之和完全没有损失,那么这种碰撞叫作**完全弹性碰撞**,碰撞后,两物体彼此分开。实际上,在两物体碰撞时,由于非保守力作用,会使机械能转化为热能、声能、化学能等其他形式的能量,或者其他形式的能量转化为机械能,且碰撞后,两物体彼此分开,这种碰撞叫作**非完全弹性碰撞**。如果两个物体发生碰撞后并不分开,而是以共同的速度一起运动,则这种碰撞叫作**完全非弹性碰撞**。相比于非完全弹性碰

撞,完全非弹性碰撞过程中动能的损失更大。

例 3.13　已知两个小球质量分别为 m_1 和 m_2,沿同一直线运动,速度分别为 v_{10} 和 v_{20},求两小球发生完全弹性碰撞后的速度 v_1 和 v_2。

解　在整个碰撞过程中,系统内力远远大于外力,系统动量守恒,则有

$$m_1 v_{10} + m_2 v_{20} = m_1 v_1 + m_2 v_2$$

完全弹性碰撞时,碰撞前后系统动能不变,则有

$$\frac{1}{2} m_1 v_{10}^2 + \frac{1}{2} m_2 v_{20}^2 = \frac{1}{2} m_1 v_1^2 + \frac{1}{2} m_2 v_2^2$$

由上两式联立求解得

$$v_1 = \frac{(m_1 - m_2) v_{10} + 2 m_2 v_{20}}{m_1 + m_2}$$

$$v_2 = \frac{(m_2 - m_1) v_{20} + 2 m_1 v_{10}}{m_1 + m_2}$$

例 3.14　已知两个小球质量分别为 m_1 和 m_2,沿同一直线运动,速度分别为 v_{10} 和 v_{20},两小球发生完全非弹性碰撞,求碰撞后两小球的速度。

解　完全非弹性碰撞后,两小球彼此不分开,以共同的速度一起运动。设完全非弹性碰撞后,两小球的共同速度为 v。由于在整个碰撞过程中,系统内力远远大于外力,系统动量守恒,所以有

$$m_1 v_{10} + m_2 v_{20} = (m_1 + m_2) v$$

求解上式可得,碰撞后两小球的共同速度

$$v = \frac{m_1 v_{10} + m_2 v_{20}}{m_1 + m_2}$$

对称性　守恒律　牛顿定律

本章提要

1. 动量

$$\boldsymbol{p} = m \boldsymbol{v}; \qquad 冲量\ \boldsymbol{I} = \int_{t_1}^{t_2} \boldsymbol{F} \mathrm{d}t$$

2. 质点动量定理

$$\boldsymbol{I} = \int_{t_1}^{t_2} \boldsymbol{F} \mathrm{d}t = \int_{p_1}^{p_2} \mathrm{d}\boldsymbol{p} = \boldsymbol{p}_2 - \boldsymbol{p}_1 = m \boldsymbol{v}_2 - m \boldsymbol{v}_1$$

3. 质点系动量定理

$$\boldsymbol{I} = \int_{t_1}^{t_2} \left(\sum_{i=1}^{n} \boldsymbol{F}_i^{\text{ex}} \right) \mathrm{d}t = \sum_{i=1}^{n} m_i \boldsymbol{v}_i - \sum_{i=1}^{n} m_i \boldsymbol{v}_{i0} = \boldsymbol{p}_2 - \boldsymbol{p}_1$$

4. 动量守恒定律

(1) 当 $\sum_i \boldsymbol{F}_i^{\text{ex}} = 0$ 时,$\boldsymbol{p} = \boldsymbol{p}_0$;

(2) 当某方向上 $F_{外} = 0$ 时,$p_{某方向} = p_{0某方向}$;

(3) $F_\text{外} \ll f_\text{内}$，$\boldsymbol{p} = \boldsymbol{p}_0$。

5. 变力做功

$$W = \int \mathrm{d}W = \int_A^B \boldsymbol{F} \cdot \mathrm{d}\boldsymbol{r} = \int_A^B F_x \mathrm{d}x + \int_A^B F_y \mathrm{d}y$$

6. 重力做功

$$W = -(mgy_B - mgy_A)$$

7. 弹簧弹力做功

$$W = -\left(\frac{1}{2}x_B^2 - \frac{1}{2}x_A^2\right)$$

8. 万有引力做功

$$W = -\left[\left(-G\frac{Mm}{r_B}\right) - \left(-G\frac{Mm}{r_A}\right)\right]$$

9. 摩擦力做功

$$W = -\mu mgs$$

10. 瞬时功率

$$P = \frac{\mathrm{d}W}{\mathrm{d}t} = \boldsymbol{F} \cdot \boldsymbol{v}$$

11. 质点动能定理

$$W = \int_A^B \boldsymbol{F} \cdot \mathrm{d}\boldsymbol{r} = E_{kB} - E_{kA} = \frac{1}{2}mv_B^2 - \frac{1}{2}mv_A^2$$

12. 质点系动能定理

$$W^{ex} + W^{in} = E_k - E_{k0}$$

13. 保守力

$$\text{保守力：} \oint \boldsymbol{F}_\text{保} \cdot \mathrm{d}\boldsymbol{l} = 0; \qquad \text{势能：} E_p = \int_\text{场点}^\text{势能零点} \boldsymbol{F}_\text{保} \cdot \mathrm{d}\boldsymbol{l}$$

重力势能 $E_p = mgh$；弹簧弹性势能 $E_p = \frac{1}{2}kx^2$；万有引力势能 $E_p = -G\frac{Mm}{r}$

14. 机械能

$$E = E_k + E_p$$

15. 机械能守恒定律

$$\text{当 } W^{ex} + W^{in}_{nc} = 0 \text{ 时，} \quad E_0 = E$$

思 考 题

3.1 牛顿第一运动定律与动量守恒定律有什么相互联系？

3.2 牛顿第二运动定律与质点动量定理有什么相互联系？

3.3 保守力有哪些，保守力做功的特点是什么？

3.4 内力对系统的动量和动能有影响吗，为什么？

3.5 质点系动量守恒的条件是什么？在何种情况下，即使外力不为零，也可用动量守恒方程求近似解。

习题

3.1　选择题

(1) 对质点组有以下几种说法：①质点组总动量的改变与内力无关；②质点组总动能的改变与内力无关；③质点组机械能的改变与保守内力无关。下列对上述说法判断正确的是(　　)。

　　A. 只有①是正确的　　　　　　　　B. ①、②是正确的
　　C. ①、③是正确的　　　　　　　　D. ②、③是正确的

(2) 有两个倾角不同、高度相同、质量一样的斜面放在光滑的水平面上,斜面也是光滑的。有两个一样的物块分别从这两个斜面的顶点由静止开始下滑,则(　　)。

　　A. 物块到达斜面底端时的动量相等
　　B. 物块到达斜面底端时的动能相等
　　C. 物块和斜面(以及地球)组成的系统机械能不守恒
　　D. 物块和斜面组成的系统,水平方向上的动量守恒

(3) 对机械能守恒和动量守恒定律的条件正确的是(　　)。

　　A. 系统不受外力作用,则动量和机械能必定同时守恒
　　B. 对一系统,若外力做功为零,则动量和机械能必定同时守恒
　　C. 对一系统,若外力做功为零,而内力都是保守力,则机械能守恒
　　D. 只有合外力为零时,系统的动量和机械能同时守恒

3.2　如习题 3.2 图所示,质量 $m = 2.0 \text{kg}$ 的质点,受合力 $\boldsymbol{F} = 12t\boldsymbol{i}$ 的作用,沿 Ox 轴由静止开始作直线运动,求经过 3s 后,合力 $\boldsymbol{F}$ 的冲量以及质点的速度。

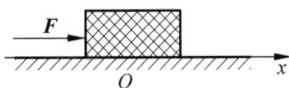

习题 3.2 图

3.3　一个质量为 m 的质点在 Oxy 平面上运动,其运动方程为 $\boldsymbol{r} = a\cos\omega t\boldsymbol{i} + b\sin\omega t\boldsymbol{j}$,求质点的动量。

3.4　自动步枪连发时每分钟可射出 120 发子弹,每颗子弹质量为 7.9g,出口速率为 $735 \text{m} \cdot \text{s}^{-1}$。求射击时所需的平均力。

3.5　火箭沿直线匀速飞行,喷射出的燃烧生成物的密度为 ρ,喷口截面积为 S,喷气速度(相对于火箭的速度)为 v,求火箭所受推力。

3.6　小型迫击炮在总质量为 1000kg 的船上发射炮弹,炮弹质量为 2kg。开始时船静止在静水中。若炮弹飞离炮口时相对于地面的速度为 $600 \text{m} \cdot \text{s}^{-1}$,且与水平面成 45°,求发炮弹后小船后退的速度。

3.7　如习题 3.7 图所示,有一弹簧劲度系数为 k,水平放置于桌面上,一端固定,另一端连结一质量为 M 的物体,物体与桌面间的摩擦系数为 μ_0。若当弹簧为原长时物体具有速度 v_0,问此后在物体移动距离为 l 的过程中:(1)摩擦力做多少功?(2)作用在物体上的弹性力做多少功?(3)作用在物体上的其他力做多少功?(4)对物体做的总功是多少?

3.8　质点在如习题 3.8 图所示的坐标平面内作圆周运动,已知有一力 $\boldsymbol{F} = F_0(x\boldsymbol{i} + y\boldsymbol{j})$ 作用在质点上,求质点从原点运动到 $(0, 2R)$ 位置过程中,该力所做的功。

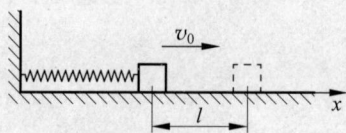

习题 3.7 图

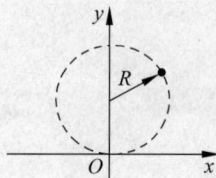

习题 3.8 图

3.9   质量为 2kg 的物体由静止出发沿直线运动,作用在物体上的力大小为 $F=6t$ N。试求在前 2s 内,此力对物体做的功。

3.10   一轻弹簧,其一端系在竖直放置圆环的顶点 P,另一端系一质量为 m 的小球,小球穿过圆环并可在环上运动$(\mu=0)$,如习题 3.10 图所示。开始时小球静止于点 A,弹簧处于自由状态,其长为环的半径 R。当球运动到环的底端点 B 时,球对环没有压力,求弹簧的劲度系数 k。

3.11   一轻质弹簧的劲度系数为 $k=100\text{N}\cdot\text{m}^{-1}$,用手推一质量 $m=0.1\text{kg}$ 的物体 A 把弹簧压缩到离平衡位置为 $x_0=0.02\text{m}$(物体与弹簧未连接),如习题 3.11 图所示。放手后,物体沿水平面移动距离 $x_2=0.1\text{m}$ 后停止。求物体与水平面间的滑动摩擦系数 μ。

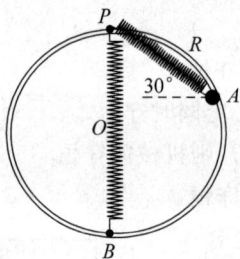

习题 3.10 图

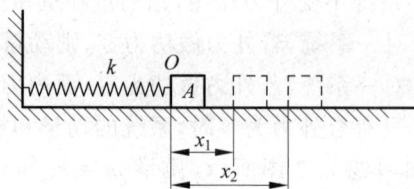

习题 3.11 图

3.12   地面上有一个质量为 2kg 的物块 B 与劲度系数 $k=100\text{N/m}$ 的弹簧相连,弹簧另一端与墙壁相连。初始 B 物块静止,弹簧为原长。有个质量为 3kg 的物块 A 向右运动,以 $v_0=5\text{m/s}$ 的速度与 B 发生碰撞,碰后两物体黏在一起,之后压缩弹簧,求弹簧的最大压缩量。已知 A、B 两物块与地面摩擦因素都为 0.3。

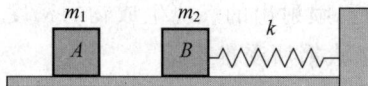

习题 3.12 图

第4章

刚体力学基础

前 几章,我们研究了质点的运动规律,质点是力学中的一个理想模型,在很多问题的研究中,我们常常可以忽略物体的形状和大小而将其看成质点来进行研究。当然,把物体视为质点是有条件的。一般来说,物体在运动过程中,其运动情况要复杂得多,有时物体的形状发生变化,或者物体的大小发生变化,或者两者都发生变化,显然,在这些情况下,物体并不能看成是质点。有些时候,即使物体在运动过程中的形状和大小都不变,但物体各点的运动情况各不相同,也不能把物体视为质点。

一般来说,在外力作用下,物体的形状和大小是会发生变化的,但如果在外力作用下,物体的形状和大小不发生变化,也就是说物体内任意两点间的距离始终保持恒定,这种理想化的物体就叫作**刚体**。实际上,如果在外力作用下,物体的形状和大小变化非常小,以至于可以忽略不计时,这种物体也可以近似视为刚体。在力学中,刚体是质点之外的又一个理想模型。

任何物体都可以看成是由许多质点构成的质点系,刚体也不例外。由于在运动过程中,刚体任意两点的距离保持不变,所以可以用质点的运动规律来加以研究。本章研究的主要内容有:角速度、角加速度、转动惯量、力矩、转动动能和角动量等物理量,以及转动定律和角动量守恒定律等。

本章结构框图

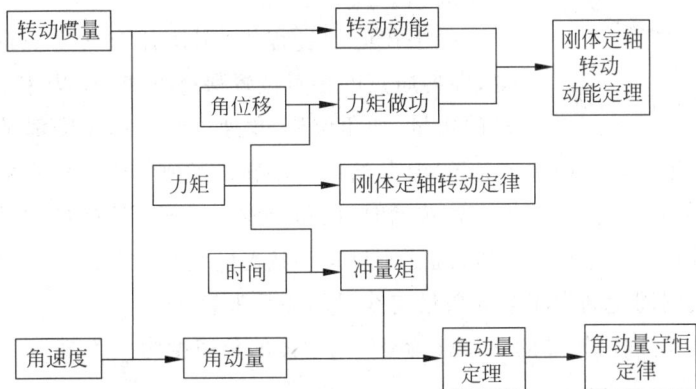

4.1 刚体运动的描述

刚体是指受力时变形可以忽略不计的物体,刚体最简单而又最基本的两种运动形式是**平动**和**转动**。刚体的任何复杂的运动都可以看成是这两种基本运动的合成。

4.1.1 平动

刚体运动时,如果在刚体内任取一直线段,在运动过程中这条直线段始终与它的最初位置平行,这种运动称为平行移动,简称**平动**。可以证明:当刚体作平动时,其上各点的轨迹形状完全相同,且在每一瞬时,各点的速度相同,加速度也相同。也就是说,只要知道刚体上任意一点的运动,就可以完全确定整个刚体的运动。所以,对刚体平动的研究可归结为对质点运动的研究,通常用刚体质心的运动来代表整个刚体的平动。

4.1.2 定轴转动

刚体运动时,如果刚体内所有点都绕同一直线作圆周运动,则刚体的这种运动称为**转动**,这条直线称为**转轴**。如果转轴的位置和方向随时间而变化,这种转轴称为**瞬时转轴**,相应的转动称为**绕非固定轴转动**;而如果转轴的位置或方向是固定不变的,这种转轴称为**固定转轴**,相应的转动称为绕固定轴转动,简称**定轴转动**。

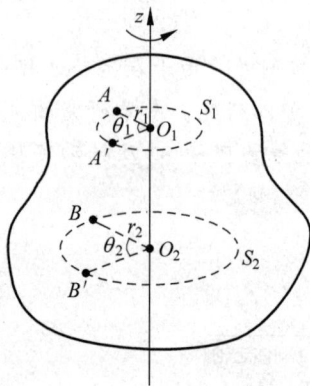

刚体转动的最简单情况就是定轴转动,在这种运动中,刚体内各质点都在通过各点并垂直于转轴的平面内绕转轴作圆周运动,这个平面称为**转动平面**。这些点作圆周运动的圆心就是这些转动平面与转轴的交点,半径就是这些点到转轴的距离。如图 4-1 所示,A、B 为刚体内的任意两个质点,分别在转动平面 S_1、S_2 内作圆周运动,其圆心分别为转动平面 S_1、S_2 与转轴 z 的交点 O_1、O_2,半径为质点 A、B 到圆心的距离 r_1、r_2。

由于在运动过程中,刚体任意两质点间的距离保持不变,即各质点的相对位置保持不变,所以,描述各质点圆周运动的角量,如角位移、角速度和角加速度都是相同的,但由于

图 4-1 刚体的定轴转动

不同的质点离转轴的距离和位置各不相同,所以定轴转动的刚体内各质点的位移、速度和加速度不尽相同,因此,在描述刚体定轴转动时,用角量较为方便。刚体绕定轴转动时,刚体上任意点都绕定轴作圆周运动。所以,描述刚体运动状态的角动量与线量之间的关系,都可以用第 1 章中有关圆周运动中相应的角量与线量的关系来表述。

设刚体在 $\mathrm{d}t$ 时间内转过的角位移为 $\mathrm{d}\theta$,则刚体的角速度为

$$\omega = \frac{\mathrm{d}\theta}{\mathrm{d}t} \qquad (4\text{-}1)$$

　　由于刚体绕固定转轴转动时,既可以顺时针转动,也可以逆时针转动,所以为了既能够描述刚体转动的快慢,又能够说明转动的方向,角速度 ω 可用矢量表示,大小由式(4-1)确定,方向沿转轴方向,指向与刚体转动方向满足右手螺旋关系,即四指绕向和刚体转动方向一致,大拇指的指向就是角速度矢量的方向。如图 4-2 所示,图(a)中角速度与 z 轴方向相同时,$\omega>0$,图(b)中角速度与 z 轴方向相反时,$\omega<0$。

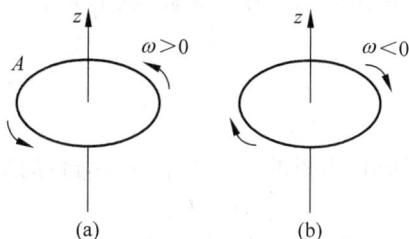

图 4-2　绕定轴转动刚体,用 ω 的正负来表示其转动方向

　　刚体的角加速度为

$$\alpha=\frac{\mathrm{d}\omega}{\mathrm{d}t} \tag{4-2}$$

角加速度也是矢量,$\alpha>0$ 表示角加速度方向与角速度方向相同,即刚体作加速转动;$\alpha<0$ 表示角加速度方向与角速度方向相反,即刚体作减速转动。

　　离转轴距离为 r 的质点的线速度和加速度与刚体的角速度和角加速度的关系为

$$v=\omega r \tag{4-3}$$

$$a_\tau=r\alpha \tag{4-4}$$

$$a_\mathrm{n}=\frac{v^2}{r}=r\omega^2 \tag{4-5}$$

例 4.1　一砂轮的转速在 5.0s 内由 300r·min^{-1} 均匀地增加到 3000r·min^{-1},求:

(1) 在这段时间内的初角速度和末角速度以及角加速度;

(2) 若砂轮的半径为 $r=0.1$m,求其边缘上一点在 5.0s 末的切向加速度、法向加速度和总加速度的大小。

　　解　(1) 角速度 ω 与转速 n 之间的关系为 $\omega=\dfrac{2\pi n}{60}$,则由题可知,

初角速度　　　　　　　$\omega_0=\dfrac{2\pi n_0}{60}=\dfrac{2\pi\times300}{60}\mathrm{rad\cdot s^{-1}}=10\pi\mathrm{rad\cdot s^{-1}}$

末角速度　　　　　　　$\omega=\dfrac{2\pi n}{60}=\dfrac{2\pi\times3000}{60}\mathrm{rad\cdot s^{-1}}=100\pi\mathrm{rad\cdot s^{-1}}$

因为是作匀加速转动,角加速度为

$$\alpha=\frac{\omega-\omega_0}{\Delta t}=\frac{100\pi-10\pi}{5}=18\pi\mathrm{rad\cdot s^{-2}}$$

(2) 切向加速度　　　　$a_\tau=r\alpha=0.1\times18\pi\mathrm{m\cdot s^{-1}}=1.8\pi\mathrm{m\cdot s^{-2}}$

法向加速度　　　　　　$a_\mathrm{n}=r\omega^2=0.1\times(100\pi)^2\mathrm{m\cdot s^{-2}}=9869.6\mathrm{m\cdot s^{-2}}$

总加速度　　$a=\sqrt{a_\tau^2+a_\mathrm{n}^2}=\sqrt{1.8^2+9869.6^2}\mathrm{m\cdot s^{-2}}=9869.6\mathrm{m\cdot s^{-2}}$

4.2　力矩　转动定律　转动惯量

　　在 4.1 节里,我们只讨论了刚体定轴转动的运动学问题。这一节,我们将讨论刚体定轴转动时的动力学问题,即研究刚体获得角加速度的原因以及刚体绕定轴转动时所遵守的定律。为此,我们先引入力矩这个物理量。

4.2.1　力矩

　　中学的时候我们就已经知道,力矩的大小等于力与力臂的乘积,即

$$M = Fd$$

如图 4-3 所示,$d = r\sin\theta$,其中 r 是力的作用点 A 的位置矢量 r 的大小,θ 是位置矢量 r 与力 F 的夹角,则上式可以改写为

$$M = Fr\sin\theta \tag{4-6}$$

因为力矩 M 是矢量,方向由右手定则判定,指向与转轴平行。所以根据矢量叉乘法则,式(4-6)可以改写为以下矢量叉乘的形式

$$\boldsymbol{M} = \boldsymbol{r} \times \boldsymbol{F} \tag{4-7}$$

由式(4-6)可知,当夹角 $\theta = 0$ 或 $\theta = \pi$,即力或力的作用线经过转轴时,力矩为零。此外,当力与转轴平行时,力矩也为零。所以,当力 F 不在转动平面内时,如图 4-4 所示,可以通过将力分解成与转轴平行的力 $F_{/\!/}$ 和垂直于转轴并在转轴平面内的力 $F_{\perp}$ 来求力对转轴的力矩,其中与转轴平行的分力 $F_{/\!/}$ 对转轴的力矩为零,则力 F 对转轴的力矩为

$$\boldsymbol{M} = \boldsymbol{r} \times \boldsymbol{F} = \boldsymbol{r} \times \boldsymbol{F}_{\perp}$$

　　由于力矩的方向与转轴平行,可用正负号表示其方向,则作定轴转动的刚体同时受到多个转动平面内的外力作用时,如图 4-5 所示,它所受到的合外力矩为这几个外力矩的代数和,即

$$M = F_1 r_1 \sin\theta_1 - F_2 r_2 \sin\theta_2 + F_3 r_3 \sin\theta_3$$

式中,"+"表示力矩方向与 Oz 轴同向,"−"表示力矩方向与 Oz 轴反向。

　　由于沿同一作用线大小相等、方向相反的两个力对同一转轴的力臂相同,所以它们对同一转轴的合力矩为零。对定轴转动的刚体来说,刚体内质点间的作用力总是成对出现的,且大小相等、方向相反、沿同一直线,所以刚体内各质点间的作用力对转轴的合内力矩为零。

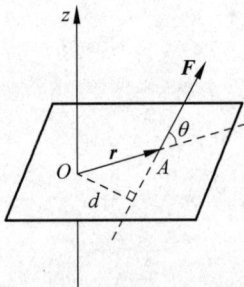

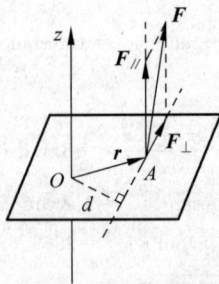

图 4-3　力矩　　　　图 4-4　力不在转动平面内　　　　图 4-5　定轴转动刚体受多个力的作用

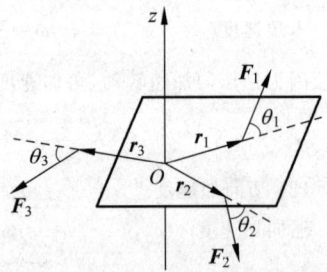

4.2.2 转动定律

在外力矩作用下绕定轴转动的刚体,其角速度会发生变化而具有角加速度。下面来讨论外力矩和角加速度之间的关系。

如图 4-6 所示,一刚体在直角坐标系里绕通过点 O,垂直于 Oxy 平面的 z 轴转动。此刚体可看作由无限多个线度非常小的质量元 Δm 组成,其中每一个质量元都绕 Oz 轴作圆周运动。设作用在质量元 Δm_i 上的外力的切向分量为 $\boldsymbol{F}_{it}$,其切向加速度为 $\boldsymbol{a}_t$,由牛顿第二运动定律有

$$\boldsymbol{F}_{it} = \Delta m_i \boldsymbol{a}_t$$

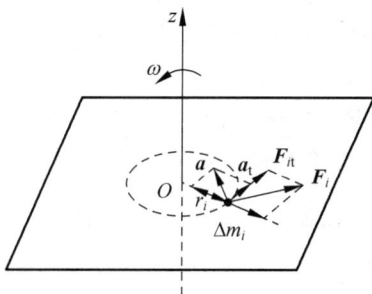

图 4-6 刚体定轴转动定律

力 $\boldsymbol{F}_{it}$ 对 Oz 轴的力矩为

$$M_i = r_i F_{it} = \Delta m_i a_t r_i$$

已知线加速度和角加速度的关系为 $a_t = r\alpha$,上式可写成

$$M_i = r_i^2 \Delta m_i \alpha$$

虽然刚体上每一质元的线加速度不相同,但它们的角加速度却是相同的。如令刚体上各质量元对 Oz 轴所受的合外力矩为 $M = \sum M_i$,则可得

$$M = \sum \alpha r_i^2 \Delta m_i = \alpha \sum r_i^2 \Delta m_i \tag{4-8}$$

显然,式中 $\sum r_i^2 \Delta m_i$ 只与刚体的形状、质量分布以及转轴的位置有关,也就是说,它只与绕定轴转动的刚体本身的性质和转轴的位置有关,称为**转动惯量**,用符号 J 表示,于是有

$$J = \sum r_i^2 \Delta m_i \tag{4-9}$$

若刚体上质量元是连续分布的,转动惯量为 $J = \int r^2 \, \mathrm{d}m$,于是式(4-8)为

$$M = J\alpha \tag{4-10}$$

式(4-10)表明,**绕定轴转动时,刚体的角加速度与它所受的合外力矩成正比,与刚体的转动惯量成反比**,这个关系叫作刚体绕轴转动时的转动定律,简称为**转动定律**。

4.2.3 转动惯量

将转动定律式(4-10)与质点运动的牛顿第二运动定律式(2-3)比较可以看出,两者形式

相似:合外力矩 M 与合外力 F 相对应,角加速度 α 与加速度 a 相对应,转动惯量 J 与质量 m 相对应。我们知道,质量 m 是物体惯性大小的量度,则转动惯量可以理解为刚体转动惯性大小的量度。当以相同的力矩分别作用于两个绕定轴转动的不同刚体时,转动惯量大的刚体获得的角加速度小,即角速度改变得慢,也就是保持原有转动状态的惯性大;反之,转动惯量小的刚体所获得的角加速度大,即角速度改变得快,也就是保持原有转动状态的惯性小。

转动惯量的单位名称是千克二次方米,符号为 $kg \cdot m^2$。由式(4-9)可以看出,转动惯量 J 等于刚体上各质点的质量与各质点到转轴的距离平方的乘积之和。如果刚体上的质点是连续分布的,则其转动惯量可以利用以下积分公式计算,即

$$J = \int r^2 \, \mathrm{d}m \tag{4-11}$$

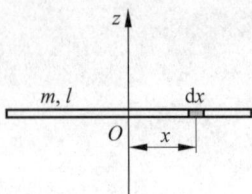

例 4.2　一长为 l、质量为 m 的均质细棒,如图 4-7 所示,试求该细棒对通过中心并与细棒垂直的轴的转动惯量。

解　以细棒的中心 O 为坐标原点,取如图所示 Oxz 坐标系。在距离原点为 x 的位置取线元 $\mathrm{d}x$,则这一线元的质量为

$$\mathrm{d}m = \frac{m}{l} \mathrm{d}x$$

图 4-7　例 4.2 用图

根据式(4-11),细棒对中心轴的转动惯量为

$$J = \int_{-\frac{l}{2}}^{\frac{l}{2}} x^2 \, \mathrm{d}m = \int_{-\frac{l}{2}}^{\frac{l}{2}} x^2 \frac{m}{l} \mathrm{d}x = \frac{1}{12} m l^2$$

如果要求细棒对过端点并且与细棒垂直的轴的转动惯量,则只需要把坐标原点选取在细棒端点处即可,其他步骤同上,即

$$J = \int_0^l x^2 \frac{m}{l} \mathrm{d}x = \frac{1}{3} m l^2$$

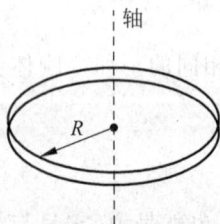

例 4.3　试求如图 4-8 所示,半径为 R,质量 m 均匀分布的薄圆环对中心轴的转动惯量。

解　在圆环上任意选取线元 $\mathrm{d}l$,如图所示,则这一线元的质量为

$$\mathrm{d}m = \frac{m}{2\pi R} \mathrm{d}l$$

根据式(4-11)薄圆环对中心轴的转动惯量为

$$J = \int_0^{2\pi R} R^2 \frac{m}{2\pi R} \mathrm{d}l = m R^2$$

图 4-8　例 4.3 用图

例 4.4　试求如图 4-9 所示,半径为 R,质量 m 均匀分布的薄圆盘对中心轴的转动惯量。

解　在圆盘上距中心轴为 r 选取宽度为 $\mathrm{d}r$ 的圆环作为质量元,如图所示,则这一质量元的质量为

$$\mathrm{d}m = \frac{m}{\pi R^2} \cdot 2\pi r \, \mathrm{d}r$$

根据式(4-11)薄圆环对中心轴的转动惯量为

$$J = \int_0^R r^2 \cdot \frac{m}{\pi R^2} \cdot 2\pi r \, \mathrm{d}r = \frac{1}{2} m R^2$$

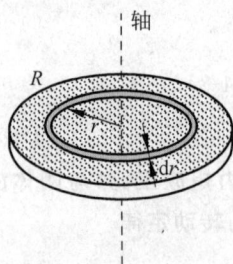

图 4-9　例 4.4 用图

表 4-1 给出了一些常见均质刚体对过质心转轴的转动惯量,但很多时候刚体的转轴并不过质心,用式(4-11)直接计算刚体对该轴的转动惯量可能会很复杂,而下面介绍的平行轴

定理可以使这一问题变得相对简单。

表 4-1 几种常用均质刚体对某转轴的转动惯量

轴 l 细棒(转动轴通过中心与棒垂直) $J = \dfrac{ml^2}{12}$	轴 l 细棒(转动轴过棒一端与棒垂直) $J = \dfrac{ml^2}{3}$	轴 R 圆柱体(转动轴沿几何轴) $J = \dfrac{mR^2}{2}$
轴 R 球体(转动轴沿球的任一直径) $J = \dfrac{2mR^2}{5}$	轴 R_2 R_1 圆筒(转动轴沿几何轴) $J = \dfrac{m}{2}(R_2^2 + R_1^2)$	轴 R 薄圆环(转动轴沿几何轴) $J = mR^2$

平行轴定理：刚体对任意转轴的转动惯量 J 等于刚体对通过质心并与该轴平行的转轴的转动惯量 J_C 加上刚体的质量与两轴间垂直距离 d 平方的乘积，即

$$J = J_C + md^2 \tag{4-12}$$

例如已知均质细棒对中心轴的转动惯量为 $\dfrac{1}{12}ml^2$，细棒端点处的转轴距中心轴的距离 $d = \dfrac{1}{2}l$，则根据式(4-12)可知刚体对过端点处转轴的转动惯量为

$$J = J_C + md^2 = \frac{1}{12}ml^2 + m\left(\frac{1}{2}l\right)^2 = \frac{1}{3}ml^2$$

结果与前面得到的结果一致。

从平行轴定理可以看出，刚体对沿某一方向相互平行的各个轴的转动惯量中，以刚体对质心轴的转动惯量最小。

例 4.5 如图 4-10 所示，阿特伍德机两侧分别悬挂质量为 m_1、m_2 的重物，且 $m_1 > m_2$。已知滑轮半径为 R，质量为 m，假定绳为不可伸缩的轻绳，绳与滑轮间无滑动，且滑轮轴处的摩擦可忽略不计，求重物的加速度、滑轮的角加速度以及绳中的张力。

解 根据题设条件，滑轮与绳间无滑动，这一方面表明滑轮与绳间有摩擦，正是依靠这一摩擦，在绳运动过程中带动滑轮转动；另一方面还表明，在滑轮两边绳的张力并不相等。

设重物 m_1 的加速度为 a，方向向下，滑轮的角加速度为 α，沿逆时针方向为

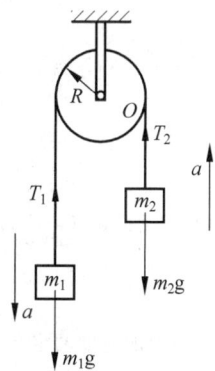

图 4-10 例 4.5 用图

正。由于绳不可伸缩,所以重物 m_2 的加速度大小与 m_1 相同,为 a,方向向上。

分别以 m_1、m_2 为研究对象,受力分析如图 4-10 所示,根据牛顿第二运动定律可得

$$m_1 g - T_1 = m_1 a$$

$$T_2 - m_2 g = m_2 a$$

以绳子和滑轮接触部分和滑轮作为一个整体,受力如图所示,根据转动定律可得

$$T_1' R - T_2' R = J\alpha$$

$$J = \frac{1}{2} m R^2$$

由于滑轮与绳间无滑动,所以滑轮的切向加速度大小与绳子的加速度大小相等,即

$$R\alpha = a$$

由牛顿第三运动定律可知

$$T_1 = T_1', \quad T_2 = T_2'$$

联立解得

$$a = \frac{m_1 - m_2}{m_1 + m_2 + \frac{1}{2} m} g$$

$$\alpha = \frac{1}{R} \frac{m_1 - m_2}{m_1 + m_2 + \frac{1}{2} m} g$$

$$T_1 = \frac{2 m_1 m_2 + \frac{1}{2} m m_1}{m_1 + m_2 + \frac{1}{2} m} g$$

$$T_2 = \frac{2 m_1 m_2 + \frac{1}{2} m m_2}{m_1 + m_2 + \frac{1}{2} m} g$$

从这一解答结果可知,在忽略滑轮质量的情况下($m = 0$,或滑轮与绳间无摩擦时),滑轮两边绳中张力相等($T_1 = T_2$),这时 $a = \dfrac{m_1 - m_2}{m_1 + m_2} g$,这一结果是我们所熟悉的。

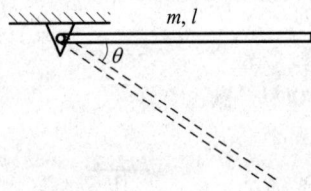

图 4-11　例 4.6 用图

例 4.6 如图 4-11 所示,一根长为 l,质量为 m 的均质细棒,其一端与一固定铰链 O 相接,并可绕其自由转动。求细棒由水平位置下摆 θ 角时的角加速度和角速度。

解 细棒在下摆过程中受重力和铰链的约束力,铰链约束力过转轴,其力矩为零。细棒均质,所以重力可以视为作用于细棒的重心。

当细棒下摆 θ 时,重力对转轴的力矩为 $\frac{1}{2} mgl\cos\theta$,根据转动定律,有

$$\frac{1}{2} mgl\cos\theta = J\alpha$$

式中,转动惯量 $J = \frac{1}{3} m l^2$,代入上式可解得,细棒角加速度为

$$\alpha = \frac{3g\cos\theta}{2l}$$

由角加速度的定义,有

$$\alpha = \frac{\mathrm{d}\omega}{\mathrm{d}t} = \frac{3g\cos\theta}{2l}$$

进行如下变换：

$$\frac{\mathrm{d}\omega}{\mathrm{d}t} = \frac{\mathrm{d}\omega}{\mathrm{d}\theta} \cdot \frac{\mathrm{d}\theta}{\mathrm{d}t} = \omega \frac{\mathrm{d}\omega}{\mathrm{d}\theta}$$

则有

$$\omega \, \mathrm{d}\omega = \frac{3g\cos\theta}{2l}\mathrm{d}\theta$$

两边同时积分，并利用初始条件：$t=0$ 时，$\theta_0=0$，$\omega_0=0$，得

$$\int_0^\omega \omega \, \mathrm{d}\omega = \int_0^\theta \frac{3g\cos\theta}{2l}\mathrm{d}\theta$$

积分后化简，细棒下摆 θ 角时的角速度为

$$\omega = \sqrt{\frac{3g\sin\theta}{l}}$$

4.3 角动量

在质点力学中已经讲到，在力的作用下，质点的运动状态会发生变化。动量是描述质点运动状态的一个物理量，而力对时间的积累作用会导致动量发生变化。刚体转动状态的变化情况与质点运动状态的变化类似，力矩对时间的积累作用也会导致描述刚体转动状态的物理量——角动量发生变化。

4.3.1 角动量定理

角动量是描述转动状态的一个物理量，用 L 表示，如图 4-12 所示，质点的角动量等于转轴到质点的位置矢量 r 与质点动量 p 的矢量叉乘，即

$$L = r \times p = r \times mv \qquad (4\text{-}13)$$

显然，角动量也是一个矢量，其方向由右手法则确定（四指指向位置矢量 r 的方向，向动量 p 的方向弯曲，大拇指的方向即角动量 L 的方向），大小为

$$L = rmv\sin\theta \qquad (4\text{-}14)$$

式中，θ 是位置矢量 r 与动量 p（或速度 v）之间的夹角。质点绕 O 点作圆周运动时，位置矢量 r 与速度 v 间的夹角 $\theta=90°$，所以式(4-14)可以写成

图 4-12 刚体的角动量

$$L = rmv = mr^2\omega \qquad (4\text{-}15)$$

式中，ω 是质点圆周运动的角速度。

刚体作定轴转动时，组成刚体的所有质点都以相同的角速度 ω 绕着转轴作圆周运动，由式(4-15)可知，刚体内的质点 m_i 对转轴的角动量为

$$L_i = m_i r_i^2 \omega$$

于是，刚体对转轴的角动量，即组成刚体的所有质点对转轴的角动量为

$$L = \sum L_i = \sum m_i r_i^2 \omega = \left(\sum m_i r_i^2\right)\omega \qquad (4\text{-}16)$$

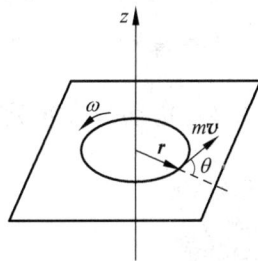

式中, $\sum m_i r_i^2$ 为刚体绕定轴转动的转动惯量 J, 于是, 刚体对转轴的角动量等于刚体的转动惯量与角速度的乘积, 即

$$L = J\omega \tag{4-17}$$

对式(4-17)两边求 t 的导数, 有

$$\frac{\mathrm{d}L}{\mathrm{d}t} = \frac{\mathrm{d}(J\omega)}{\mathrm{d}t} = J\frac{\mathrm{d}\omega}{\mathrm{d}t} = J\alpha$$

代入式(4-10), 有

$$M = \frac{\mathrm{d}L}{\mathrm{d}t} \tag{4-18}$$

式(4-18)说明, **刚体绕定轴转动时, 作用于刚体上的合外力矩等于刚体绕此定轴的角动量随时间的变化率**。

式(4-10)与式(4-18)虽然形式上类似, 可以说式(4-18)是刚体定轴转动的另一种表达形式, 但是式(4-18)具有更普遍的意义, 即使在转动惯量发生变化的物体系统内, 式(4-10)不再成立, 但是式(4-18)仍然适用。

假设一刚体在合外力矩 M 的作用下作定轴转动, 若刚体在初时刻 t_1 和末时刻 t_2 的角动量分别为 L_1 和 L_2, 则对式(4-18)两边乘 $\mathrm{d}t$, 再积分可得

$$\int_{t_1}^{t_2} M\mathrm{d}t = \int_{L_1}^{L_2} \mathrm{d}L = L_2 - L_1 = J_2\omega_2 - J_1\omega_1 \tag{4-19}$$

式中, J_1、ω_1 和 J_2、ω_2 分别表示刚体初时刻 t_1 和末时刻 t_2 时的转动惯量和角动量, $\int_{t_1}^{t_2} M\mathrm{d}t$ 是外力矩与作用时间的乘积, 叫作力矩对给定轴的**冲量矩**, 又叫作**角冲量**, 反映了力矩的时间累积效应。

式(4-19)表明, **当转轴给定时, 作用在物体上的冲量矩等于角动量的增量**。这一结论叫作**角动量定理**, 它与质点的动量定理在形式上相似。

4.3.2 角动量守恒定律

由式(4-19)可以看出, 当合外力矩为零时, 可得

$$L_1 = L_2, \quad \text{即} \quad J_1\omega_1 = J_2\omega_2 \tag{4-20}$$

跳水运动

式(4-20)表明, **如果刚体所受合外力矩为零, 或者不受外力矩作用时, 刚体的角动量保持不变**, 这个结论叫作**角动量守恒定律**。需要说明的是, 式(4-20)中的角动量 L_1 和 L_2 必须是对同一转轴而言的。

天宫转身: 角动量守恒

定轴转动中的角动量守恒定律可以很容易地演示出来。如图 4-13 所示, 一人站在能绕竖直轴转动的平台上(摩擦忽略不计)。开始时, 人平举两臂, 两手各握一哑铃, 并使人与平台一起以一定的角速度旋转。由于水平面内没有外力矩作用, 由角动量守恒定律可知, 人与凳子的角动量之和应当保持不变。因此, 当人放下两臂, 使转动惯量变小时, 人与凳子的转动角速度就会增加。运动员在表演空中翻滚时, 总是先纵身离地使自己绕通过自身质心的水平轴有一缓慢的转动, 在空中时就尽量卷缩四肢, 以减小转动惯量从而增大角速度, 迅速翻转。待要着地时又伸开四肢增大转动惯量以便以较小的角速度安稳地落至地面。

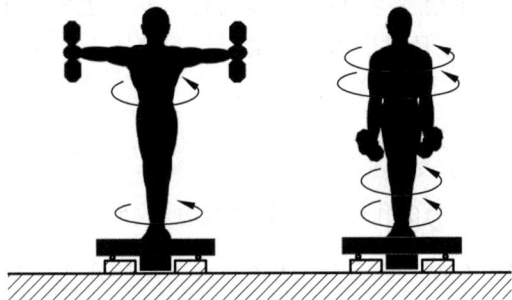

图 4-13　角动量守恒演示

例 4.7　一位滑冰运动员在某次滑冰比赛中,伸开双臂以 $1.0\text{rad}\cdot\text{s}^{-1}$ 的角速度绕身体中心轴转动,此时的转动惯量为 $1.2\text{kg}\cdot\text{m}^2$,当其收起手臂后,角速度变为 $2.4\text{rad}\cdot\text{s}^{-1}$。求该运动员收起双臂后对身体中心轴的转动惯量。

解　滑冰运动员绕身体中心轴转动时,人体重力和地面支持力均与该轴重合,所以没有力矩作用,满足角动量守恒条件,即运动员收起双臂前后角动量守恒。

设运动员伸开双臂时的角动量为 L_0,转动惯量为 J_0,角速度为 ω_0,则有
$$L_0 = J_0\omega_0$$
运动员收起双臂时的角动量为 L_1,转动惯量为 J_1,角速度为 ω_1,则有
$$L_1 = J_1\omega_1$$

由角动量守恒可知 $L_0 = L_1$,则
$$J_1 = \frac{J_0\omega_0}{\omega_1} = \frac{1.2 \times 1.0}{2.4}\text{kg}\cdot\text{m}^2 = 0.5\text{kg}\cdot\text{m}^2$$

例 4.8　长为 l 的均匀直棒,质量为 M,上端用光滑水平轴吊起静止下垂,如图 4-14 所示。现有一质量为 m 的子弹,以水平速度 v_0 射入杆的悬点下距离为 a 处而不穿出。求:子弹刚停在杆中时杆的角速度是多少?

解　把子弹和杆看作一个系统。系统所受的力有重力和轴对杆的约束力。在子弹射入杆的极短时间内,重力和约束力均通过轴,因而它们对轴的力矩均为零,系统的角动量守恒。子弹入射前杆静止,此时系统的总角动量为
$$L_0 = mv_0a$$
子弹入射后,子弹和杆具有共同的角速度,设为 ω。则此时系统的总角动量为
$$L_1 = J\omega = \left(\frac{1}{3}Ml^2 + ma^2\right)\omega$$

图 4-14　例 4.8 用图

由角动量守恒定律可知 $L_0 = L_1$,即
$$\omega = \frac{mv_0a}{\dfrac{1}{3}Ml^2 + ma^2} = \frac{3mv_0a}{Ml^2 + 3ma^2}$$

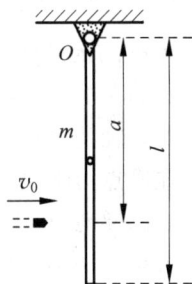

4.4　刚体定轴转动的动能定理

我们前面讨论了力矩的时间累积效应,得到了刚体的角动量定理,了解到在力矩的时间累积效应下,刚体角动量的变化量等于刚体所受外力矩的冲量矩。与质点力学类似,在力矩

的作用下,刚体的空间角位置会发生变化,刚体的转动状态也发生了变化,反应了力矩的空间累积效应。本节的主要任务是讨论力矩的空间累积效应。

4.4.1　力矩做功

在质点力学中,质点在外力的作用下发生位移时,我们说力对质点做了功,做功表达式为 $W = \int_A^B \boldsymbol{F} \cdot \mathrm{d}\boldsymbol{r}$。同样地,在刚体力学中,刚体在外力矩的作用下绕定轴转动而发生角位移时,我们说力矩对刚体做了功,这就是力矩的空间累积效应。

如图 4-15 所示,一刚体在力 $\boldsymbol{F}$ 的作用下绕 z 轴作定轴转动。力 $\boldsymbol{F}$ 的作用点 P 到转轴的距离为 r。当刚体绕固定转轴 z 有一角位移 $\mathrm{d}\theta$ 时,P 点发生 $\mathrm{d}\boldsymbol{r}$ 的位移,力 $\boldsymbol{F}$ 与位移 $\mathrm{d}\boldsymbol{r}$ 的夹角为 φ,且位移大小 $|\mathrm{d}\boldsymbol{r}| = \mathrm{d}s = r\mathrm{d}\theta$。则力 $\boldsymbol{F}$ 所做的功为

$$\mathrm{d}W = \boldsymbol{F} \cdot \mathrm{d}\boldsymbol{r} = F\cos\varphi \cdot r\mathrm{d}\theta$$

式中,$F\cos\varphi$ 是力 $\boldsymbol{F}$ 沿切线方向的分量,且 $F\cos\varphi r$ 是作用于 P 点的力 $\boldsymbol{F}$ 对固定转轴 z 的力矩大小 M,故上式可以写成

$$\mathrm{d}W = \boldsymbol{F} \cdot \mathrm{d}\boldsymbol{r} = M\mathrm{d}\theta \tag{4-21}$$

式(4-21)表明,**力矩所做的元功 dW 等于力矩 M 与角位移 dθ 的乘积**。

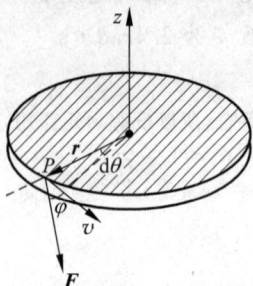

图 4-15　力矩做功

当刚体在力矩 M 的作用下转过角 θ 时,力矩 M 所做的功为

$$W = \int_0^\theta M\mathrm{d}\theta \tag{4-22}$$

需要指出,力矩的功实质上仍是力所做的功,因而并没有对力矩的功下新的定义。只是因为在转动的研究中,使用角量描述比使用线量方便,所以在刚体的定轴转动中,将力所做的功用力对转轴的力矩和刚体转动的角位移的乘积来表示。

在质点力学中,用单位时间力对质点做功的多少来表示力对质点做功的快慢,称为力的功率。同样地,在刚体力学中,用单位时间力矩对刚体做功的多少来表示力矩做功的快慢,称为力矩的功率,用 P 表示为

$$P = \frac{\mathrm{d}W}{\mathrm{d}t} = \frac{M\mathrm{d}\theta}{\mathrm{d}t} = M\omega \tag{4-23}$$

即力矩的功率等于力矩和角速度的乘积。

由式(4-22)和式(4-23)可知,刚体定轴转动时力矩的功和功率的表达式与质点运动时力的功和功率的表达式在形式上是类似的,力矩和力相对应,角位移和位移相对应,角速度和速度相对应。

4.4.2　刚体绕定轴转动的动能定理

在质点力学中,由力的元功 $\mathrm{d}W = \boldsymbol{F} \cdot \mathrm{d}\boldsymbol{r}$ 和牛顿第二运动定律 $\boldsymbol{F} = m\dfrac{\mathrm{d}\boldsymbol{v}}{\mathrm{d}t}$ 可推导出质点的动能定理 $W = \dfrac{1}{2}mv^2 - \dfrac{1}{2}mv_0^2$,知道合外力对质点所做的功等于质点动能的变化量。同

样地,在刚体力学中,由力矩的元功 $\mathrm{d}W = M\mathrm{d}\theta$ 和刚体的转动定律 $M = J\dfrac{\mathrm{d}\omega}{\mathrm{d}t}$、角速度 $\omega = \dfrac{\mathrm{d}\theta}{\mathrm{d}t}$ 可得

$$\mathrm{d}W = M\mathrm{d}\theta = J\,\frac{\mathrm{d}\omega}{\mathrm{d}t} \cdot \omega\,\mathrm{d}t = J\omega\,\mathrm{d}\omega$$

由上式可知,在合外力矩的作用下,刚体的角速度由 ω_1 变化到 ω_2 的过程中,合外力矩所做的功为

$$W = \int_{\omega_1}^{\omega_2} J\omega\,\mathrm{d}\omega = \frac{1}{2}J\omega_2^2 - \frac{1}{2}J\omega_1^2 \tag{4-24}$$

式中, $E_{\mathrm{k}} = \dfrac{1}{2}J\omega^2$ 为刚体绕定轴转动的转动动能,它与质点的动能 $E_{\mathrm{k}} = \dfrac{1}{2}mv^2$ 在形式上完全类似。

式(4-24)表明,**刚体作定轴转动时,合外力矩对刚体所做的功等于刚体转动动能的增量**,这就是**刚体绕定轴转动的动能定理**。由定理可知,当合外力矩做正功($W>0$)时,刚体的转动动能增加;当合外力矩做负功($W<0$)时,刚体的转动动能减小,此时刚体克服外力矩做了功。由此可知,刚体以一定的角速度转动时,就具有一定的转动动能,刚体克服外力矩做功是以减小自己的转动动能为代价的。

必须指出,式(4-24)只适用于作定轴转动的刚体。当转动刚体的转轴位置发生变化时,刚体的转动惯量 J 可能会发生变化,则式(4-24)不成立。

例 4.9　如图 4-16 所示,质量为 m,长为 l 的均匀细杆竖直放置,其下端与一固定铰链 O 相接,并可绕其转动。由于此竖直放置的细杆处于非稳定的平衡状态,当其受到微小扰动时,细杆将在重力矩的作用下由静止开始绕铰链 O 转动。试计算细杆与竖直线成 θ 角时的角速度。

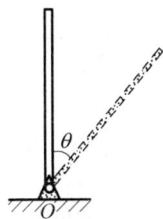

图 4-16　例 4.9 用图

解　以均质细杆为研究对象进行受力分析,细杆受自身重力和底端固定铰链的约束力。在细杆的转动过程中,约束力始终经过转轴,力矩为零,只有重力矩做功。

细杆转动过程中所受的重力矩为

$$M = \frac{mgl\sin\theta}{2}$$

则当细杆转动到 θ 角位置时,重力矩所做的功为

$$W = \int_0^\theta M\mathrm{d}\theta = \int_0^\theta \frac{mgl\sin\theta}{2}\mathrm{d}\theta = \frac{mgl(1-\cos\theta)}{2}$$

设细杆转动到 θ 角位置时的角速度为 ω,则由刚体绕定轴转动的动能定理可得

$$\frac{mgl(1-\cos\theta)}{2} = \frac{1}{2}J\omega^2 - 0$$

式中,细杆转动惯量

$$J = \frac{1}{3}ml^2$$

解之可得,细杆转动到 θ 角位置时的角速度为

$$\omega = \sqrt{\frac{3g(1-\cos\theta)}{l}}$$

4.5 刚体力学综合应用

许多工程问题都要接触机械运动的问题,有些工程问题可以直接应用刚体力学的基本理论去解决,有些复杂的问题,则需要刚体力学知识结合其他专业知识来共同解决。所以说,刚体力学是很多工程问题的基础。为了更好地学习和理解刚体力学知识,必须注意其规律形式和研究思路的类比方法。刚体力学与质点力学有很大程度的类似。下面我们把质点力学与刚体力学的一些重要物理量和定理、定律以及公式类比列于表 4-2 中,以便大家对比理解。

表 4-2 质点力学与刚体力学对照表

质点力学	刚体力学
位移 $\Delta \boldsymbol{r}$	角位移 $\Delta \theta$
速度 $\boldsymbol{v} = \dfrac{\mathrm{d}\boldsymbol{r}}{\mathrm{d}t}$	角速度 $\omega = \dfrac{\mathrm{d}\theta}{\mathrm{d}t}$
加速度 $\boldsymbol{a} = \dfrac{\mathrm{d}\boldsymbol{v}}{\mathrm{d}t}$	角加速度 $\alpha = \dfrac{\mathrm{d}\omega}{\mathrm{d}t}$
力 $\boldsymbol{F}$	力矩 $\boldsymbol{M}$
质量 m	转动惯量 $J = \displaystyle\int r^2 \, \mathrm{d}m$
动量 $\boldsymbol{P} = m\boldsymbol{v}$	角动量 $\boldsymbol{L} = J\boldsymbol{\omega}$
牛顿第二运动定律 $\boldsymbol{F} = m\boldsymbol{a}$	转动定律 $\boldsymbol{M} = J\boldsymbol{\alpha}$
冲量 $\boldsymbol{I} = \displaystyle\int_{t_0}^{t} \boldsymbol{F} \, \mathrm{d}t$	冲量矩 $\boldsymbol{H} = \displaystyle\int_{t_0}^{t} \boldsymbol{M} \, \mathrm{d}t$
动量定理 $\displaystyle\int_{t_0}^{t} \boldsymbol{F} \, \mathrm{d}t = \boldsymbol{p} - \boldsymbol{p}_0$	角动量定理 $\displaystyle\int_{t_0}^{t} \boldsymbol{M} \, \mathrm{d}t = \boldsymbol{L} - \boldsymbol{L}_0$
动量守恒定律 $\sum \boldsymbol{F}^{\mathrm{ex}} = \boldsymbol{0}, \boldsymbol{p} = $ 恒量	角动量守恒定律 $\sum \boldsymbol{M}^{\mathrm{ex}} = \boldsymbol{0}, \boldsymbol{L} = $ 恒量
力的功 $W = \displaystyle\int_{r_1}^{r_2} \boldsymbol{F} \cdot \mathrm{d}\boldsymbol{r}$	力矩的功 $W = \displaystyle\int_{\theta_1}^{\theta_2} M \, \mathrm{d}\theta$
动能 $E_{\mathrm{k}} = \dfrac{1}{2} m v^2$	转动动能 $E_{\mathrm{k}} = \dfrac{1}{2} J \omega^2$
动能定理 $W = \dfrac{1}{2} m v_2^2 - \dfrac{1}{2} m v_1^2$	定轴转动动能定理 $W = \dfrac{1}{2} J \omega_2^2 - \dfrac{1}{2} J \omega_1^2$
重力势能 $E_{\mathrm{p}} = mgh$	重力势能 $E_{\mathrm{p}} = mgh_C$
机械能守恒定律 只有保守内力做功 $E_{\mathrm{k}} + E_{\mathrm{p}} = $ 恒量	

通过以上类比,很容易发现,刚体力学的很多重要公式、定理定律在形式上都跟质点力学非常类似,只是换了对应的物理量。因此,在解决问题上,刚体力学也与质点力学具有相

类似的思路。

例 4.10 如图 4-17 所示,一个质量为 m 的物体与绕在定滑轮上的绳子相连,绳子的质量可以忽略,它与定滑轮之间无相对滑动。假设定滑轮质量为 M、半径为 R,其转动惯量为 $\frac{1}{2}MR^2$,滑轮轴光滑。试求该物体由静止开始下落的过程中,下落速度与时间的关系。

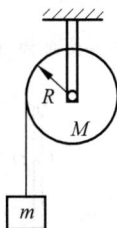

图 4-17 例 4.10 用图

解 根据牛顿运动定律和转动定律列方程:

对物体 $\qquad mg - T = ma$

对滑轮 $\qquad TR = \frac{1}{2}MR^2\alpha$

运动学关系 $\qquad a = R\alpha$

解方程组,得

$$a = \frac{mg}{m + M/2}$$

根据公式 $a = \frac{\mathrm{d}v}{\mathrm{d}t}$ 积分,可得

$$\int_{v_0}^{v}\mathrm{d}v = \int_0^t a\,\mathrm{d}t$$

代入初始速度 $v_0 = 0$,计算并整理可得该物体下落的速度为

$$v = \frac{mgt}{m + M/2}$$

例 4.11 如图 4-18 所示,一均匀细棒 A 端为固定铰链支座,B 端与一轻质弹簧相连接。已知弹簧的劲度系数 $k = 40\mathrm{N \cdot m}$,当 $\theta = 0$ 时弹簧无变形,细棒的质量 $m = 5.0\mathrm{kg}$。求在 $\theta = 0$ 的位置上,细棒至少应该具有多大的角速度 ω,才能使细棒刚好转动到水平位置?

解 以细棒为研究对象进行受力分析,细棒受铰链支座的支持力、自身重力以及弹簧拉力,在整个过程中,铰链支座的支持力不做功,只有重力和弹簧弹力做功,机械能守恒。

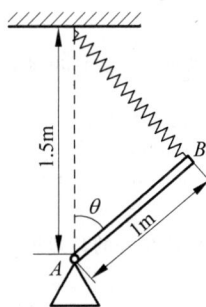

图 4-18 例 4.11 用图

以水平面为重力势能零点,弹簧原长为弹性势能零点,则初始时刻,系统的机械能为

$$E_0 = E_{k0} + E_{p0} = \frac{1}{2}J\omega^2 + mg \cdot \frac{1}{2}l$$

式中,细棒转动惯量 $J = \frac{1}{3}ml^2$。

细棒刚好转动到水平位置,是指细棒到达水平位置时的角速度刚好为零,设此时弹簧的伸长量为 x,则此时的机械能为

$$E = E_k + E_p = 0 + \frac{1}{2}kx^2 = \frac{1}{2}kx^2$$

由机械能守恒定律可得

$$E_0 = E$$

即

$$\frac{1}{2}J\omega^2 + \frac{1}{2}mgl = \frac{1}{2}kx^2$$

由题意可知,弹簧原长为 $(1.5-1)\mathrm{m} = 0.5\mathrm{m}$,由图可以看出存在以下几何关系:

$$1.5^2 + 1^2 = (x + 0.5)^2$$

联立求解可得细棒的角速度为 $\omega = 3.28\text{rad} \cdot \text{s}^{-1}$。

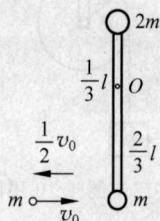

例 4.12 如图 4-19 所示,长为 l、质量不计的轻杆,两端各固定质量分别为 m 和 $2m$ 的小球,杆可绕水平光滑固定轴 O 在竖直面内转动,转轴 O 距两端分别为 $\frac{1}{3}l$ 和 $\frac{2}{3}l$。轻杆原来静止在竖直位置。今有一质量为 m 的小球,以水平速度 v_0 与杆下端小球 m 作对心碰撞,碰后以 $\frac{1}{5}v_0$ 的速度返回,试求碰撞后轻杆所获得的角速度。

图 4-19 例 4.12 用图

解 把轻杆与小球看作一个系统。系统受重力和转轴对轻杆的约束力。在小球与轻杆一端小球碰撞的极短时间内,重力和约束力均通过轴,因而它们对轴的力矩均为零,系统不受外力矩作用,角动量守恒。

小球碰撞发生前轻杆静止,此时系统的总角动量就等于碰撞小球的角动量,即

$$L_0 = mv_0 \cdot \frac{2}{3}l$$

小球发生碰撞后,轻杆具有了角速度,此时系统的总角动量等于轻杆上两个小球的角动量与碰撞小球的角动量之和,即

$$L = J\omega - \frac{1}{5}mv_0 \cdot \frac{2}{3}l$$

式中,

$$J = J_{上} + J_{下} = 2m\left(\frac{l}{3}\right)^2 + m\left(\frac{2l}{3}\right)^2 = \frac{2}{3}ml^2$$

由角动量守恒定律可知:

$$L_0 = L$$

即

$$\frac{2}{3}mv_0l = \frac{2}{3}ml^2\omega - \frac{1}{5}mv_0 \cdot \frac{2}{3}l$$

解之可得轻杆的角速度为

$$\omega = \frac{6v_0}{5l}$$

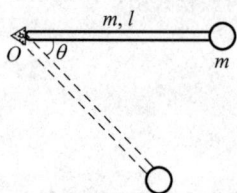

例 4.13 如图 4-20 所示,长为 l、质量为 m 的均匀细棒,左端可绕通过 O 点的水平轴在竖直平面转动,右端连接质量也为 m 的小球。开始时,棒静止地处于水平位置,求细棒自由下摆转过角 θ 时的角速度为多少?

图 4-20 例 4.13 用图

解 解法一 应用转动定律

细棒在下摆过程中受重力和铰链的约束力,铰链约束力过转轴,所以力矩为零。细棒均质,所以重力可以视为作用于细棒的重心。当细棒下摆 θ 时,细棒重力和小球重力对转轴的力矩为

$$M = \frac{1}{2}mgl\cos\theta + mgl\cos\theta = \frac{3}{2}mgl\cos\theta$$

根据转动定律,有

$$\frac{3}{2}mgl\cos\theta = J\alpha$$

式中，转动惯量 $J = \dfrac{1}{3}ml^2 + ml^2 = \dfrac{4}{3}ml^2$，代入上式可解得，细棒角加速度为

$$\alpha = \frac{9g\cos\theta}{8l}$$

由角加速度的定义，有

$$\alpha = \frac{\mathrm{d}\omega}{\mathrm{d}t} = \frac{9g\cos\theta}{8l}$$

进行如下变换：

$$\alpha = \frac{\mathrm{d}\omega}{\mathrm{d}t} = \frac{\mathrm{d}\omega}{\mathrm{d}\theta} \cdot \frac{\mathrm{d}\theta}{\mathrm{d}t} = \omega\frac{\mathrm{d}\omega}{\mathrm{d}\theta}$$

则有

$$\omega\,\mathrm{d}\omega = \frac{9g\cos\theta}{8l}\mathrm{d}\theta$$

两边同时积分，并利用初始条件：$t = 0$ 时，$\theta_0 = 0$，$\omega_0 = 0$，得

$$\int_0^\omega \omega\,\mathrm{d}\omega = \int_0^\theta \frac{9g\cos\theta}{8l}\mathrm{d}\theta$$

积分后化简，细棒下摆 θ 角时的角速度为

$$\omega = \frac{3}{2}\sqrt{\frac{g\sin\theta}{l}}$$

解法二　应用刚体定轴转动的动能定理

以细棒和小球构成的系统为研究对象，它受三个力作用：细棒重力 mg，作用于细棒的中心点，方向竖直向下；小球的重力 mg，作用于小球中心，方向竖直向下；轴对细棒的支持力 N，它通过 O 点。在细棒的下摆过程中，对通过 O 点的转轴来说，支持力 N 无力矩，只有细棒重力矩和小球重力矩做功。

细棒重力矩为

$$M_1 = mg\,\frac{l}{2}\cos\theta$$

小球重力矩为

$$M_2 = mgl\cos\theta$$

下摆过程中，系统重力矩所做的总功为

$$W = \int_0^\theta \frac{1}{2}mgl\cos\theta\mathrm{d}\theta + \int_0^\theta mgl\cos\theta\mathrm{d}\theta = \frac{3}{2}mgl\sin\theta$$

设细棒自由下摆转过角 θ 时的角速度为 ω，此时系统的转动动能为

$$E_k = \frac{1}{2}J\omega^2$$

式中，J 是系统的转动惯量，应为细棒的转动惯量 J_1 和小球的转动惯量 J_2 之和，即

$$J = J_1 + J_2 = \frac{1}{3}ml^2 + ml^2 = \frac{4}{3}ml^2$$

系统初始时静止于水平位置，则其转动动能为零，即 $E_{k0} = 0$。则由刚体定轴转动动能定理可得

$$\frac{1}{2}J\omega^2 - 0 = \frac{3}{2}mgl\sin\theta$$

联立上式求解，可得细棒的角速度为

$$\omega = \frac{3}{2}\sqrt{\frac{g\sin\theta}{l}}$$

解法三　应用机械能守恒定律

取细棒、小球和地球为一系统，由于作用于细棒的支撑力 N 过转轴力矩为零，只有重力矩做功，机械

能守恒。选择水平位置为系统的势能零点。

在水平位置时,系统的势能为

$$E_{p0} = 0$$

系统的转动动能为

$$E_{k0} = 0$$

自由下摆 θ 角时,系统的势能为

$$E_p = -mg\,\frac{1}{2}l\sin\theta - mgl\sin\theta = -\frac{3}{2}mgl\sin\theta$$

系统的转动动能为

$$E_k = \frac{1}{2}J\omega^2$$

式中,

$$J = \frac{1}{3}ml^2 + ml^2 = \frac{4}{3}ml^2$$

由机械能守恒定律可得

$$E_{k0} + E_{p0} = E_k + E_p$$

即

$$0 + 0 = \frac{1}{2}\cdot\frac{4}{3}ml^2\omega^2 - \frac{3}{2}mgl\sin\theta$$

解上式可得细棒的角速度为

$$\omega = \frac{3}{2}\sqrt{\frac{g\sin\theta}{l}}$$

陀螺的进动

本章提要

1. 力矩

$$M = r \times F$$

2. 转动惯量

$$J = \sum r_i^2 \Delta m_i; \qquad J = \int_m r^2 \mathrm{d}m; \quad 平行轴定理\ J = J_C + md^2$$

3. 转动定律

$$M = \frac{\mathrm{d}L}{\mathrm{d}t} = J\boldsymbol{\alpha}$$

4. 角动量

$$质点\ L = r \times p \qquad 刚体\ L = J\boldsymbol{\omega}$$

5. 角动量定理

$$\int_{t_1}^{t_2} M\,\mathrm{d}t = \int_{L_1}^{L_2} \mathrm{d}L = L_2 - L_1 = J_2\boldsymbol{\omega}_2 - J_1\boldsymbol{\omega}_1$$

6. 角动量守恒定律

$$合外力矩\ M = 0\ 时,\quad L = 恒量$$

7. 力矩的功

$$W = \int_{\theta_1}^{\theta_2} M \mathrm{d}\theta \quad 力矩功率\ P = \frac{\mathrm{d}W}{\mathrm{d}t} = M\omega$$

8. 刚体转动动能

$$E_k = \frac{1}{2} J \omega^2$$

9. 刚体定轴转动的动能定理

$$W = \int M \mathrm{d}\theta = \frac{1}{2} J \omega^2 - \frac{1}{2} J \omega_0^2$$

思 考 题

4.1　什么样的物体可以看成是刚体?

4.2　平动刚体上各点的运动轨迹是否可以是曲线?

4.3　刚体定轴转动有什么特点? 如何描述这种运动?

4.4　刚体转动惯量与哪些因素有关?

4.5　合力为零,合力矩一定是零吗? 合力矩为零,合力一定为零吗? 举例说明。

4.6　什么情况下,某个力对转轴的力矩会等于零?

4.7　定轴转动的刚体上任意一点的角速度和速度都相等吗? 为什么?

4.8　两个半径和质量都相同的轮子,一个质量均匀分布,一个质量主要集中在边缘,如果它们的角动量相同,哪一个轮子转动得更快?

4.9　角动量守恒定律的条件是什么?

习 题

4.1　选择题

(1) 某刚体绕定轴作匀速转动,对刚体上距转轴为 r 处的任意质元的法向加速度和切线加速度表述正确的是(　　)。

　　A. a_n, a_τ 大小均随时间变化　　　　　B. a_n, a_τ 大小均保持不变

　　C. a_n 的大小变化,a_τ 的大小保持不变　　D. a_n 大小保持不变,a_τ 的大小变化

(2) 刚体定轴转动,当它的角加速度很大时,作用在刚体上的(　　)。

　　A. 力一定很大　　　　　　　　　　　B. 力矩一定很大

　　C. 力矩可以为零　　　　　　　　　　D. 无法确定

(3) 关于刚体对轴的转动惯量,下列说法正确的是(　　)。

　　A. 只取决于刚体质量,与质量的空间分布和轴的位置无关

　　B. 取决于刚体的质量和质量的空间分布,与轴的位置无关

　　C. 取决于刚体的质量、质量的空间分布和轴的位置

　　D. 只取决于轴的位置,与刚体的质量和质量的空间分布无关

(4) 假设卫星环绕地球中心作椭圆运动,则在运动过程中,卫星对地球中心的(　　)。

　　A. 动量不守恒,角动量守恒　　　　　　B. 动量不守恒,角动量不守恒

C. 动量守恒,角动量不守恒　　　　　　　D. 动量守恒,角动量守恒

(5) 某人站在匀速旋转的圆台中央,两手各握一个哑铃,双臂向两侧平伸与平台一起旋转。当他把哑铃收到胸前时,人、哑铃和平台组成的系统应(　　)。

A. 转动角速度变小　　　　　　　　　B. 角动量减小

C. 转动角速度变大　　　　　　　　　D. 角动量增大

(6) 对一绕固定水平轴 O 匀速转动的转盘,沿习题 4.1(6)图示的同一水平直线从相反方向射入两颗质量相同、速率相等的子弹,并停留在盘中,则子弹射入后转盘的角速度应(　　)。

A. 增大　　　　　　B. 减小　　　　　　C. 不变　　　　　　D. 无法确定

4.2　如习题 4.2 图所示,长为 l、质量为 m 的均匀细棒,左端可绕通过 O 点的水平轴在竖直平面转动,右端连接质量也为 m 的小球。若棒从水平位置由静止自由下摆,求此时杆的角加速度与球的加速度。

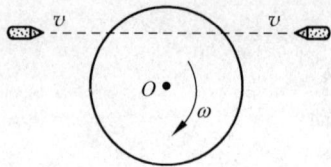

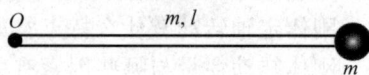

习题 4.1(6)图　　　　　　　　　　　　习题 4.2 图

4.3　一燃气轮机在试车时,燃气作用在涡轮上的力矩为 $2.03 \times 10^3 \text{N} \cdot \text{m}$,涡轮的转动惯量为 $25.0 \text{kg} \cdot \text{m}^2$。当轮的转速由 $2.80 \times 10^3 \text{r} \cdot \text{min}^{-1}$ 增大到 $11.2 \times 10^4 \text{r} \cdot \text{min}^{-1}$ 时,所经历的时间是多少?

4.4　质量为 0.5kg、长为 0.4m 的均匀细棒,可绕垂直于棒的一端的水平轴转动。如果将此棒放在水平位置,然后任其落下,求:(1)当棒转过 $60°$ 时的角加速度和角速度;(2)下落到竖直位置时的动能;(3)下落到竖直位置时的角速度。

4.5　如习题 4.5 图所示,一轻绳跨过两个质量均为 m、半径均为 R 的匀质圆盘状定滑轮。绳的两端分别系着质量分别为 m 和 $2m$ 的重物,不计滑轮转轴的摩擦。将系统由静止释放,且绳与两滑轮间均无相对滑动,求两滑轮之间绳的张力。

4.6　如习题 4.6 图所示,物体 A 和 B 的质量分别为 m_1 与 m_2,滑轮的转动惯量为 J,半径为 r。

(1) 如物体 A 与桌面间的摩擦系数为 μ,求系统的加速度 a 及绳中的张力 T_1 和 T_2;

(2) 如物体 A 与桌面间为光滑接触,求系统的加速度 a 及绳中的张力 T_1 和 T_2。(设绳子与滑轮间无相对滑动,滑轮与转轴无摩擦)

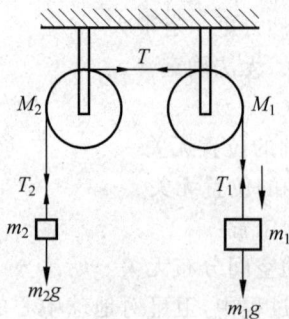

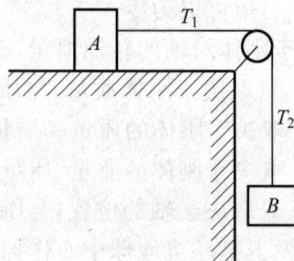

习题 4.5 图　　　　　　　　　　　　习题 4.6 图

4.7 如习题 4.7 图所示,长为 l、质量为 m 的均匀细棒,可绕通过棒中点 O 的水平轴转动,右端连接质量为 m 的小球,左端连接质量为 $\dfrac{m}{2}$ 的小球。若棒从水平位置由静止自由下摆,求:(1)刚开始运动的瞬间杆的角加速度是多少?(2)当棒转到竖直位置时角速度是多少?

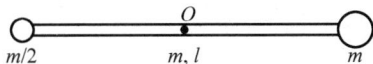

习题 4.7 图

4.8 如习题 4.8 图所示,一根长为 l、质量为 M 的匀质棒自由悬挂于通过其上端的光滑水平轴上。现有一质量为 m 的子弹以水平速度 v_0 射向棒的中心,并以 $v_0/2$ 的水平速度穿出棒,此后棒的最大偏转角恰为 $90°$,则 v_0 的大小是多少?

4.9 如习题 4.9 图所示,在光滑水平面上,有一细杆可绕杆中点的垂直轴旋转,杆长 L,质量为 $3m$。一质量为 m 的小球,以垂直于杆的速度 v_0 与杆的末端发生完全弹性碰撞。求碰后杆的角速度与小球的速度。

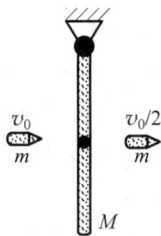

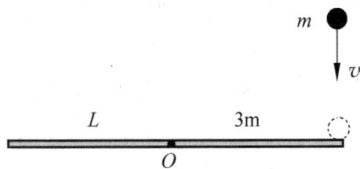

习题 4.8 图　　　　　　　　　　习题 4.9 图

4.10 如习题 4.10 图所示,A 和 B 两飞轮的轴杆在同一中心线上。A 轮的转动惯量 $J_A = 10\text{kg} \cdot \text{m}^2$,B 轮的转动惯量 $J_B = 20\text{kg} \cdot \text{m}^2$,开始时 A 轮每分钟转速为 600 转,B 轮静止,C 为摩擦啮合器。求:(1)两轮啮合后的转速;(2)在啮合前后两轮的机械能的变化?

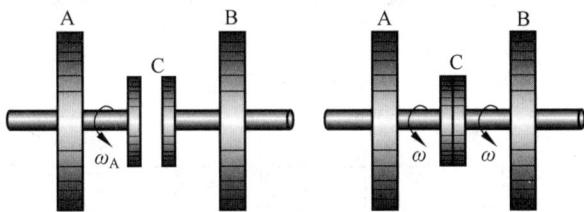

习题 4.10 图

第 5 章

机械振动和机械波

物体在某一确定位置(平衡位置)附近作周期性的往复运动称为机械振动。这种运动形式在日常生活和工程实际中是普遍存在的。例如,钟摆的往复摆动,声源的振动,机器运转时引起的颤动,建筑物在地震作用下引起的振动等。

除了机械振动,自然界中还存在着各种各样的振动。广义地说,任何一个物理量在某一数值附近随时间的周期性变化都可以叫作振动。例如交流电中的电流和电压在某一数值附近的反复变化,电磁波中电场和磁场随时间的周期性变化。这类振动虽然和机械振动有本质的不同,但它们在数学形式上都遵从相同的规律。所以,振动不仅是声学、地震学、建筑学、机械制造等必需的基础知识,也是电学、光学、无线电学的基础。

振动的传播过程称为**波动**。机械振动在弹性介质内的传播称为**机械波**。声波、地震波等皆为机械波。周期性变化的电场和磁场在空间的传播称为电磁波,无线电波、光波、微波等皆是电磁波。近代物理的理论揭示微观粒子乃至任何物质都具有波动性,这种波称为物质波。尽管各类波的本质不相同,但却有着共同的波动特征和规律。

本章先研究机械振动的规律,有助于了解其他非机械的广义振动的规律。然后讨论机械波的特点及其运动规律,为学习电磁波和波动光学打下良好的物理基础。

本章结构框图

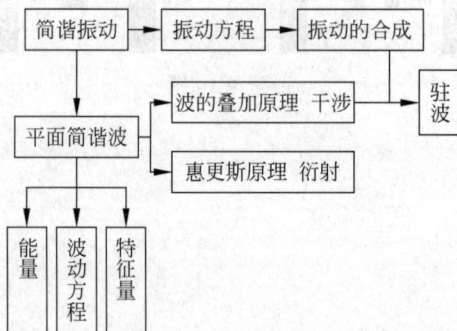

5.1　简谐振动的基本特征

5.1.1　简谐振动

简谐振动是一种最简单也是最基本的振动。任何复杂的振动都可看成是若干不同频率的简谐振动的合成而得到的。所以研究简谐振动有助于掌握其他复杂的振动。下面通过对弹簧振子的具体分析来掌握简谐振动的运动规律。

如图 5-1 所示建立一个弹簧振子。将水平放置的弹簧左端固定，另一端与水平放置的气垫导轨上的滑块相连。初始时刻，弹簧处于自然状态（既未伸长也未压缩的状态），此时滑块所处的位置为 O 点。将滑块自 O 点移动一小位移至 A 点，然后释放。可观察到滑

图 5-1　弹簧振子的振动

块由 A 点通过 O 点到达 B 点，继而又经过 O 点回到 A 处。并且再次进行与上述过程完全相同的运动，如此在 O 点两侧作来回往复的周期性运动，从而形成振动。

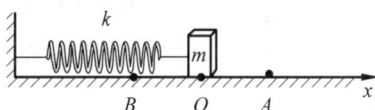

与滑块相比，弹簧的质量很小，可以忽略不计。不考虑作用于滑块的空气阻力及摩擦力。为了描述滑块的运动，取平衡位置 O 点为原点，以此建立坐标系 Ox，x 表示滑块相对于平衡位置的位移。由胡克定律知，在弹性限度内，滑块受到的弹性回复力 F 与滑块相对平衡位置的位移 x 成正比，即

$$F = -kx \tag{5-1}$$

k 为弹簧的劲度系数，它由弹簧本身性质所决定的，负号表明弹性力的方向与位移的方向相反，即弹性力方向始终指向平衡位置 O 点。

由牛顿第二运动定律知，滑块的加速度为

$$a = \frac{F}{m} = -\frac{kx}{m} \tag{5-2}$$

由于 $a = \dfrac{\mathrm{d}^2 x}{\mathrm{d}t^2}$，所以

$$\frac{\mathrm{d}^2 x}{\mathrm{d}t^2} + \frac{k}{m}x = 0 \tag{5-3}$$

可令 $\dfrac{k}{m} = \omega^2$，有

$$\frac{\mathrm{d}^2 x}{\mathrm{d}t^2} + \omega^2 x = 0 \tag{5-4}$$

式(5-4)是简谐振动的运动微分方程，是一个常系数齐次二阶线性微分方程，其解为

$$x = A\cos(\omega t + \varphi_0) \tag{5-5}$$

式(5-5)称为简谐振动的运动学方程，式中 ω 取决于滑块的质量和弹簧的劲度系数。A、φ_0 是积分常量，由初始条件决定。它们的物理意义在下一节讨论。

由上述的轻弹簧和滑块（视作质点）组成的振动系统称为**弹簧振子**。

上面虽然是以弹簧振子为例讨论了简谐振动的特性，但可以证明任何物体的运动，只要运动规律符合上述式(5-1)、式(5-4)以及式(5-5)之一，则我们都可判定该物体在作简谐振动

(如单摆)。必须说明,上述三式的核心思想是其中微分方程(5-4),所以我们可以说,任何物理量 x 的变化过程若满足方程式 $\dfrac{d^2 x}{dt^2} + \omega^2 x = 0$ 的数学特征和运动规律,并且 ω 是取决于系统自身的常量,则该物理量的变化过程为简谐振动(或称简谐振荡)。

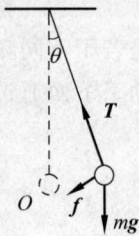

例5.1 图 5-2 所示,将一端固定且不可伸长的细绳(细绳的质量忽略不计),与一个可视为质点的物体相连,物体的质量为 m。若所有的摩擦都可以忽略,当它在竖直平面内作小角度摆动时($\theta \leqslant 5°$),该系统称作单摆。试证明单摆小角度摆动时,物体是作简谐振动。

解 当摆线处于竖直位置时,物体所在位置为其平衡位置 O。当摆线与竖直方向成 θ 角时,物体所受的重力矩大小为

图 5-2　单摆

$$M = -mgl\sin\theta$$

由于单摆所作摆动的角度极小,$\theta \leqslant 5°$,所以 $\sin\theta \approx \theta$,则

$$M = -mgl\theta$$

根据转动定律 $M = J\alpha$ 以及质点的转动惯量计算公式 $J = mr^2$,有

$$ml^2 \frac{d^2\theta}{dt^2} = -mgl\theta$$

令

$$\omega^2 = \frac{g}{l}$$

则有

$$\frac{d^2\theta}{dt^2} + \omega^2\theta = 0$$

所以当单摆在摆角很小的范围内摆动时,单摆在平衡位置附近所作的摆动可看作简谐振动。

单摆的振动方程为 $\theta = \theta_{\max}\cos(\omega t + \varphi_0)$。式中 $\theta_{\max}$ 是最大角位移,即角振幅;φ_0 为初相位,由初始条件决定。

5.1.2　运动学特征

由运动学方程 $x = A\cos(\omega t + \varphi_0)$ 对时间求一阶、二阶导数,可得作简谐振动的物体的速度和加速度分别为

$$v = \frac{dx}{dt} = -\omega A\sin(\omega t + \varphi_0) \tag{5-6}$$

$$a = \frac{dv}{dt} = -\omega^2 A\cos(\omega t + \varphi_0) \tag{5-7}$$

当 $t = 0$ 时,式(5-5)、式(5-6)分别成为 $x_0 = A\cos\varphi_0$,$v_0 = -\omega A\sin\varphi_0$,式中 x_0 和 v_0 分别是振动物体在初始时刻的位移和速度,这两个量表示了振动物体在初始时刻的运动状态,也就是振动物体的初始条件。

5.2　描述简谐振动的特征量

由简谐振动的运动学方程 $x = A\cos(\omega t + \varphi_0)$ 可知,A、ω、φ_0 这些参数决定着简谐振动的运动特征,所以这些参数称为描述简谐振动的特征量。下面就来分析这些特征量的物理意义。

1. 振幅

振幅 A 就是简谐振动中物体偏离平衡位置的最大位移的绝对值。振幅反映振动的强弱,同时也给出振动物体的运动范围。振幅的大小不仅与振动系统构成有关,还与振动的初始状态有关。在国际单位制中,振幅的单位是米,符号 m。由初始条件 $x_0 = A\cos\varphi_0$、$v_0 = -\omega A\sin\varphi_0$ 推导可得

$$A = \sqrt{x_0^2 + \frac{v_0^2}{\omega^2}} \tag{5-8}$$

2. 振动周期、频率、圆频率

振动系统完成一次完全振动所需要的时间叫作简谐振动的**周期 T**。因此,根据周期定义,有 $A\cos(\omega t + \varphi_0) = A\cos[\omega(t + T) + \varphi_0] = A\cos(\omega t + \varphi_0 + \omega T)$。

由于余弦函数的周期性,物体作一次完全振动后应有 $\omega T = 2\pi$。可得

$$T = \frac{2\pi}{\omega}$$

周期 T 的单位是 s。

单位时间内物体完成完全振动的次数叫作简谐振动的**频率**,用 ν 表示。它是周期 T 的倒数,即 $\nu = \frac{1}{T} = \frac{\omega}{2\pi}$,单位是赫兹,符号 Hz。

ω 称为角频率(圆频率),表示 2π s 内的振动次数,即 $\omega = 2\pi\nu$,其单位为 $\text{rad} \cdot \text{s}^{-1}$。

以弹簧振子为例,角频率为 $\omega = \sqrt{\dfrac{k}{m}}$,因而周期和频率分别是

$$T = \frac{2\pi}{\omega} = 2\pi\sqrt{\frac{m}{k}} \tag{5-9}$$

$$\nu = \frac{1}{T} = \frac{1}{2\pi}\sqrt{\frac{k}{m}} \tag{5-10}$$

这表明:振动周期、频率或角频率只取决于振动系统本身的性质,而与其他因素无关。所以 ν、T、ω 亦分别称为**固有频率**、**固有周期**、**固有角频率**。其中,固有频率是振动理论中的重要概念,而计算或测定振动系统的固有频率是研究振动问题的重要课题之一。

3. 相位、初相位、相位差

(1) 相位

相位 $\varphi = \omega t + \varphi_0$,是一个角度,常用弧度(rad)来量度。当振幅 A 和固有频率 ω 一定时,φ 就决定了系统的振动位移、速度、加速度等物理量,即相位 φ 是描述振动状态的重要特征物理量。

在一次完全振动过程中,每一时刻的振动状态都是不同的,而这就反映在相位的不同上。例如,当 $\varphi = \omega t + \varphi_0 = \dfrac{\pi}{2}$ 时,有 $x = 0$,$v = -A\omega$,表明物体处于平衡位置并以最大速率 $A\omega$ 向 x 轴负方向运动;当 $\varphi = \dfrac{\pi}{3}$ 时,有 $x = A/2$,$v = -\sqrt{3}A\omega/2$,表明物体处于正的 1/2 振

幅处并以速率$\sqrt{3}A\omega/2$向 x 轴负方向运动。显然,两种不同的振动相位对应着两种不同的振动状态。

用相位表征简谐振动的振动状态还能充分地反映简谐振动的周期性。简谐振动在一个周期内所经历的运动状态每时每刻都不同,从相位来理解,这相当于相位经历了从 $0\sim 2\pi$ 的变化过程。

(2)初相位

$t=0$ 时刻的相位称为初相位,记作 φ_0。初相位是反映初始时刻振动物体状态的物理量。例如,当初相位为 $\varphi=\dfrac{\pi}{2}$,根据式(5-5)、式(5-6)可得弹簧振子初始时刻在平衡位置,速度最大,向负方向运动。

另外,初相位和振幅一样,也是由初始条件来决定的。例如,当 $t=0$ 时,物体处于 $x=-A$ 位置,速度为零,可以判断初相位 $\varphi_0=\pi$。

由初始条件判断初相位的具体过程如下。

由初始位移 $x_0=A\cos\varphi_0$,得

$$\cos\varphi_0=\frac{x_0}{A}$$

则

$$\varphi_0=\pm\arccos\frac{x_0}{A} \tag{5-11}$$

再由初始速度 $v_0=-\omega A\sin\varphi_0$ 可知 $\sin\varphi_0$ 的正负,从而确定 φ_0 取其中一个值。

例 5.2 质量为 $0.01\mathrm{kg}$ 的物体作简谐振动,振幅为 $0.06\mathrm{m}$,周期为 $2\mathrm{s}$,起始时,(1)物体在 $x=0.03\mathrm{m}$ 处,向 x 负方向运动;(2)物体在 $x=-0.03\mathrm{m}$ 处,向 x 正方向运动。试求以上两种情况的运动方程。

解 简谐运动方程为 $x=A\cos(\omega t+\varphi_0)$,其中 $A=0.06$。由 $\omega=\dfrac{2\pi}{T}$,可得 $\omega=\dfrac{2\pi}{2}=\pi$。

(1)由 $t=0$ 时 $x_0=A\cos\varphi_0$,

得

$$\cos\varphi_0=\frac{x_0}{A}=\frac{0.03}{0.06}=\frac{1}{2}$$

则

$$\varphi_0=\pm\frac{\pi}{3}$$

由 $v_0=-\omega A\sin\varphi_0<0$ 可得 $\sin\varphi_0>0$。则

$$\varphi_0=\frac{\pi}{3}$$

所以运动方程为

$$x=0.06\cos\left(\pi t+\frac{\pi}{3}\right)$$

(2)由 $t=0$ 时

$$\cos\varphi_0=\frac{x_0}{A}=-\frac{0.03}{0.06}=-\frac{1}{2}$$

则

$$\varphi_0=\pm\frac{2\pi}{3}$$

由 $v_0 = -\omega A \sin\varphi_0 > 0$ 可得 $\sin\varphi_0 < 0$。则

$$\varphi_0 = -\frac{2\pi}{3}$$

所以运动方程为

$$x = 0.06\cos\left(\pi t - \frac{2\pi}{3}\right)$$

（3）相位差

$\Delta\varphi$ 可用于比较两个简谐振动之间在振动步调上的差异,也可以决定两个简谐振动合成后的振动性质。

例如有下列两个同频率的简谐振动：

$$x_1 = A_1\cos(\omega t + \varphi_1)$$
$$x_2 = A_2\cos(\omega t + \varphi_2)$$

它们的相位差（简称相差）为

$$\Delta\varphi = (\omega t + \varphi_2) - (\omega t + \varphi_1) = \varphi_2 - \varphi_1$$

对频率相同的两个不同的振子来说,它们的相位不同,往往是由于开始振动的时刻不同,或两个振子的初始条件不同所造成的,以致使两个振子在任何时刻的振动状态都有差异,因此它们振动的步调不一致,而总是一个比另一个落后(或超前)一些,这种现象称为异步。我们可以用两个振动的相位差来描写这两个振子的步调差异。

如果 $\Delta\varphi = 2k\pi (k = 0, \pm1, \pm2, \cdots)$,两振动同时经过平衡位置且同向运动,并且同时达到各自同方向的位移的最大值,它们的振动步调始终一致,在这种情况下称这两个振动是同相的。

如果 $\Delta\varphi = (2k+1)\pi (k = 0, \pm1, \pm2, \cdots)$,两振动同时经过平衡位置但向相反方向振动,并且同时达到各自相反方向的位移的最大值,它们的步调始终相反,在这种情况下称这两个振动是反相的。

如果 $0 < \Delta\varphi < \pi$, φ_2 超前于 φ_1, x_2 振动的步调领先于 x_1 振动。

如果 $-\pi < \Delta\varphi < 0$, φ_2 落后于 φ_1, x_2 振动的步调落后于 x_1 振动。

如果 $|\Delta\varphi| > \pi$,我们可以先把 $\Delta\varphi$ 减去或加上 2π 的整数倍,然后再按上述方法确定相的落后或超前。

总之相位差 $\Delta\varphi$ 反映了两简谐振动的步调关系。另外,通过相位差,我们能够更进一步理解相位的物理意义。

5.3　简谐振动的旋转矢量图表示法

可以用旋转矢量图来描绘简谐振动,比较直观、方便。

如图 5-3 所示,在一个平面上作一个 Ox 坐标轴,以原点 O 为起点作一个长度为振幅 A 的矢量 $\boldsymbol{A}$,$\boldsymbol{A}$ 绕原点 O 以匀角速度 ω 沿逆时针方向旋转,称为**旋转矢量**。矢量端点在平面上将画出一个圆,称为**参考圆**。设 $t = 0$ 时矢量 $\boldsymbol{A}$ 与 x 轴的夹角即初角位置为 φ_0,则任意 t 时 $\boldsymbol{A}$ 与 x 轴的夹角为 $\varphi = \omega t + \varphi_0$。矢量的端点 M 在 x 轴上投影点 P 的坐标为

$$x = A\cos(\omega t + \varphi_0)$$

这与简谐振动的运动方程完全相同,因此可用旋转矢量的端点在 x 轴上的投影的运动表示

物体在 Ox 轴上的简谐振动。必须指出,旋转矢量本身并不作简谐振动,我们利用旋转矢量 A 的端点 M 在 x 轴上的投影点 P 的运动来形象展示简谐振动的运动规律。

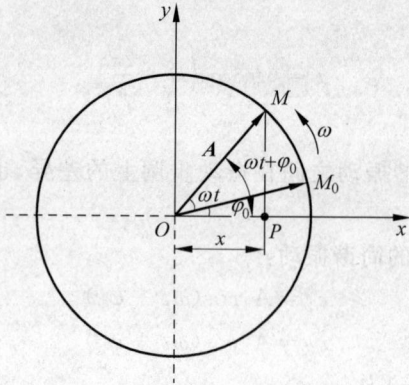

图 5-3　简谐振动的旋转矢量图

此方法的模拟内容如下:

(1) 旋转矢量的长度就是振动的振幅;

(2) 旋转矢量 A 与 Ox 轴的夹角即振动的相位,当 $t=0$ 时旋转矢量 A 与 Ox 轴的夹角为振动的初相位;

(3) 矢量的角速度恰恰是振动的角频率 ω;

(4) 矢量旋转的周期与简谐振动的周期 T 完全相同。

此方法的优点如下:

(1) 旋转矢量法可以方便地确定初相位,例如 $x_0=A/2$,$v_0<0$ 则 $\varphi_0=\pi/3$;

(2) 在同一旋转矢量图上,还可以直观地比较两个同频率简谐振动之间的相位关系,两个旋转矢量之间的夹角正是这两种简谐振动的相位差。

5.4　简谐振动的能量

现以弹簧振子为例讨论简谐振动的能量特点。

利用简谐振动方程 $x=A\cos(\omega t+\varphi_0)$ 及其速度方程 $v=-\omega A\sin(\omega t+\varphi_0)$,可得任意时刻一个弹簧振子的弹性势能 E_{p} 和动能 E_{k}

$$\begin{cases} E_{\mathrm{p}}=\dfrac{1}{2}kx^2=\dfrac{1}{2}kA^2\cos^2(\omega t+\varphi_0) \\ E_{\mathrm{k}}=\dfrac{1}{2}mv^2=\dfrac{1}{2}m\omega^2 A^2\sin^2(\omega t+\varphi_0) \end{cases} \tag{5-12}$$

由 $\omega^2=\dfrac{k}{m}$ 可得

$$E_{\mathrm{k}}=\dfrac{1}{2}kA^2\sin^2(\omega t+\varphi_0) \tag{5-13}$$

因此,弹簧振子的机械能为

$$E=E_{\mathrm{p}}+E_{\mathrm{k}}=\dfrac{1}{2}kA^2 \tag{5-14}$$

由式(5-12)、式(5-13)可见,弹簧振子的动能和势能都
随时间作周期性变化,如图 5-4 所示。当物体的位移最大
时,速度为零,动能也为零,而势能达到最大值;当物体在平
衡位置时,势能为零,速度为最大值,所以此时动能也达到
最大值。显然,简谐振动的过程正是动能和势能相互转化
的过程。

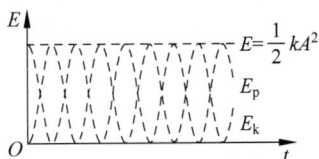

图 5-4　弹簧振子的能量

式(5-14)表明,简谐振动系统在振动过程中机械能守恒。从力学角度看,这是因为在振
动过程中系统不受外力作用,并且内力只有保守力。另外,弹簧振子作简谐振动的总能量取
决于劲度系数 k 和振幅 A,与振幅的二次方成正比。

5.5　简谐振动的合成

在实际问题中,振动的合成是经常发生的事情。例如,在音乐厅听音乐,乐器合奏时,弦
乐器的弦和管乐器中的空气柱将产生各种频率和振幅的简谐振动,这些简谐振动通过空气
介质传入我们的耳朵里并合成,我们便听到了悦耳的乐曲。

振动的合成一般是比较复杂的,下面我们讨论几种简单情形下的简谐振动的合成。

1. 两个同方向、同频率的简谐振动的合成

已知两个简谐振动都沿 x 方向,它们的角频率均为 ω,振幅分别为 A_1、A_2,初相位分别
为 φ_1、φ_2,振动方程可写成如下形式:

$$x_1 = A_1\cos(\omega t + \varphi_1)$$
$$x_2 = A_2\cos(\omega t + \varphi_2)$$

合振动的位移为

$$x = x_1 + x_2$$

利用旋转矢量法来分析,可以更直观、更简捷地得出结论。

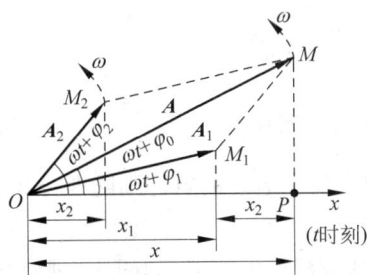

图 5-5　两个同方向、同频率的
简谐振动合成

如图 5-5 所示,A_1 和 A_2 分别表示简谐振动 x_1 和
x_2 的旋转矢量。如前所述,它们在 x 轴上投影的坐标
即表示简谐振动 x_1 和 x_2。作 A_1、A_2 的合矢量 A,矢量
A 的端点在 x 轴上投影的坐标是 $x = x_1 + x_2$,这正是所
求的合振动的位移。

为求解矢量 A 的端点在 x 轴上投影的坐标,我们首
先分析 A 的变化规律。由于两个振动的角频率相同,即
A_1、A_2 以相同的角速度 ω 匀速旋转。所以在旋转过程
中平行四边形的形状保持不变,因而合矢量 A 的长度保
持不变,并以同一角速度 ω 匀速旋转。因此可以断定,合矢量 A 也是一个旋转矢量。矢量
A 的端点在 x 轴上的投影坐标可表示为

$$x = A\cos(\omega t + \varphi_0) \tag{5-15}$$

即合振动也是简谐振动。

其中合振幅为

$$A = \sqrt{A_1^2 + A_2^2 + 2A_1A_2\cos\Delta\varphi} \quad (\Delta\varphi = \varphi_2 - \varphi_1) \tag{5-16}$$

初相位为

$$\tan\varphi_0 = \frac{A_1\sin\varphi_1 + A_2\sin\varphi_2}{A_1\cos\varphi_1 + A_2\cos\varphi_2} \tag{5-17}$$

(1) 如果两分振动相位相同或相位差为 2π 的整数倍,即 $\Delta\varphi = 2k\pi(k=0,\pm1,\pm2,\cdots)$,则合振幅为两分振幅之和。这时合振幅达到最大,$A = A_1 + A_2$,此时称两分振动相互加强。

(2) 如果两分振动相位相反或相位差为 π 的奇数倍,即 $\Delta\varphi = (2k+1)\pi(k=0,\pm1,\pm2,\cdots)$,则合振幅为两分振幅之差的绝对值。这时合振幅达到最小,$A = |A_1 - A_2|$,此时称两分振动相互减弱。

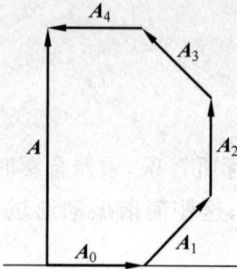

图 5-6　5 个同方向、同频率的简谐振动合成

(3) 如果相位差 $\Delta\varphi$ 是其他任意值,两分振动既不同相又不反相,合振动的振幅则在 $|A_1 - A_2|$ 和 $A_1 + A_2$ 之间取值。

同方向、同频率简谐振动的合成原理,在讨论机械波、光波和电磁辐射的干涉和衍射时经常用到。

对于两个以上的同振动方向、同频率的简谐振动的合成问题,我们可以利用两个简谐振动合成的结论式(5-15),采用振幅矢量合成的图解加法,求多个振动的矢量和。例如,有 5 个同方向、同频率的简谐振动,它们的合振动如图 5-6 所示。

2. 互相垂直的简谐振动的合成

当一个质点同时参与两个不同方向的简谐振动时,质点的位移是这两个振动的位移的矢量和。在一般情况下,质点在平面上作曲线运动。质点轨迹的形状由两个振动的频率、振幅和相位等决定。首先讨论相互垂直的同频率谐振动的合成情况。

设质点同时参与两个相互垂直方向上的简谐振动,一个沿 x 轴方向,另一个沿 y 轴方向,并且两振动的频率相同。以质点的平衡位置为坐标原点,两振动方程分别为

$$x = A_1\cos(\omega t + \varphi_{10})$$
$$y = A_2\cos(\omega t + \varphi_{20})$$

将上述两式中的 t 消去,可得

$$\frac{x^2}{A_1^2} + \frac{y^2}{A_2^2} - 2\frac{xy\cos(\varphi_{20} - \varphi_{10})}{A_1A_2} = \sin^2(\varphi_{20} - \varphi_{10}) \tag{5-18}$$

质点在任意时刻的振动位移应是两个分位移的矢量和。质点运动的轨迹则随两分运动的相位差而改变。

相位差 $\Delta\varphi = \varphi_{20} - \varphi_{10}$ 取 $0\sim2\pi$,按照 $\Delta\varphi$ 每增加 $\pi/4$ 画合振动的轨迹,如图 5-7 所示。

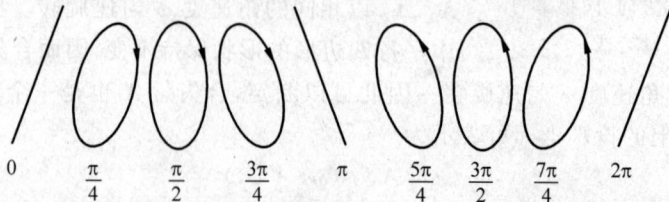

图 5-7　相互垂直频率相同的两个简谐运动的合成的轨迹

两个频率不同的相互垂直的简谐运动的合成结果比较复杂,但如果二者的频率有简单的整数比,则合振动的轨迹将不断地按图 5-8 中所示的顺序连续地重复变化。按照两分振动的频率比值,合振动的轨迹为一封闭的稳定曲线,其振动图形称为李萨如图形。

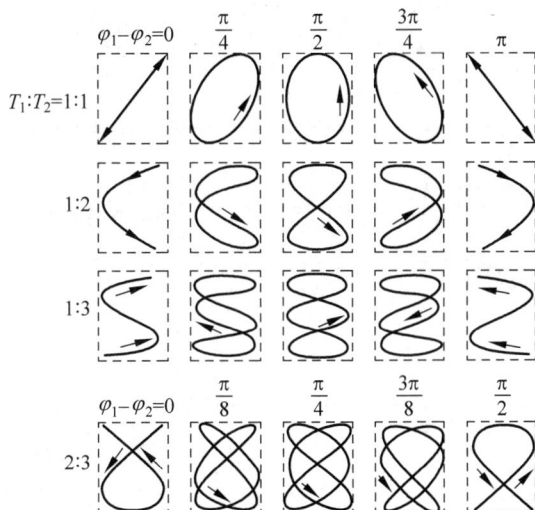

图 5-8　李萨如图形

5.6　机械波的产生和传播

5.6.1　机械波产生的条件

机械波是机械振动在弹性介质中的传播。机械波的产生必须具备两个条件:①要有作机械振动的物体作为波源;②要有能够传播机械振动的介质,通过介质各部分之间的弹性相互作用才能把振动传播出去,即要有弹性介质。弹性介质可以是固体、液体或气体。例如:投石下水在水面上激起水波;将闹钟置于玻璃罩内,缓缓抽出空气,滴答之声逐渐减弱乃至消失,或者用无弹性的隔音材料将闹钟包裹起来,滴答之声也难以听见。

应当注意波所传播的是振动状态和能量。而介质中各个质元仅在它们各自的平衡位置附近振动,并不随着振动的传播而移动。

根据介质中各质元的振动方向与波的传播方向的关系,波可分为横波和纵波两类。质元的振动方向与波的传播方向互相垂直的波称为**横波**(图 5-9),例如,绳子上传播的机械波就是横波;质元的振动方向与波的传播方向平行的波称为**纵波**(图 5-10),例如,在空气中传播的声波就是纵波。

5.6.2　波线与波面

波源在弹性介质中振动时,振动向各个方向传播。沿着波传播方向画的射线称为**波线**,用以表示波的传播路径和方向。在波的传播过程中,所有振动相位相同的点连成的面称为**波阵面**或**波面**。最前面的波面称为**波前**。显然,波前是波面的特例。波面是平面的波称为

振动方向

波峰

波谷

传播方向

$t=0$ ①②③④⑤⑥⑦⑧⑨⑩⑪⑫⑬⑭⑮⑯

$t=T/4$

$t=T/2$

$t=3T/4$ 波谷

$t=T$ 波峰

$t=5T/4$

λ

λ

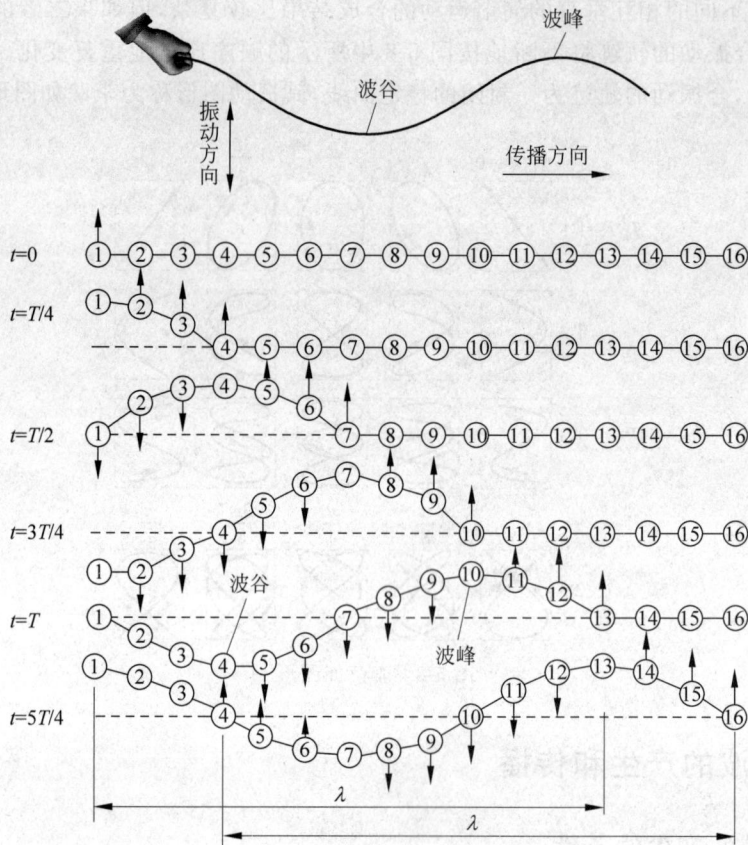

图 5-9 横波传播示意图

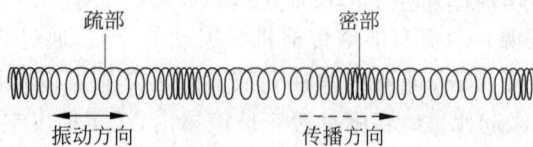

疏部 密部

振动方向 传播方向

图 5-10 纵波传播示意图

平面波,如图 5-11(a)所示;波面是球面的波称为**球面波**,如图 5-11(b)所示。在各向同性的介质中,波线恒与波面垂直。

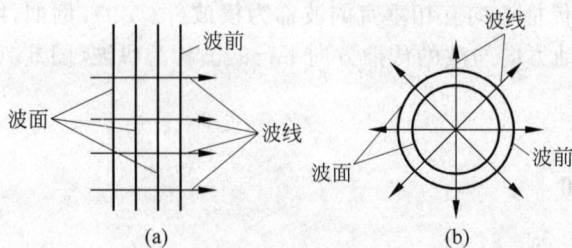

波前

波面 波线

波线

波面 波前

(a) (b)

图 5-11 波线和波面

(a) 平面波;(b) 球面波

5.6.3 描述机械波的特征量

为了描述波动,我们引入几个常用的物理量。

1. 波长 λ

波在传播过程中,沿同一波线上振动状态完全相同的相邻两质点之间的距离,即一个完整波形的长度,叫作**波长**,用 λ 表示。对于横波而言,波长是相邻两波峰(或波谷)之间的距离;对于纵波而言,波长是相邻两密部(或疏部)之间的距离。显然,波长描述了波在空间的周期性。

2. 波动周期 T 和频率ν

波源质点完成一次完全振动,某振动状态就传播一个波长,即某一振动状态传播一个波长所需的时间称为**波动周期** T。由此可知,波动周期等于波源的振动周期。周期反映波在时间上的周期性。周期的倒数叫作**频率**,波动频率 ν 即为单位时间内通过介质中某固定点完整波的数目。必须指出,波的频率与介质无关,而是由波源的振动情况来决定的。

3. 波速 u

波速是振动状态的传播速度,用 u 来表示,表示某一振动状态在单位时间内传播的距离。波速完全取决于介质的性质。

波长与波速、周期和频率的关系如下:

$$\lambda = uT = \frac{u}{\nu} \tag{5-19}$$

5.7 平面简谐波的波动方程及其物理意义

5.7.1 平面简谐波的波动方程

本节讨论最简单也是最基本的波动形式——平面简谐波(在平面波传播过程中,当波源作简谐振动时,所引起的弹性介质中各点也作简谐振动而形成的波)。描述波动过程中各质元的振动位移随时间和质元所在空间位置而变化的函数关系称为**波动方程**。

设一平面简谐波在各向同性且无吸收的均匀无限大介质中传播,任取一波线为 x 轴正方向。质元在波线上的平衡位置用坐标 x 表示,质元相对平衡位置的位移用 y 表示。

如图 5-12 所示,在 $x=0$ 处质点的振动方程为 $y = A\cos(\omega t + \varphi_0)$。

为了找出在 Ox 轴上的所有质点在任一时刻的位移,在波线 Ox 轴上任一点 P,P 到原点 O 的距离是 x。

振动从 O 点传播到 P 点需时间 $t_0 = \dfrac{x}{u}$,这表明若 O 点振动了 t 时间,则 P 点只振动 $t-t_0$ 时间。即当点 O 的相位为 $\omega t + \varphi_0$ 时,点 P 的相位则是 $\omega\left(t - \dfrac{x}{u}\right) + \varphi_0$,于

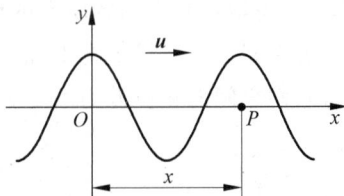

图 5-12 $x=0$ 处质点的振动曲线

是点 P 在时刻 t 的位移为

$$y = A\cos\left[\omega\left(t - \frac{x}{u}\right) + \varphi_0\right] \tag{5-20a}$$

$$y = A\cos\left[2\pi\left(\frac{t}{T} - \frac{x}{\lambda}\right) + \varphi_0\right] \tag{5-20b}$$

式中,式(5-20b)可以通过将 $\omega = \dfrac{2\pi}{T}$,$u = \dfrac{\lambda}{T} = \dfrac{\omega}{2\pi}\lambda$ 代入式(5-20a)而得到。

因 P 点的坐标 x 是任意的,所以式(5-20a)以及式(5-20b)即沿 x 轴正向传播的平面简谐波的波动方程。

若波动是沿 x 轴负向传播,那么 P 点质元的振动应超前于 O 点,则波动方程为

$$y = A\cos\left[\omega\left(t + \frac{x}{u}\right) + \varphi_0\right] \tag{5-21a}$$

$$y = A\cos\left[2\pi\left(\frac{t}{T} + \frac{x}{\lambda}\right) + \varphi_0\right] \tag{5-21b}$$

如取 $k = \dfrac{2\pi}{\lambda}$,称为**角波数**,表示在 2π 长度内所具有的完整波的数目。则波动方程又可写成

$$y = A\cos(\omega t \pm kx + \varphi_0) \tag{5-22}$$

5.7.2　波动方程的物理意义

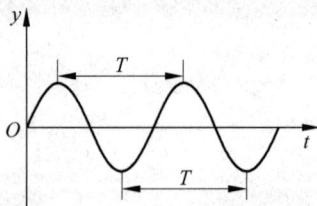

图 5-13　波线上 $x = x_0$ 处某质元的振动曲线

(1) 当 $x = x_0$(x_0 为给定值)时,波动方程为 $y = A\cos\left[\omega\left(t - \dfrac{x_0}{u}\right) + \varphi_0\right]$,位移 y 仅为 t 的函数。此时,波动方程表示距原点为 x_0 处的质元在各不同时刻 t 的振动位移,即波动方程变为该质元的振动方程。以质元振动位移 y 为纵坐标,时间 t 为横坐标,可得该质元的 y-t 曲线,如图 5-13 所示。

(2) 当 t 一定时,即对于某时刻 $t = t_0$,波动方程变为

$$y = A\cos\left[\omega\left(t_0 - \frac{x}{u}\right) + \varphi_0\right] \tag{5-23}$$

质元振动位移 y 仅为位置坐标 x 的函数。这时波动方程表示在给定时刻,沿波线方向上各质点的位移空间分布情况,即给定时刻的波形。以位移 y 为纵坐标,质点平衡位置 x 为横坐标,可得给定时刻的各质点的位移分布曲线,也称波形图,如图 5-14 所示。

若在同一条波线上有坐标不同的两点 1 与 2,其坐标分别为 x_1、x_2,则可通过式(5-23)求得它们之间的相位差为

$$\Delta\varphi_{12} = \varphi_2 - \varphi_1 = \frac{2\pi}{\lambda}(x_2 - x_1) = \frac{2\pi}{\lambda}\Delta x_{21} \tag{5-24}$$

式中,$\Delta x_{21} = x_2 - x_1$ 叫作**波程差**。

(3) 当 x 和 t 都变化时,波函数就表达了所有质点的振动位移随时间变化的整体情况。

图 5-15 分别画出了 t 时刻和 $t+\Delta t$ 时刻的两个波形图,从而描述出波动在 Δt 时间内传播了 Δx 距离的情况。换言之,波在 t 时刻 x 处的相位,经过 Δt 时间已传到了 $x+\Delta x$ 处了。

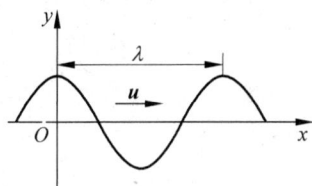

图 5-14 给定时刻的波形

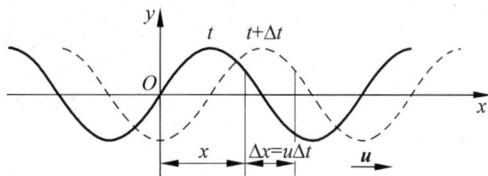

图 5-15 波形的传播

由式(5-22)可得

$$\frac{2\pi}{\lambda}(ut-x)+\varphi_0 = \frac{2\pi}{\lambda}\big[u(t+\Delta t)-(x+\Delta x)\big]+\varphi_0 \tag{5-25}$$

由此式可解得

$$\Delta x = u\Delta t$$

这就告诉我们,波的传播是相位的传播,也是振动这种运动形式的传播,或称为整个波形的传播,波速 u 正是相位或波形向前传播的速度。总之,当 x 和 t 都变化时,波函数就描述了波的传播过程,所以这种波也称为**行波**或**前进波**。

例 5.3 一质点在弹性介质中作简谐运动,$A=0.2\mathrm{m}$,$T=4\pi$,当 $t=0$ 时,在 $x=0$ 处的质点振动位移为 $0.1\mathrm{m}$,向 y 轴负方向运动,求:(1)振动方程;(2)若已知该质点激起的平面简谐波沿 x 轴负方向传播,$\lambda=2\mathrm{m}$,求波动方程。

解 (1) $\omega=\dfrac{2\pi}{T}=\dfrac{2\pi}{4\pi}=0.5$

在 $x=0$ 处的质点,$t=0$ 时,由 $y_0=A\cos\varphi_0$,得 $\cos\varphi_0=\dfrac{y_0}{A}=\dfrac{0.1}{0.2}=\dfrac{1}{2}$,则 $\varphi_0=\pm\dfrac{\pi}{3}$。

由 $v_0=-\omega A\sin\varphi_0<0$,可得 $\sin\varphi_0>0$,则 $\varphi_0=\dfrac{\pi}{3}$。

所以振动方程为 $y=0.2\cos\left(0.5t+\dfrac{\pi}{3}\right)$。

(2)由 $A=0.2$,$T=4\pi$,$\lambda=2$,$\varphi_0=\dfrac{\pi}{3}$,以及波动方程 $y=A\cos\left[2\pi\left(\dfrac{t}{T}+\dfrac{x}{\lambda}\right)+\varphi_0\right]$(波沿 x 轴负方向传播)可得

$$y=0.2\cos\left[2\pi\left(\frac{t}{4\pi}+\frac{x}{2}\right)+\frac{\pi}{3}\right]=0.2\cos\left(\frac{t}{2}+\pi x+\frac{\pi}{3}\right)$$

例 5.4 如图 5-16 所示,一平面波在介质中以速度 $u=20\mathrm{m\cdot s^{-1}}$ 沿直线传播,已知在传播路径上某点 A 的振动方程为 $y_A=3\cos4\pi t$。若以 B 点为坐标原点,写出波动方程,并求出 C、D 两点的振动方程。

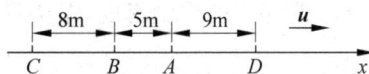

图 5-16 例 5.4 用图

解 设以 B 点为坐标原点的波动方程为

$$y=A\cos\left[\omega\left(t-\frac{x}{u}\right)+\varphi_0\right]=3\cos\left[4\pi\left(t-\frac{x}{20}\right)+\varphi_0\right]=3\cos\left(4\pi t-\frac{\pi x}{5}+\varphi_0\right)$$

此时 A 点坐标为 $x_A=5\mathrm{m}$ 代入波动方程,可得 A 点振动方程为

$$y_A=3\cos\left(4\pi t-\frac{\pi x_A}{5}+\varphi_0\right)=3\cos(4\pi t-\pi+\varphi_0)$$

与已知的 A 点振动方程相比较,得 $\varphi_0=\pi$,所以以 B 点为坐标原点的波动方程为

$$y = 3\cos\left(4\pi t - \frac{\pi x}{5} + \pi\right)$$

此时 C、D 点的坐标分别为 $x_C = -8\,\mathrm{m}$，$x_D = 14\,\mathrm{m}$ 分别代入上式可得 C、D 点的振动方程为

$$y_C = 3\cos\left(4\pi t + \frac{13\pi}{5}\right)$$

$$y_D = 3\cos\left(4\pi t - \frac{9\pi}{5}\right)$$

5.8 波的能量

下面以一列绳线上的横波(图 5-17)为例来定性地说明波动中的能量特点。

先看动能,当波动通过质量为 $\mathrm{d}m$ 的质元,它就作横向的简谐振动,就具有了动能。当质元通过平衡位置时,振动速度最大,因而动能最大;当质元通过最大位置时,振动速度为零,因而动能也为零。

再看势能,为了沿一条原先是直的绳线传输一列简谐波,该波动一定要拉伸那条绳线(正弦曲线长度一定大于对应的直线段长度)。当直线段长度为 $\mathrm{d}x$ 的质元振动后,质元周期性地成为正弦曲线的一部分,该质元长度就会周期性地变化,这时就具有弹性势能。由于长度变化量正比于正弦曲线的斜率,所以在最大位置(图 5-17 中的质元 b),形变为零,弹性势能为零;当质元通过平衡位置(图 5-17 中的质元 a),长度变化最大,其弹性势能最大。

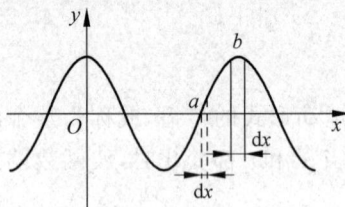

图 5-17 横波

由此可知,在波动中,动能和势能同时达到最大值,又同时达到最小值,这与简谐振动系统中动能、势能相互转换,机械能守恒不同。波动中机械能不守恒,沿着波动传播的方向,质元不断地从前面介质获得能量,又传递给后面的介质。这样,能量随着波动的行进,从介质的这一部分传向另一部分,所以,波动是能量传递的一种方式。

在波动过程中,描述所传播的能量还常用到能流密度(单位时间内通过垂直于波的传播方向的单位面积上的平均能量),即

$$I = \frac{1}{2}\rho A^2 \omega^2 u \tag{5-26}$$

式中,ρ 为介质的质量密度,A 为简谐波振幅,ω 为波动的角频率,u 为波速。

5.9 惠更斯原理 波的衍射

5.9.1 惠更斯原理

惠更斯

在波动中,波源的振动状态是通过弹性介质中的各质点的振动依次传播出去的,因而每个质点都可看作新的波源。例如水面上波的传播,如图 5-18 所示,在前进中遇到一个障碍物,此障碍物上有一小孔,小孔的孔径与波长相差不多时,我们可以看到穿过小孔的波是圆形的波,与原来形状无关,这说明小

孔可以看作新的波源。

　　荷兰物理学家惠更斯观察和研究了这类现象,于 1690 年提出了惠更斯原理:**介质中波动传到的各点都可看作发射子波的波源,而在其后任一时刻,这些子波的包络(公共切面)就是新的波阵面。**

　　惠更斯原理不仅适用于机械波,也适用于电磁波。而且不论波动经历的介质是均匀的还是非均匀的,是各向同性的还是各向异性的,只要知道了某一时刻的波阵面,就可以根据这一原理,利用几何作图法来确定以后任一时刻的波阵面,进而确定波的传播方向。此外,根据惠更斯原理,还可以简单地说明波在传播过程中发生的反射和折射等现象。

图 5-18　障碍物上的小孔
成为新波源

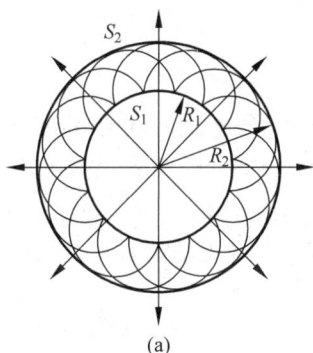

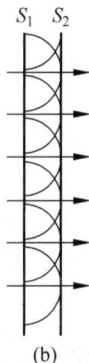

　　下面以平面波和球面波为例,说明惠更斯原理的应用。如图 5-19(a)所示,点波源 O 在各向同性的均匀介质中以波速 u 发出球面波,已知在 t 时刻的波阵面是半径为 R_1 的球面 S_1,根据惠更斯原理,S_1 上的每一点均发出球面子波,经 Δt 时间后形成半径为 $r = u\Delta t$ 的子波波面,这些子波的包迹 S_2 就成为 $t + \Delta t$ 时刻的新波阵面。图 5-19(b)是平面波的传播情况。

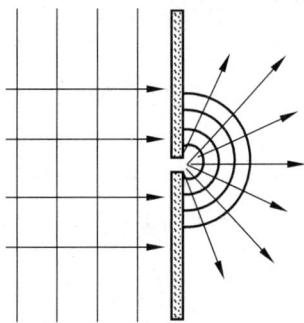

(a)

(b)

图 5-19　用惠更斯原理求新波阵面
(a)球面波;(b)平面波

5.9.2　波的衍射

　　当波在传播过程中遇到障碍物时,其传播方向发生改变,并能绕过障碍物的边缘,继续向前传播,这种现象叫作**波的衍射**。例如室内人们的说话声音通过门窗的狭缝传播到室外的现象;光波通过小孔形成明暗相间的圆环图影;水波遇到狭缝障碍物后改变方向等。

　　根据惠更斯原理,我们对波的衍射现象解释如下:狭缝口各点均可看成发射次级球面子波的波源,作为这些子波的公共切面而得出新的波阵面。很明显这时的波阵面已不是平面,在靠近边缘处,波阵面是球面,即波绕过障碍物的边缘传播了。

　　衍射现象是波动的一个重要特征。波的波长相对障碍物的线度较长,衍射现象明显;波长相对于障碍物的线度较短时,衍射现象不明显,波只能沿原方向直线传播。

5.10　波的干涉

5.10.1　波的叠加原理

几列波同时在一种介质中传播,不管它们是否相遇,都各自以原有特性(振幅、波长和频率、振动方向等)独立传播,彼此互不影响;在相遇区域内各质点的振动,等于各列波单独存在时在该点引起的振动的合成,这就是波传播的**独立性原理**或称**波的叠加原理**。例如我们能分辨包含在嘈杂声中的熟人的声音;收音机的天线通常有许多频率不同的信号同时通过,然而我们可以接收到其中任一频率的信号,并与其他频率的信号不存在时的情形大体相同。图 5-20 是波叠加原理的示意图。

需要注意的是,波的叠加原理有适用条件,通常只在各向同性介质中,振幅不太大,且描述波动过程为线性微分方程时,叠加原理才成立。

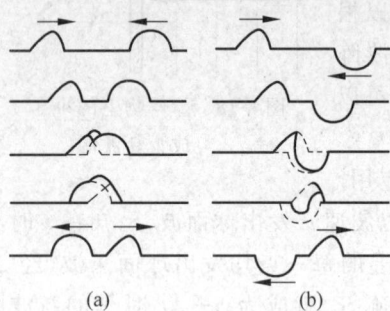

(a)　　　　(b)

图 5-20　波的叠加原理

5.10.2　波的干涉的定义

如果在水池中用两个同相位的点波源产生圆形波,就可在水面上看到这两个圆形波产生的水波干涉现象,如图 5-21 所示。由图中可以看出,有些地方水面起伏得很厉害(图中亮处),说明这些地方的振动是加强的;而有些地方水面只有微弱的起伏,甚至平静不动(图中暗处),说明这些地方的振动是减弱的,甚至是完全抵消的。在这两列波的相遇区域内,振动的强弱是按一定的规律分布的。

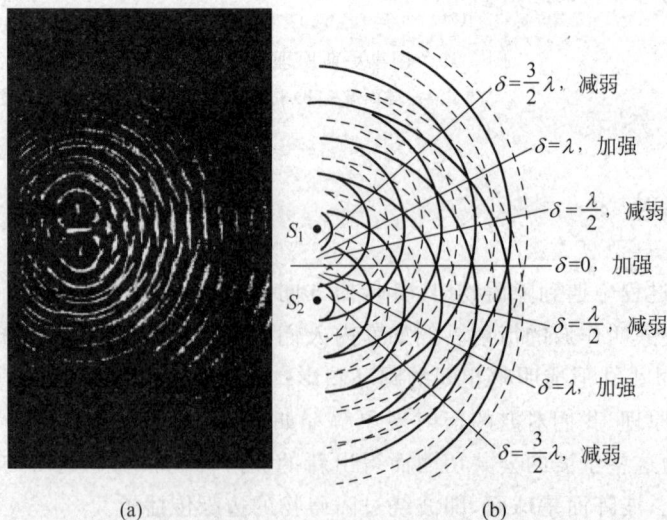

$\delta = \dfrac{3}{2}\lambda$, 减弱

$\delta = \lambda$, 加强

$\delta = \dfrac{\lambda}{2}$, 减弱

S_1

$\delta = 0$, 加强

S_2

$\delta = \dfrac{\lambda}{2}$, 减弱

$\delta = \lambda$, 加强

$\delta = \dfrac{3}{2}\lambda$, 减弱

(a)　　　　　　　　　　(b)

图 5-21　水波的干涉现象

两列波若频率相同、振动方向相同、在相遇点相位相同或相位差恒定,则出现某些地方的振动始终加强,另一些地方的振动始终减弱(甚至完全抵消),这种现象称为**波的干涉**。满足上述条件的波源称为**相干波源**,相干波源发出的波称为**相干波**。干涉现象是波动的一个重要特征。

现以两列相干波为例,定量地分析干涉现象。设有两个相干波源 S_1 和 S_2,如图 5-22 所示,两波源的振动方程分别为

$$\begin{cases} y_{10} = A_{10}\cos(\omega t + \varphi_{10}) \\ y_{20} = A_{20}\cos(\omega t + \varphi_{20}) \end{cases} \quad (5\text{-}27)$$

式中,ω 为角频率,A_{10}、A_{20} 为两波源的振幅,φ_{10}、φ_{20} 为两波源的振动初相位。

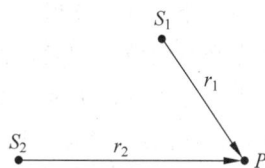

图 5-22 两列相干波的叠加

设由这两个波源发出的两列波在同一介质中传播后相遇,先分析相遇区域中任意一点 P 的振动合成结果。

设这两列波各自单独传播到 P 点时,在 P 点引起的振动方程分别为

$$y_1 = A_1\cos\left(\omega t - \frac{2\pi r_1}{\lambda} + \varphi_{10}\right)$$

$$y_2 = A_2\cos\left(\omega t - \frac{2\pi r_2}{\lambda} + \varphi_{20}\right)$$

上两式表明,P 点同时参与两个同方向、同频率的简谐振动,那么 P 点的合振动亦应为简谐振动,设合振动的运动方程为

$$y = y_1 + y_2 = A\cos(\omega t + \varphi_0) \quad (5\text{-}28)$$

A 为 P 点合振动的振幅,即

$$A^2 = A_1^2 + A_2^2 + 2A_1 A_2\cos\Delta\varphi \quad (5\text{-}29)$$

式中,$\Delta\varphi$ 是 P 点处两个分振动的相位差

$$\Delta\varphi = (\varphi_{20} - \varphi_{10}) - 2\pi\frac{r_2 - r_1}{\lambda} \quad (5\text{-}30)$$

当满足

$$\Delta\varphi = 2k\pi, \quad k = 0, \pm 1, \pm 2, \cdots \quad (5\text{-}31)$$

的空间各点,$A = \sqrt{A_1^2 + A_2^2 + 2A_1 A_2} = A_1 + A_2 = A_{\max}$,合振幅最大,振动始终加强,称其为**相干加强**。

当满足

$$\Delta\varphi = (2k+1)\pi, \quad k = 0, \pm 1, \pm 2, \cdots \quad (5\text{-}32)$$

的空间各点,$A = \sqrt{A_1^2 + A_2^2 - 2A_1 A_2} = |A_1 - A_2| = A_{\min}$,合振幅最小,振动始终减弱,称其为**相干减弱**。

在其他情况下,合振幅的数值则在最大值和最小值之间。

干涉现象是波动所独有的现象,对于光学、声学都非常重要,并且具有非常广泛的实际应用,对近代物理学的发展也起着重大作用。例如大礼堂、影剧院的设计就必须考虑到声波的干涉,以避免某些区域声音过强,而某些区域声音又过弱。在噪声太强的地方还可以利用干涉原理来达到消声的目的。

5.10.3　驻波

振动方向相同、频率相同、相位差恒定、振幅相同而传播方向相反的两列波叠加形成**驻波**。驻波是一种特殊形式的干涉现象。驻波在无线电、激光、雷达等领域有重要的应用,可以用它来测定波长和确定振动系统的频率。

先看一个驻波的演示实验。弦线的一端固定在音叉上,另一端系在砝码上使弦线拉紧,如图 5-23 所示。当音叉振动起来之后,弦线产生一个从左向右传播的波,传到 B 点被反射产生一个自右向左传播的反射波。入射波与反射波叠加形成驻波。从波形图可以看到,弦线上有些点固定不动,有些点振幅最大。

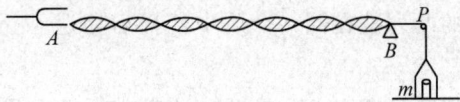

图 5-23　弦线驻波实验示意图

设沿 x 轴正、负方向传播的两列波的波动方程分别为

$$y_1 = A\cos\left(\omega t - \frac{2\pi}{\lambda}x\right), \quad y_2 = A\cos\left(\omega t + \frac{2\pi}{\lambda}x\right)$$

合成波的方程为

$$y = y_1 + y_2 = A\cos\left(\omega t - \frac{2\pi}{\lambda}x\right) + A\cos\left(\omega t + \frac{2\pi}{\lambda}x\right) = 2A\cos\frac{2\pi}{\lambda}x\cos\omega t \tag{5-33}$$

这就是**驻波方程**。其中 $\cos\omega t$ 表示简谐振动,而 $\left|2A\cos\frac{2\pi}{\lambda}x\right|$ 即为简谐振动的振幅。通过此方程可以看出各质点都在作与原频率相同的简谐振动,但各质点的振幅随位置的不同而变化。图 5-24 画出了不同时刻的入射波、反射波和合成波的波形图,图中实线表示合成波。

由图 5-24 可以看出,波线上有些点始终不动(振幅为零),称为**波节**;而有些点的振幅始终具有极大值,称为**波腹**。

由驻波方程可知,对应于使 $\left|\cos\frac{2\pi}{\lambda}x\right| = 0$,即 $\frac{2\pi x}{\lambda} = (2k+1)\frac{\pi}{2}$,因此有波节点的坐标

$$x = (2k+1)\frac{\lambda}{4}, \quad k = 0, \pm 1, \pm 2, \cdots$$

根据上式可得相邻波节之间距离为

$$\Delta x = x_{k+1} - x_k = [2(k+1)+1]\frac{\lambda}{4} - (2k+1)\frac{\lambda}{4} = \frac{\lambda}{2} \tag{5-34}$$

同理,使 $\left|\cos\frac{2\pi}{\lambda}x\right| = 1$,即 $\frac{2\pi x}{\lambda} = k\pi$,因此有波腹点的坐标

$$x = k\frac{\lambda}{2}, \quad k = 0, \pm 1, \pm 2, \cdots$$

根据上式可得相邻波腹之间距离为

$$\Delta x = x_{k+1} - x_k = (k+1)\frac{\lambda}{2} - k\frac{\lambda}{2} = \frac{\lambda}{2} \tag{5-35}$$

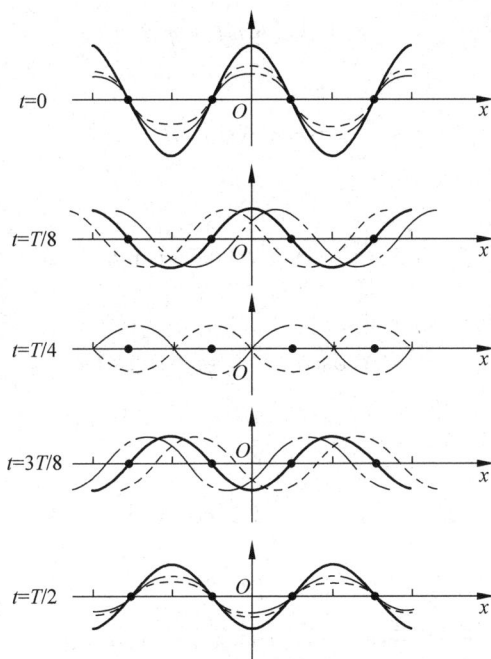

图 5-24　驻波的形成

由式(5-34)、式(5-35)可以看出,相邻的两个波节或相邻的两个波腹之间的距离都是 $\frac{\lambda}{2}$,而相邻的波节与波腹之间的距离为 $\frac{\lambda}{4}$。

总之,驻波的特点:分段振动,在每一段上各点的振动相位相同,但振幅不同,波腹处振幅最大;相邻两段中各点的振动相位相反。这种分段振动的结果,各段各自独立振动,没有振动状态(或相位)的传播,也没有能量的传播,因此叫驻波。

在图 5-23 中,反射点 B 是固定不变的,此处为驻波的波节,这说明反射波与入射波在点 B 的相位是相反的,或者说反射波与入射波相位差为 π,相当于损失了半个波,故称为**半波损失**。一般情况下,入射波在两种介质的分界面上反射时是否产生半波损失,取决于介质的密度 ρ 与波速 u 的乘积 ρu(介质的波阻),相对波阻较大的介质称为**波密介质**,相对波阻较小的介质称为**波疏介质**。波从波疏介质传到波密介质的界面上反射时,反射波有半波损失;反之无半波损失。

| 频谱分析 | 超声波和次声波 | 声呐 | 共振现象 | 多普勒超声诊断仪 |

本章提要

1. 简谐振动运动学特征
运动学方程

$$x = A\cos(\omega t + \varphi_0)$$

速度

$$v = \frac{\mathrm{d}x}{\mathrm{d}t} = -\omega A\sin(\omega t + \varphi_0)$$

加速度

$$a = \frac{\mathrm{d}v}{\mathrm{d}t} = -\omega^2 A\cos(\omega t + \varphi_0)$$

振动物体的初始条件

$$x_0 = A\cos\varphi_0, \quad v_0 = -\omega A\sin\varphi_0$$

2. 简谐振动的能量

势能

$$E_p = \frac{1}{2}kx^2 = \frac{1}{2}kA^2\cos^2(\omega t + \varphi_0)$$

动能

$$E_k = \frac{1}{2}mv^2 = \frac{1}{2}m\omega^2 A^2\sin^2(\omega t + \varphi_0)$$

机械能

$$E = \frac{1}{2}kA^2$$

3. 振动的合成

1) 两个同方向、同频率的简谐振动的合成

合振动的位移为 $A = \sqrt{A_1^2 + A_2^2 + 2A_1 A_2\cos\Delta\varphi}$, $\quad \Delta\varphi = \varphi_2 - \varphi_1$

(1) 如果 $\Delta\varphi = 2k\pi, k = 0, \pm1, \pm2, \cdots$,则 $A = A_1 + A_2$

这时合振幅达到最大,此时称两个振动相互加强。

(2) $\Delta\varphi = (2k+1)\pi, k = 0, \pm1, \pm2, \cdots$,则 $A = |A_1 - A_2|$

这时合振幅最小,此时称两个振动相互抵消。

(3) 如果相位差 $\Delta\varphi$ 是其他任意值,两分振动既不同相也不反相,合振动的振幅则在 $|A_1 - A_2|$ 和 $A_1 + A_2$ 之间取值。

2) 互相垂直简谐振动的合成

4. 简谐波的波动方程

$$y = A\cos\left[\omega\left(t \pm \frac{x}{u}\right) + \varphi_0\right]$$

$$y = A\cos\left[2\pi\left(\frac{t}{T} \pm \frac{x}{\lambda}\right) + \varphi_0\right]$$

$$y = A\cos(\omega t \pm kx + \varphi_0)$$

5. 波的干涉

当满足 $\Delta\varphi = 2k\pi, k = 0, \pm1, \pm2, \cdots$ 的空间各点,$A = A_1 + A_2$,合振幅最大,振动始终加强,称其为**相干加强**。

当满足 $\Delta\varphi=(2k+1)\pi,k=0,\pm1,\pm2,\cdots$ 的空间各点,$A=|A_1-A_2|$,合振幅最小,振动始终减弱,称其为**相干减弱**。

在其他情况下,合振幅的数值则在最大值和最小值之间。

6. 驻波

驻波方程

$$y=2A\cos\frac{2\pi}{\lambda}x\cos\omega t$$

波节点的坐标

$$x=(2k+1)\frac{\lambda}{4},\quad k=0,\pm1,\pm2,\cdots$$

波腹点的坐标

$$x=k\frac{\lambda}{2},\quad k=0,\pm1,\pm2,\cdots$$

思 考 题

5.1　指出在弹簧振子中,物体处在下列位置时的位移、速度、加速度和所受的弹性力的数值和方向;(1)正方向的最大位移处;(2)平衡位置且向负方向运动;(3)平衡位置且向正方向运动;(4)负方向的最大位移处。

5.2　作简谐运动的弹簧振子,当物体处于下列情况时,在速度、加速度、动能、弹性势能等物理量中,哪几个达到最大值,哪几个为零?(1)通过平衡位置时;(2)达到最大位移时。

5.3　简谐振动的能量特点是什么?

5.4　当介质中传播着某种频率的简谐波时,(1)每个质元的振动周期与波的波动周期是否相同?(2)每个质元的运动速度与波的传播速度是否相同?

5.5　说明下列几组概念的区别和联系:(1)振动和波动;(2)振动曲线和波形曲线;(3)振动速度和波速;(4)振动能量和波动能量;(5)机械波和电磁波。

5.6　根据两个同方向同频率简谐振动合振幅 $A=\sqrt{A_1^2+A_2^2+2A_1A_2\cos(\varphi_2-\varphi_1)}$,请讨论:

(1) 两分振动的相位差 $\varphi_2-\varphi_1$ 为何值时,合振幅 A 最大?

(2) 两分振动的相位差 $\varphi_2-\varphi_1$ 为何值时,合振幅 A 最小?

5.7　机械波产生与传播的条件是什么?

5.8　波长、频率、周期、波速各由哪些因素决定的?

5.9　当波从一种介质透入另一种介质时,波长、频率、波速物理量中,哪些量会改变,哪些量不会改变?

5.10　写出平面简谐波的波函数表达式,并简述波函数的物理意义。

5.11　波动能量的特点是什么?

5.12　波的干涉现象是什么?

5.13　两波叠加产生干涉现象的条件是什么?在什么情况下两波相互叠加加强?在什

么情况下相互叠加减弱？

　　5.14　简述惠更斯原理的内容。

　　5.15　请看以下两幅图并思考。

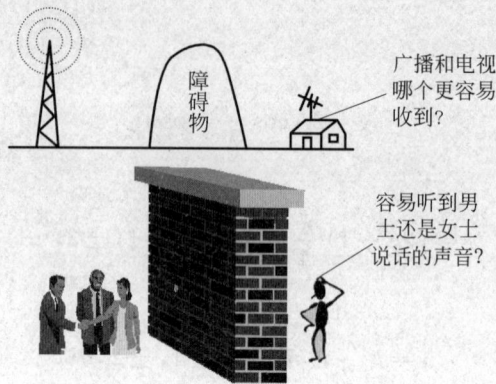

障碍物

广播和电视哪个更容易收到？

容易听到男士还是女士说话的声音？

习题 5.15 图

习　题

5.1　选择题

　　(1) 一质点作简谐运动，其振幅为 A，频率为 ω，在 $t=0$ 时，运动状态的旋转矢量 OP 如习题 5.1(1)图所示，则该质点的初相位是(　　　)。

A. $\dfrac{\pi}{2}$ 　　　　　　B. $-\dfrac{\pi}{2}$ 　　　　　　C. $\dfrac{\pi}{3}$ 　　　　　　D. $-\dfrac{\pi}{3}$

　　(2) 关于机械振动和机械波，下列说法正确的是(　　　)。

A. 机械振动一定能产生机械波

B. 质点振动的速度与波的传播速度相等

C. 质点振动的周期和波的周期数值相等

D. 波动方程中的坐标原点一定要选在波源上

　　(3) 习题 5.1(3)图中曲线是 $t=0$ 时的波形图，$x=0$ 点处质元的初相位 φ_0 是(　　　)。

A. 0 　　　　　　　B. $-\dfrac{\pi}{2}$ 　　　　　　C. $\dfrac{\pi}{2}$ 　　　　　　D. π

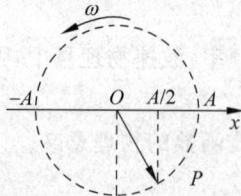

习题 5.1(1)图

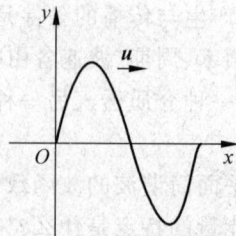

习题 5.1(3)图

5.2 填空题

(1) 简谐运动中的相位($\omega t + \varphi_0$) 既决定了振动物体在任意时刻相对平衡位置的_____; 也决定了它在该时刻的_____; 它是决定简谐运动物体_____的物理量。

(2) 作简谐运动的弹簧振子达到最大位移时, 其速度_____; 加速度_____; 势能_____。(仅填"最大"或"零")

(3) 当 x 一定时, 波函数 $y = A\cos\omega\left(t - \dfrac{x}{u}\right)$ 表示了 x 处的质点在不同时刻的_____, 即该质点作_____运动情况。

(4) 当 t 一定时, Ox 轴上所有质点的位移 y 仅为_____的函数, 此时波函数 $y = A\cos\omega\left(t - \dfrac{x}{u}\right)$ 表示了给定时刻各质点的_____。

(5) 在波动中某质元 dm 的动能和势能同时达到最大, 同时达到最小, 机械能_____; 波动是能量_____的一种方式。

5.3 土建工程使用的一振捣器, 其振动频率为 $\nu = 1450\text{Hz}$, 它的周期 T 和角频率 ω 各是多少?

5.4 质量为 $10 \times 10^{-3}\text{kg}$ 的小球与轻弹簧组成的系统, 按 $x = 0.1\cos\left(8\pi t + \dfrac{2\pi}{3}\right)$ (SI)的规律作简谐振动, 求: (1)振动的周期、振幅、初相位; (2)$t_2 = 5\text{s}$ 与 $t_1 = 1\text{s}$ 两个时刻的相位差。

5.5 质量为 0.2kg 的质点作简谐振动, 其振动方程为: $x = 0.06\sin\left(5t - \dfrac{\pi}{2}\right)$, t 以秒计。求: (1)振幅和周期; (2)质点的初始位置和初始速度; (3)质点在最大位移一半处且向 x 轴正向运动的时刻所受的力和加速度。

5.6 质量为 0.1kg 的物体, 以振幅 $1.0 \times 10^{-2}\text{m}$ 作简谐振动, 其最大加速度为 $4\text{m} \cdot \text{s}^{-2}$。求: (1)振动的周期; (2)物体在何处其动能和势能相等?

5.7 一个沿 x 轴作简谐振动的弹簧振子, 振幅为 A, 周期为 T, 其振动方程用余弦函数表示。如果 $t_2 = 0$ 时质点的状态分别是: (1)$x_0 = -A$; (2)过 $x = \dfrac{A}{2}$ 处向负向运动; 试求出相应的初相位, 并写出振动方程。

5.8 质量为 10g 的物体沿 x 轴作简谐运动, 振幅 $A = 10\text{cm}$, 周期 $T = 4\text{s}$, $t = 0$ 时物体的位移为 $x_0 = -5.00\text{cm}$, 且物体朝 x 轴负方向运动, 求: (1)$t = 1.0\text{s}$ 时物体的位移; (2)$t = 1.0\text{s}$ 时物体受的力; (3)$t = 0$ 之后何时物体第一次到达 $x = 5.00\text{cm}$ 处; (4)第二次和第一次经过 $x = 5.00\text{cm}$ 处的时间间隔。

5.9 一质点同时参与两个在同一直线上的简谐运动, 表达式分别为

$$x_1 = 0.05\cos\left(10t + \frac{3}{4}\pi\right)$$

$$x_2 = 0.06\cos\left(10t + \frac{1}{4}\pi\right)$$

式中 x 的单位为 m, t 的单位为 s。求合振动的振幅和初相。

5.10 有两个同方向、同频率的简谐振动, 其合振动的振幅为 0.2m, 合振动的相位与第一个振动的相位之差为 $\dfrac{\pi}{6}$, 若第一个振动的振幅为 0.173m, 求: (1)第二个振动的振幅;

(2)第一与第二两个振动的相位差。

5.11   已知一列平面简谐波的波函数 $y=0.02\cos\left[\pi\left(t+\dfrac{x}{4}\right)+\pi\right]$,式中 x、y 的单位为 m, t 的单位为 s,试求振幅、频率、波长、波速。

5.12   在平面简谐波传播的波线上有相距 3.5cm 的 A、B 两点,B 点的相位比 A 点落后 $\dfrac{\pi}{4}$,已知波速为 15cm·s^{-1},试求波的频率和波长。

5.13   一放置在水平桌面上的弹簧振子,振幅 $A=2.0\times10^{-2}$m,周期 $T=0.80$s,当 $t=0$ 时物体在平衡位置,向负方向运动。求:

(1)写出该弹簧振子的运动方程;

(2)若以此简谐振动为波源,在介质中形成平面简谐波的波速为 100m·s^{-1},且波沿正方向传播,写出波动方程;

(3)求出 $t=1$s 时距波源 20m 处质点的位移。

5.14   某弹簧振子在水平面内作简谐运动,已知振幅 $A=0.1$m,$T=0.50$s,$t=0$ 时物体在平衡位置向正方向运动。(1)写出运动方程;(2)以该弹簧振子为波源,在介质中产生沿正方向传播的平面简谐波,且波长 $\lambda=10$m,写出波动方程;(3)求波线上相距 $\Delta x=2.5$m 两点的相位差。

5.15   一平面简谐波以速度 $u=0.08$m·s^{-1} 沿 x 轴正向传播。习题 5.15 图所示为其在 $t=0$ 时刻的波形图,求:(1)坐标原点处质元的运动方程;(2)该波的波动方程;(3)P 点的运动方程。

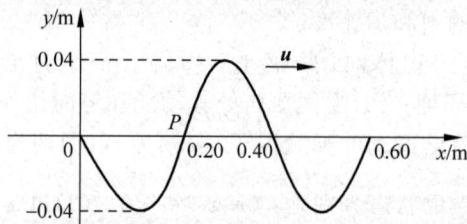

习题 5.15 图

5.16   波源作简谐运动,其运动方程为 $y=0.004\cos240\pi t$,式中 y 的单位为 m, t 的单位为 s,它所形成的波以 30m·s^{-1} 的速度沿一直线传播。(1)求波的周期以及波长;(2)写出波动方程。

5.17   两相干平面波源 A、B 相距 20m,作同频率、同方向和等振幅的振动,它们所发出的波的频率为 100Hz,波速为 200m·s^{-1},相向传播,且 A 处为波峰时,B 处恰为波谷,求 AB 连线上因干涉而静止的各点的位置。

5.18   两相干波源 A、B 相距 0.3m,相位差为 π,P 点位于过 B 点且垂直于 AB 的直线上,与 B 点相距 0.4m。欲使两波源发出的波在 P 点加强,两波的波长为多少?

5.19   两列波在一根很长的细绳上传播,它们的波函数分别为 $y_1=0.06\cos(\pi x-4\pi t)$(SI), $y_2=0.06\cos(\pi x+4\pi t)$(SI)。试证明绳子将作驻波式振动,并求波节、波腹的位置。

5.20   在绳上传播的入射波方程为 $y_1=A\cos(\omega t+2\pi x/\lambda)$,入射波在 $x=0$ 处的绳端反射,反射端为自由端,设反射波不衰减,求驻波方程。

第 **6** 章

气 体 动 理 论

热学是一门研究物质各种热现象的性质和变化规律的学科,与温度有关的现象称为**热现象**。根据研究角度和方法的不同,热学可分成热力学和气体动理论两部分。热力学不涉及物质的微观结构,只是根据观察和大量实验总结出来的热力学规律,从能量的观点出发,分析研究热力学系统在物态变化过程中有关热功转换等关系和实现条件。而气体动理论则是从微观角度出发,对构成宏观物体由大量分子、原子等微观粒子的永不停息的热运动进行研究,依据每个粒子所遵循的力学规律,用概率论统计的方法得到宏观量与微观量统计平均值之间的关系,解释并揭示系统宏观热现象及其有关规律的微观本质。气体动理论与热力学从不同角度研究物质热运动规律,二者起到了相辅相成的作用。热力学的研究成果,可以用来检验微观气体动理论的正确性;气体动理论所揭示的微观机制,可以使热力学理论获得更深刻的意义。

本章结构框图

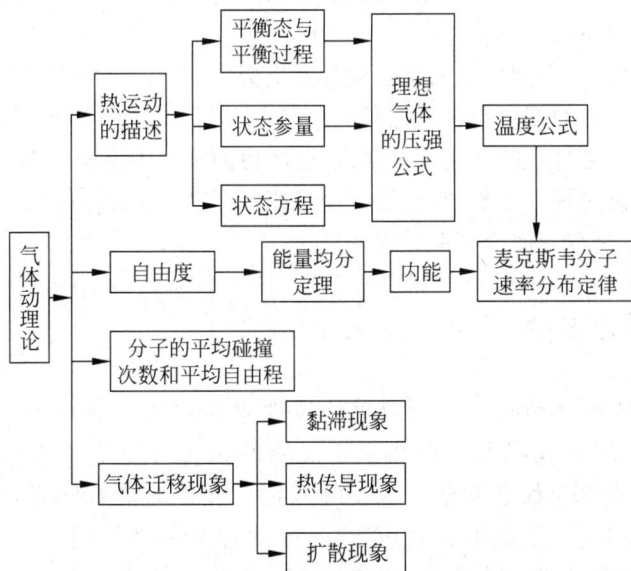

6.1　热运动的描述

6.1.1　平衡态和平衡过程

热学研究的是由大量分子和原子组成的物体或物体系的热运动,这些物体或物体系称为**热力学系统**,简称**系统**。在大学物理中,我们一般只研究由大量气体分子构成的气体热力学系统,而并不讨论固体或液体热系统。热力学系统以外的环境,通常称为**外界**。例如,研究汽缸里面气体的体积、压强、温度等变化时,汽缸内气体就是系统,而汽缸及周围环境是外界。描述一个热系统的整体状态叫作**宏观描述**,所用的物理量称为**宏观量**,例如压强、体积、温度等,反映的是大量气体分子的集体状态量,可由仪器直接测量得到。而组成气体的分子都具有各自的质量、速度、动量等,这些用来描述个别分子的物理量称为**微观量**。

宏观的状态有两种:平衡态和非平衡态。热力学主要研究的是平衡态的过程。

当一个热力学系统不受外界环境影响时,经过一段时间以后,它将会达到一个确定的状态。在该状态下,其宏观性质将不再随时间变化而变化。这种在不受外界影响的条件下,宏观性质不随时间变化的状态称为**平衡态**。

这里所说的不受外界影响,是指系统与外界没有相互作用,既无物质交换,又无能量传递(做功和传热),是一个孤立系统。事实上,并不存在完全不受外界影响,从而使得宏观性质绝对保持不变的系统,所以平衡态只是一种理想模型,是在一定条件下对实际情况的抽象和近似。只要实际状态与上述要求偏离不是太大,就可以把气体的状态近似看成是平衡态。在本章所讨论的气体状态,如果没有特别说明,就是指平衡态。

应当指出,当系统处于平衡态时,虽然宏观性质不随时间变化,但从微观上看,组成系统的分子在作永不停息无规则的热运动,系统的微观态在不断地发生变化。但只要粒子热运动的平均效果不随时间改变,系统的宏观状态性质就不会随时间变化。因此,热力学中平衡是一种热动平衡的状态。

当气体与外界交换能量时,它的状态就会发生变化,从一个状态连续变化到另一个状态所经历的过程叫作**状态的变化过程**。过程的变化可以很快,也可以很缓慢。实际的过程常常是比较复杂的。如果过程的变化十分缓慢,所经历的每一个中间状态都无限趋于平衡态,这个过程就称为**平衡过程**。显然,它也是一个理想的过程,与实际过程有一定差别,但在很多情况,可以把实际过程近似当平衡过程处理。

6.1.2　气体的状态参量

在力学中,物体的运动状态是用位矢和速度来描述的。而热力学系统中位矢和速度只用来描述分子的微观状态。在热学中气体的状态可以使用相应的物理量来具体描述,这些物理量通称为**状态参量**。为了研究整个气体的宏观状态,对一定量的气体,可以用气体的体积 V、压强 p 和温度 T 这三个状态参量来描述。在实际问题中,需要哪些状态参量来完全描述系统的状态,则由系统本身的性质和研究的问题来决定。

1. 体积

气体的体积是指系统中气体分子作无规则运动所能到达的空间。由于分子的热运动，容器中的气体总是分散在容器中的各个空间部分,因此容器的容积就是气体的体积,在国际单位制中,体积 V 的单位是立方米(m^3),常用单位还有升(L)。

2. 压强

气体的压强是大量气体分子频繁碰撞容器壁所产生的平均冲力的宏观表现,等于气体作用在容器壁单位面积上的压力,显然与分子无规则热运动的频繁程度和剧烈程度有关。在国际单位制中,压强 p 单位是帕斯卡(Pa),$1Pa=1N \cdot m^2$。通常我们把在 45°纬度海平面处测得 0℃时大气压的值($1.01 \times 10^5 Pa$)称为标准大气压。

3. 温度

体积 V 和压强 p 都不是热学所特有的,体积属于几何参量,压强属于力学参量,而且它们都不能直接表征系统的"冷热"程度。因此,在热学中还必须引进一个新的物理量——温度——来描述气体状态的热学性质。

气体的温度,宏观上表现为气体的冷热程度,而从微观上看它表示的是分子热运动的剧烈程度。

在生活中,凭人的感觉认为热的物体温度高,冷的物体温度低,这种主观感觉只能对温度定性了解,而不能定量表示出温度来。因此,在严格的热学理论和实践中,必须给温度一个严格的科学定义。温度概念的建立是以热平衡为基础的。假设有 A、B 两个热力学系统,原先各自处在一定的平衡态。现在使系统 A、B 相互接触,让它们之间发生热传递,这种接触称为**热接触**。一般说来,热接触后 A、B 两个系统的状态都会发生变化,但经过充分长一段时间后,A、B 两个系统的状态不再发生变化,即将达到一个共同的平衡态,由于这种共同的平衡态是在有传热的条件下实现的,因此称为**热平衡**。如果把两系统分开,它们仍然保持这个平衡态。如果有 A、B、C 三个热力学系统,当系统 A 和系统 B 都分别与系统 C 处于热平衡,那么系统 A 和系统 B 也就处于热平衡。这个实验结果被称为**热力学第零定律**。热力学第零定律又叫**热平衡定律**,它为建立温度概念提供了可靠的实验基础。这个定律说明,处于同一热平衡状态的所有热力学系统都具有某一个共同的宏观性质,描述这个宏观性质的物理量就是温度。也就是说,温度是决定一个系统是否与其他系统处于热平衡的宏观性质。如果 A、B 两个系统处于热平衡,则说明两系统的温度相同;如果发生 A 到 B 的热传导,则说明 A 的温度比 B 的温度高。一切互为热平衡的系统都具有相同的温度,这为我们用温度计测量物体或系统的温度提供了依据。

温度的数值表示法,叫作**温标**。常用的温标有热力学温标和摄氏温标。热力学温标一般用 T 来表示,在国际单位制中,它的单位名称为开尔文,单位符号是 K。摄氏温度也是常用的物理量,一般用 t 表示,单位名称为摄氏度,单位符号是℃。摄氏温度与热力学温度之间的关系为

$$T = t + 273.15$$

对于处于平衡态的气体,三个状态参量 p、V、T 之间有一定的关系,只要给出其中两参量,第三个参量就确定了。所以气体的每一平衡态可以用 p-V 图上的一个点来表示,如图 6-1 中的

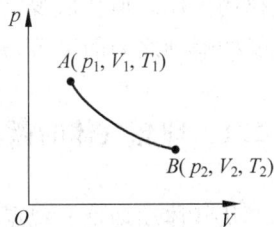

图 6-1　平衡态示意图

点 $A(p_1,V_1,T_1)$ 或点 $B(p_2,V_2,T_2)$。

6.1.3 理想气体的状态方程

实验表明,用来表示平衡态的三个状态参量 p、V、T 之间存在一定关系。即其中一个量是其他两个量的函数,如

$$T = f(p,V)$$

我们把这个方程叫作气体的**状态方程**。一般在气体温度不太低(与室温相比)、压强不太大(与大气压相比)时,遵从三条气体实验定律,即玻意耳(Boyle)定律、盖·吕萨克(Gay-Lussac)定律和查理(Charles)定律。对不同的气体而言,这三条实验定律的适用范围是不同的。而实际上要在任何情况下都遵从上述三条实验定律是不可能的。我们把实际气体抽象化,提出理想气体的概念,把遵从这三条定律的气体称为理想气体。理想气体状态方程是气体三个状态参量 p、V、T 所满足的方程,可以由上述三条实验定律推出,可表示为

$$pV = \nu RT \tag{6-1}$$

式中,R 为普适气体常量,在国际单位制中,$R = 8.31\mathrm{J \cdot mol^{-1} \cdot K^{-1}}$;$\nu$ 为气体的物质的量,可表示为

$$\nu = \frac{m}{M} = \frac{N}{N_A}$$

式中,m 为气体的质量,M 为气体的摩尔质量,N 为气体的分子数,N_A 是阿伏伽德罗常量,在国际单位制中 $N_A = 6.02 \times 10^{23}\mathrm{mol^{-1}}$。式(6-1)还可以进一步写成

$$p = \frac{N}{V} \frac{R}{N_A} T = nkT \tag{6-2}$$

式中,$n = \dfrac{N}{V}$ 为气体的分子数密度,即单位体积内的分子数;$k = \dfrac{R}{N_A}$ 称为**玻耳兹曼常量**,在国际单位制中,一般取 $k = 1.38 \times 10^{-23}\mathrm{J \cdot K^{-1}}$。

理想气体物态方程表明了在平衡态下理想气体的各个状态参量之间的关系。当系统从一个平衡态变化到另外的平衡态时,各状态参量发生变化,但它们之间仍然要满足状态方程。

6.2 理想气体的压强公式

从宏观上看,理想气体是一种在任何情况下都遵守玻意耳定律、盖·吕萨克定律和查理定律的气体。但从微观上来讨论理想气体,了解其宏观状态参量(压强、温度、体积)与微观粒子的运动之间的关系,首先要确定平衡态下理想气体分子的微观模型和性质。

6.2.1 理想气体的微观模型与统计假设

从气体动理论的观点出发,其理想气体的微观模型具有以下特征:
(1) 分子与容器壁和分子与分子之间只有在碰撞的瞬间才有相互作用,其他时候的相

互作用可以忽略不计；

（2）分子的大小与分子间的平均距离相比可以忽略不计，分子可以看成质点；

（3）分子与容器壁以及分子与分子之间的碰撞属于牛顿力学中的完全弹性碰撞，分子的动能不因碰撞而损失。

实验证明，实际气体中分子本身所占的体积约只占气体总体积的 1%，气体分子之间的平均距离远大于分子的有效直径，所以，一般情况下，将气体分子看成质点。对于已经处于平衡态的气体，如果没有外界影响，其压强、温度等状态参量就不会因分子与容器壁、分子与分子之间的碰撞而发生变化，气体分子的速度分布也保持不变，因而把分子与容器壁以及分子与分子之间的碰撞看成完全弹性碰撞。

综上所述，经过抽象与简化，理想气体可以看成是彼此间无相互作用，且作永不停息的无规则运动的弹性质点的集合，这就是**理想气体的微观模型**。

气体动理论所讨论的是大量分子组成的系统。系统中分子间频繁碰撞，虽然每个分子的热运动是无规则的，但大量分子的热运动却遵循一定的规律性，这是统计平均的效果。对于系统处于平衡态时，人们提出了以下两条**统计假设**。

（1）在平衡态时，不考虑重力的影响，分子在容器内分布是均匀的，即分子数密度处处相等。

（2）在平衡态时，分子沿着各个方向运动的概率是一样的，没有哪个方向占优势。因此，对大量分子而言，在 x、y、z 三个坐标轴上的速度分量的平方的平均值应该是相等的，即

$$\overline{v_x^2} = \overline{v_y^2} = \overline{v_z^2}$$

又

$$\overline{v_x^2} + \overline{v_y^2} + \overline{v_z^2} = \overline{v^2}$$

则有

$$\overline{v_x^2} = \overline{v_y^2} = \overline{v_z^2} = \frac{1}{3}\overline{v^2}$$

需要强调的是，以上两个假设只适用于大量分子的集体，对个别分子而言没有意义。

下面我们从理想气体的微观模型出发，运用牛顿定律和统计的方法在上述两个假设的基础上推导理想气体的压强公式。

6.2.2　理想气体的压强公式

在中世纪，气体压强曾经对科学家来说是一个谜。直到牛顿力学诞生以后，科学家才对压强有了很清楚的认识。最早利用力学规律来解释气体压强的科学家是伯努利。后来，经过克劳修斯、麦克斯韦等的发展，导出的方法越来越合理。伯努利认为，气体压强是大量气体分子单位时间内给予器壁单位面积上的平均冲力。碰撞时气体分子对器壁作用以冲量，从而使器壁受到恒定、持续的气体压强作用。

为方便起见，设边长为 l_1、l_2、l_3 的长方体容器中有 N 个气体分子，单个气体分子质量为 m，如图 6-2 所示，气体处于平衡态时，容器壁上各处的压强相同，所以在此只计算一个面上的压强即可。以 A_1 面为例。

在大量分子中，任选一个分子 i，设其速度为

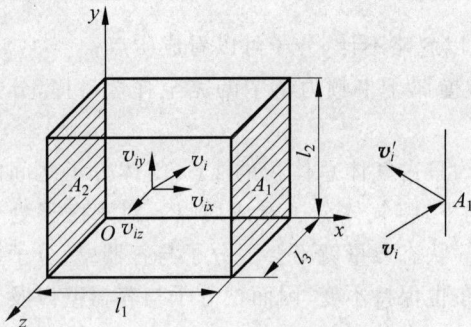

图 6-2 压强公式推导

$$\boldsymbol{v} = v_{ix}\boldsymbol{i} + v_{iy}\boldsymbol{j} + v_{iz}\boldsymbol{k} \qquad (6\text{-}3)$$

当分子 i 与器壁 A_1 面相撞时,由于碰撞是完全弹性碰撞,所以分子在 x 方向分量 v_{ix} 撞击 A_1 面后,以速度 $-v_{ix}$ 被弹回。这样每次与 A_1 碰撞一次,动量的改变量为

$$-mv_{ix} - mv_{ix} = -2mv_{ix} \qquad (6\text{-}4)$$

由动量定理可知,这一动量的改变等于 A_1 面沿 $-x$ 方向、作用在分子 i 上的冲量。根据牛顿第三运动定律,分子 i 在每次碰撞时对器壁的冲量为 $2mv_{ix}$。

分子 i 在与 A_1 面碰撞后,弹回飞向 A_2 面,碰撞 A_2 面后,再回到 A_1 面,如此往复运动。分子 i 在相继两次与 A_1 面碰撞的过程中,在 x 轴上移动的距离为 $2l_1$,因此分子 i 在相继两次与 A_1 面碰撞的时间间隔为 $2l_1/v_{ix}$,在单位时间内,分子 i 与 A_1 面作不连续的碰撞次数为

$$次数 = \frac{1\text{s}}{一次碰撞所用时间} = \frac{1}{\dfrac{2l_1}{v_{ix}}} = \frac{v_{ix}}{2l_1} \qquad (6\text{-}5)$$

所以,在单位时间内分子 i 受冲量为

$$I_{ix} = -2mv_{ix} \cdot \frac{v_{ix}}{2l_1} = -\frac{1}{l_1} mv_{ix}^2 \qquad (6\text{-}6)$$

则单位时间内 A_1 受分子 i 冲量为

$$I'_{ix} = -I_{ix} = \frac{1}{l_1} mv_{ix}^2 \qquad (6\text{-}7)$$

由上可知,每一分子对器壁的碰撞以及作用在器壁上的冲量是间歇的、不连续的。但是,实际上容器内分子数目极大,它们对器壁的碰撞就像密集雨点打到雨伞上一样,对器壁有一个均匀而连续的冲量。因此,单位时间内所有分子对 A_1 面的冲量为

$$I_x = I_{1x} + I_{2x} + \cdots + I_{Nx} = \sum_{i=1}^{N} I_{ix} = \sum_{i=1}^{N} \frac{1}{l_1} mv_{ix}^2 = \frac{m}{l_1} \sum_{i=1}^{N} v_{ix}^2 \qquad (6\text{-}8)$$

设单位时间内 A_1 面受平均冲力大小为 $\overline{F}$,根据动量定理有

$$\overline{F} \cdot 1 = I_x = \frac{m}{l_1} \sum_{i=1}^{N} v_{ix}^2 \qquad (6\text{-}9)$$

由压强定义,有

$$p = \frac{\overline{F}}{l_2 l_3} = \frac{m}{l_1 l_2 l_3} \sum_{i=1}^{N} v_{ix}^2 = \frac{N}{l_1 l_2 l_3} \cdot m \left(\sum_{i=1}^{N} v_{ix}^2 \right) \Big/ N = nm\overline{v_x^2} \qquad (6\text{-}10)$$

式中,$n = \dfrac{N}{l_1 l_2 l_3}$ 为分子数密度,x 轴方向速度平方的平均值 $\overline{v_x^2} = \sum\limits_{i=1}^{N} v_{ix}^2 / N$。又

$$v_{ix}^2 + v_{iy}^2 + v_{iz}^2 = v_i^2 \qquad (6\text{-}11)$$

则有

$$\frac{\sum\limits_{i=1}^{N} v_{ix}^2}{N} + \frac{\sum\limits_{i=1}^{N} v_{iy}^2}{N} + \frac{\sum\limits_{i=1}^{N} v_{iz}^2}{N} = \frac{\sum\limits_{i=1}^{N} v_i^2}{N} \tag{6-12}$$

即

$$\overline{v_x^2} + \overline{v_y^2} + \overline{v_z^2} = \overline{v^2} \tag{6-13}$$

根据统计假设,有

$$\overline{v_x^2} = \overline{v_y^2} = \overline{v_z^2} \tag{6-14}$$

由式(6-13)、式(6-14)得

$$\overline{v_x^2} = \frac{1}{3}\overline{v^2} \tag{6-15}$$

式(6-15)代入式(6-10)可得

$$p = \frac{1}{3} n m \overline{v^2} \tag{6-16}$$

或

$$p = \frac{2}{3} n \left(\frac{1}{2} m \overline{v^2} \right) = \frac{2}{3} n \bar{\varepsilon}_k \tag{6-17}$$

式中,$\bar{\varepsilon}_k = \frac{1}{2} m \overline{v^2}$,$\bar{\varepsilon}_k$ 为气体分子平均平动动能。

式(6-17)即理想气体的压强公式,它表明理想气体的压强取决于分子数密度 n 和分子的平均平动动能 $\bar{\varepsilon}_k$。分子数密度越大,压强越大;分子的平均平动动能越大,压强越大。

式(6-17)也表明,压强是一个具有统计意义的宏观物理量,是气体分子的集体特征,它只适用于大量分子组成的系统。对于个别或少数分子,由于碰撞的偶然性,分子运动的速率分布也没有规律,在宏观上不会出现稳定的压强。因此,对个别或少数分子而言压强是没有意义的。

6.2.3 理想气体温度的微观解释

由理想气体的压强公式 $p = \dfrac{2}{3} n \bar{\varepsilon}_k$ 和物态方程 $p = nkT$,我们可以得到如下公式:

$$\bar{\varepsilon}_k = \frac{3}{2} kT \tag{6-18}$$

这就是平衡态下理想气体分子平均平动动能与温度的关系。式(6-18)说明各种气体分子的平均平动动能只与温度有关,并与热力学温度成正比。气体的温度越高,分子的平均平动动能越大,它反映了大量分子无规则热运动的剧烈程度,揭示了温度的微观本质,即温度是气体分子平均平动动能的量度。需要注意的是,温度是由大量分子组成的理想气体的统计平均值,对于少数或单个分子来说,温度是没有意义的。

式(6-18)也表明,如果各种气体的温度相同,那么它们的平均平动动能均相同,而与气体的种类无关。也就是说,如果有一由不同种类的气体混合而成的气体处于热平衡状态,不同的气体分子的运动可能各不相同,但它们的平均平动动能却是相同的。

例 6.1 氮气储存在容器中,容器内的压强为 $p = 1.013 \times 10^5 \, \text{Pa}$,温度为 300K,求:

(1) 容器单位体积内的气体分子数;

(2) 氮气的密度;

(3) 分子的平均平动动能。

解 (1) 根据状态方程 $p = nkT$,可得单位体积内的分子数为

$$n = \frac{p}{kT} = \frac{1.013 \times 10^5}{1.38 \times 10^{-23} \times 300} \text{m}^{-3} = 2.45 \times 10^{25} \text{ m}^{-3}$$

(2) 由状态方程 $pV = \frac{m}{M}RT$,可得氮气的密度为

$$\rho = \frac{m}{V} = \frac{Mp}{RT} = \frac{28 \times 10^{-3} \times 1.013 \times 10^5}{8.31 \times 300} \text{kg/m}^3 = 1.14 \text{kg/m}^3$$

(3) 分子的平均平动动能

$$\bar{\varepsilon}_k = \frac{3}{2}kT = \frac{3}{2} \times 1.38 \times 10^{-23} \times 300 \text{J} = 6.21 \times 10^{-21} \text{J}$$

6.3 能量均分定理 理想气体的内能

我们在讨论气体分子的无规则运动时,把气体分子当成质点,只考虑分子的平动。实际上,气体分子有单原子分子、双原子分子和多原子分子。它们具有一定的大小、复杂的结构和多种运动形式。非单原子的气体分子的运动不仅有平动,还有转动和分子内原子间的振动。而转动和振动都具有相应的能量,不能被忽略。为了说明分子无规则运动的能量所遵循的统计规律,并在此基础上计算理想气体的内能,需要引用力学中有关的自由度的概念。

6.3.1 自由度

确定一个物体空间位置所需要的独立坐标数,称为物体的**运动自由度**,简称**自由度**。例如,把飞行飞机看成一个质点时,确定它的位置所需要的独立坐标数是三个,自由度为 3,即飞机的经度、纬度和高度;把在大海中航行的轮船看成质点时,确定它的位置所需要的独立坐标数为两个,自由度为 2,即船的经度和纬度;火车车厢沿铁轨运动,把火车车厢看成质点,只需知道从某一起点站沿铁轨到火车车厢的路程,就可以确定它所在的位置,即所需要的独立坐标数只需要一个,自由度为 1。由这些事例可以看出物体自由度是与物体受到的约束和限制有关的,物体受到的限制(或约束)越多,自由度就越少。考虑到物体的形状和大小,它的自由度等于描写物体上每个质点的坐标个数减去所受到的约束方程的个数。

气体分子按结构来分,可以是单原子分子(如 He、Ar),双原子分子(如 H_2、N_2、O_2),三原子或多原子分子(如 CO_2、H_2O、NH_3),如图 6-3 所示。根据自由度的定义,单原子气体分子可以看成一个质点(理想气体),确定其空间的位置要 x、y、z 三个独立坐标数,如图 6-4(a)所示,因此,它有 3 个自由度;对于由一根质量不计的刚性细杆相连接的两个单原子气体分子,即为刚性双原子气体分子,它的运动可以看成是由质心平动以及绕质心转动组成。其中确定质心的空间位置需要用 x、y、z 三个独立坐标数,故有 3 个平动自由度。另外,为确定刚性细杆的方位,还需要给出它与 x、y、z 轴所成 α、β、γ 三个方位角,由于 $\cos^2\alpha + \cos^2\beta + \cos^2\gamma = 1$,三个方位角只有两个是独立的,如图 6-4(b)所示,因此,刚性双原子分子有 3 个平动自由度

和 2 个转动自由度,共有 5 个自由度。对于刚性的多原子气体分子除了在确定质心位置的 3 个平动自由度和任一过质心的轴线的方位的 2 个转动自由度,还需要一个绕轴自转的自由度,用转角 φ 表示,如图 6-4(c)所示。因此,刚性的多原子分子有 3 个平动自由度和 3 个转动自由度,共有 6 个自由度。

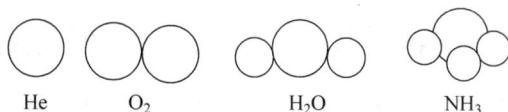

图 6-3　不同分子的结构

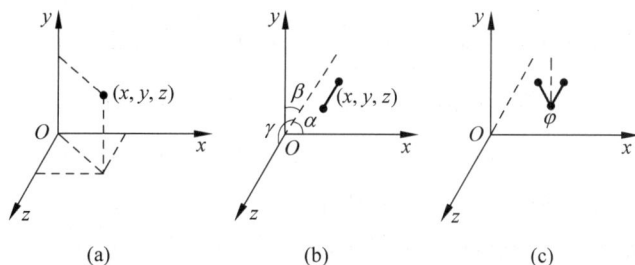

图 6-4　刚性分子自由度

(a) 单原子分子;(b) 双原子分子;(c) 多原子分子

　　分子的自由度通常用 i 表示,其中平动自由度用 t 表示,转动自由度用 r 表示。本书中,我们只介绍上述三种情况,对于分子内有振动(原子间距离变化)的情况不予考虑。为此,单原子分子:$i=3$;刚性双原子分子:$i=5$,其中 $t=3,r=2$;刚性多原子分子:$i=6$,其中 $t=3,r=3$。

6.3.2　能量按自由度均分定理

　　对理想气体,分子平均平动动能为

$$\bar{\varepsilon}_k = \frac{1}{2}m\overline{v^2} = \frac{3}{2}kT$$

　　分子有三个平动自由度,相应地,分子的平动可以分解为沿三个坐标轴的运动,所以分子平均平动动能可表示为

$$\bar{\varepsilon}_k = \frac{1}{2}m\overline{v^2} = \frac{1}{2}m\overline{v_x^2} + \frac{1}{2}m\overline{v_y^2} + \frac{1}{2}m\overline{v_z^2}$$

　　根据理想气体平衡态的统计假设,大量分子沿着各个方向运动的概率是相等的,因而

$$\overline{v_x^2} = \overline{v_y^2} = \overline{v_z^2}$$

所以有

$$\frac{1}{2}m\overline{v_x^2} = \frac{1}{2}m\overline{v_y^2} = \frac{1}{2}m\overline{v_z^2} = \frac{1}{2}kT$$

　　上式表明:平衡态下的分子运动,分子的每一个平动自由度上都具有相同的平均动能,其数值为 $\frac{1}{2}kT$,没有哪个自由度的运动更占优势。

　　如果气体是由刚性的多(双)原子分子构成,则分子的热运动除了分子的平动,还有分子的转动。转动自由度上也有相应的能量。由于分子间频繁的碰撞,分子间的平动能量和转动能量是不断相互转化的。当理想气体达到平衡态时,各自由度上的平均动能相等,没有哪个自由度占优势。因此分子的转动和平动一样,每个自由度也具有 $\frac{1}{2}kT$ 的转动动能。

　　理想气体在温度为 T 的平衡态下,分子运动的每一个自由度的平均动能都相等,而且都等于 $\frac{1}{2}kT$。这就是**能量按自由度均分定理**,简称**能量均分定理**。由能量均分定理,可以方便地求出自由度为 i 的分子的平均能量为 $\bar{\varepsilon} = \frac{i}{2}kT$。

　　能量均分定理是关于分子热运动动能的统计规律,是对大量分子统计平均所得的结果。对于个别分子而言,它的动能是随时间变化的,并不等于 $\frac{1}{2}kT$,而且它的各种形式能量也不会按自由度平均分配。对大量粒子组成的系统来说,动能之所以会按自由度均分是依靠分子频繁的无规则碰撞来实现的。在碰撞过程中,一个分子的能量可以传递给另一个分子,一种形式的能量可以转化成另一种形式的能量,而且能量还可以从一个自由度转移到另一个自由度。但只要气体达到了平衡态,任意一个自由度上的平均动能就会相等。

6.3.3　理想气体的内能

　　热运动系统的内能定义为:系统内热运动能量的总和。对于实际气体来说,它的内能通常包括所有分子的平动动能、转动动能、振动动能及振动势能。由于分子间存在着相互作用的保守力,所以还具有分子之间的势能。所有分子的各种形式的动能和势能的总和称为气体的内能。

　　根据理想气体的微观模型,理想气体的分子间的相互作用可以忽略,因此分子之间的势能可以不用考虑。又由于不考虑分子内部原子间的振动,因此理想气体平衡态的内能只是所有分子平动动能和转动动能之和。自由度为 i 的理想气体分子,每个分子所具有的平均动能为 $\frac{i}{2}kT$,而 1mol 气体含有 N_A 个分子,所以理想气体的内能为

$$E = N_A \frac{i}{2}kT \tag{6-19}$$

由于 $N_A k = R$,所以 1mol 理想气体的内能可表示为

$$E = \frac{i}{2}RT \tag{6-20}$$

而物质的量为 $\nu = \frac{m}{M}$ 的理想气体内能应写为

$$E = \frac{m}{M} \frac{i}{2}RT = \nu \frac{i}{2}RT \tag{6-21}$$

　　式(6-21)表明,对于给定的系统来说,理想气体的内能只由温度决定,即理想气体的内能是温度的单值函数。系统内能是一个状态函数,只要状态确定了,那么相应的内能也就确

定了。按照理想气体物态方程 $pV = \nu RT$,内能公式还可以表示为

$$E = \frac{i}{2}pV \qquad\qquad (6\text{-}22)$$

对于理想气体系统来说,温度变化了 ΔT,其内能的变化 ΔE 为

$$\Delta E = \nu \frac{i}{2}R\Delta T \qquad\qquad (6\text{-}23)$$

它与状态变化所经历的具体过程无关。

表 6-1 给出了理想气体的分子自由度、分子平均能量和 1mol 气体的内能理论值。

表 6-1 理想气体的分子自由度、分子平均能量和 1mol 气体的内能理论值

	单原子分子	双原子分子		三原子分子	
		刚性	非刚性	刚性	非刚性
自由度 i	3(平)	5=3(平)+2(转)	7=3(平)+2(转)+2(振)	6=3(平)+3(转)	12=3(平)+3(转)+6(振)
分子平均能量	$3kT/2$	$5kT/2$	$7kT/2$	$3kT$	$6kT$
1mol 气体的内能	$3RT/2$	$5RT/2$	$7RT/2$	$3RT$	$6RT$

例 6.2 一容器内储有理想气体氧气,压强 $p = 1.013 \times 10^5$ Pa,温度 27℃,体积 2.0m³。求:(1)氧分子的平均平动动能 $\bar{\varepsilon}_t$;(2)氧分子的平均转动动能 $\bar{\varepsilon}_r$;(3)氧气的内能。

解 氧分子为双原子分子,自由度 $i = 5$,其中,平动自由度 $t = 3$,转动自由度 $r = 2$。由能量均分定理和理想气体的内能公式,可得

(1) $\bar{\varepsilon}_t = \frac{3}{2}kT = \frac{3}{2} \times 1.38 \times 10^{-23} \times (273+27)\mathrm{J} = 6.21 \times 10^{-21}\mathrm{J}$

(2) $\bar{\varepsilon}_r = \frac{2}{2}kT = \frac{2}{2} \times 1.38 \times 10^{-23} \times (273+27)\mathrm{J} = 4.14 \times 10^{-21}\mathrm{J}$

(3) $E = \nu \frac{i}{2}RT = \frac{i}{2}pV = \frac{5}{2} \times 1.013 \times 10^5 \times 2.0\mathrm{J} = 5.07 \times 10^5\mathrm{J}$

6.4 麦克斯韦气体分子速率分布律

设容器中有 N 个理想气体分子,当气体的温度为 T 时,分子的平均平动动能为

$$\frac{1}{2}m\overline{v^2} = \frac{3}{2}kT$$

我们把 $\sqrt{\overline{v^2}}$ 叫作分子的方均根速率,由上式可以得出气体分子的方均根速率为

$$\sqrt{\overline{v^2}} = \sqrt{\frac{3kT}{m}} \qquad\qquad (6\text{-}24)$$

式(6-24)表明,对于给定的气体,当其温度给定时,气体的方均根速率也是确定的。例如在 0℃时,氢气 $\sqrt{\overline{v^2}} = 1035\mathrm{m/s}$,氧气 $\sqrt{\overline{v^2}} = 461\mathrm{m/s}$。

但我们要注意的是,方均根速率仅是运动速率的一种统计平均值,并非每个气体分子都以方均根速率运动。实际上,处于平衡态下的任何一种气体,所有气体分子中的任意一个分子的运动速率的大小和运动方向均不同。它们的速率分布在零和无穷大之间。由于气体分

子间不断相互碰撞,对个别分子来说,速度的大小和方向因碰撞而不断改变,这种改变具有偶然性和不可预言性。然而,从大量分子整体来看,在平衡态下,分子的速率分布却遵守一个完全确定的统计性分布规律。气体分子按速率分布的统计定律最早是由麦克斯韦于1859 年在概率理论的基础上导出的,后来玻耳兹曼在 1866 年从经典统计力学中也导出该规律。由于测量条件的限制,测定气体分子速率分布的实验,直到 1920 年斯特恩(O. Stern,1888—1969)测出银蒸气分子的速率分布;1934 年我国物理学家葛正权测出铋蒸气分子的速率分布;1955 年密勒(Mlier)和库士(Kusch)测出钍蒸气分子的速率分布。我们下面将介绍测定气体分子速率分布的实验。

6.4.1　测定气体分子速率分布的实验

如图 6-5 所示是一种用来产生分子射线并可观测射线中分子速率分布的实验装置,整个装置处于高真空的容器里。图中 A 是一种恒温箱,用来产生金属蒸气(常用汞蒸气),蒸气分子从 A 上小孔射出,经狭缝 S 形成一束定向细窄射线。B 和 C 是两个共轴圆盘,盘上各开一狭缝,两狭缝略为错开,成一个小角度 θ(约为 2°)。P 是一个接受分子的胶片屏。

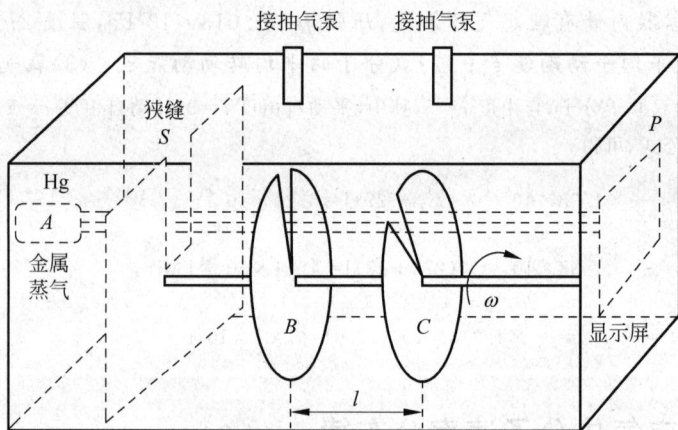

图 6-5　测定分子速率分布的实验装置

当圆盘 B、C 以角速度 ω 转动时,每转动一周,分子射线通过圆盘一次,由于分子的速率不一样,分子由 B 到 C 的时间不一样,所以并非所有通过 B 的分子都能够通过 C 最后达到显示屏 P,只有速率满足下式的分子才能通过 C 达到 P

$$\frac{l}{v} = \frac{\theta}{\omega}$$

即

$$v = \frac{\omega}{\theta} l$$

实际上当圆盘 B、C 以角速度 ω 转动时,由于 B 和 C 的狭缝都有一定的宽度,所以射到显示屏 P 上的分子速率并不严格相同,而是分布在 $v \rightarrow v + \Delta v$ 区间内。

当圆盘以各种不同的角速率转动时,从胶片屏上可测量出每次所沉积的金属层的厚度,每次沉积的厚度对应于不同速率间隔内的分子数,通过比较这些厚度,就可以知道在分子射线中,在不同速率间隔内的分子数与总分子数的比率,即相对分子数。

由实验可以得出以下几个结论:分子数在总分子数中所占的比率与速率和速率间隔的大小有关;速率特别大和特别小的分子数的比率非常小;在某一速率附近的分子数的比率最大;改变气体的种类或气体的温度时,上述分布情况会有所差别,但都具有上述特点。

6.4.2　麦克斯韦分子速率分布定律

1. 速率分布函数

N 表示在平衡下一定量的气体所包含的总分子数,ΔN 表示速率分布在 $v \to v + \Delta v$ 区间内的分子数,$\dfrac{\Delta N}{N}$ 表示在这一速率区间内的分子数占总分子数的百分比。由实验可知,$\dfrac{\Delta N}{N}$ 与速率区间有关,在不同的速率区间,它的值不同。速率区间 Δv 取值越大,$\dfrac{\Delta N}{N}$ 就越大。当 $\Delta v \to 0$ 时,单位速率区间内的分子数 $\dfrac{\Delta N}{\Delta v}$ 与总分子数 N 之比,就成为 v 的一个连续函数,这个函数叫作速率分布函数,用 $f(v)$ 表示,有

$$f(v) = \lim_{\Delta v \to 0} \frac{\Delta N}{N \Delta v} = \frac{1}{N} \lim_{\Delta v \to 0} \frac{\Delta N}{\Delta v} = \frac{1}{N} \frac{\mathrm{d}N}{\mathrm{d}v} \tag{6-25}$$

或

$$\frac{\mathrm{d}N}{N} = f(v)\mathrm{d}v \tag{6-26}$$

式中,$\dfrac{\mathrm{d}N}{N}$ 表示在速率 v 附近处于速率区间 $\mathrm{d}v$ 内的分子数 $\mathrm{d}N$ 与总分子数的比值。这个值也表示分布在速率 $v \to v + \mathrm{d}v$ 区间内分子的概率。故速率分布函数的**物理意义**也可表示为:气体分子在速率 v 附近单位速率区间的概率,也叫作**概率密度**。此函数能够定量地反映给定气体在平衡态下速率分布的具体情况,我们把这个函数称为**速率分布函数**。

2. 麦克斯韦气体分子速率分布律

1859 年,麦克斯韦运用统计理论导出气体分子按速率分布的规律:当气体处于平衡态时,分布在任一速率间隔 $v \to v + \mathrm{d}v$ 内的分子数占总分子数的比率的数学表达式为

$$\frac{\mathrm{d}N}{N} = 4\pi \left(\frac{m}{2\pi kT}\right)^{\frac{3}{2}} \mathrm{e}^{-\frac{M}{2kT}v^2} v^2 \mathrm{d}v \tag{6-27}$$

这个结论称为**麦克斯韦速率分布律**。式中 m 是分子的质量,T 是热力学温度,k 是玻耳兹曼常量。而 $f(v)$ 为

$$f(v) = 4\pi \left(\frac{m}{2\pi kT}\right)^{\frac{3}{2}} \mathrm{e}^{-\frac{m}{2kT}v^2} v^2 \tag{6-28}$$

图 6-6 为 $f(v)$ 与 v 的曲线图,也就是速率分布曲线,图中的矩形面积表示在某一速率区间的相对分子数,或分子处于此速率区间的概率。速率分布曲线下的总面积,表示各

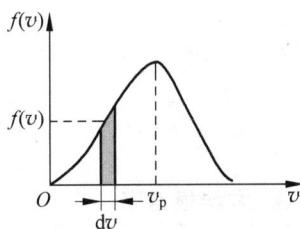

图 6-6　麦克斯韦速率分布曲线

个速率区间内分子数的百分比的总和,即百分之百,应等于 1。即

$$\int_0^\infty f(v)\mathrm{d}v = \int_0^N \frac{\mathrm{d}N}{N} = 1 \tag{6-29}$$

这个关系是由 $f(v)$ 本身的意义所决定的,或者说是 $f(v)$ 必须满足的条件,故称其为分布函数的**归一化条件**。

6.4.3 气体分子的三种统计速率

从分子的速率分布曲线可以看出,气体分子的速率分布在零到无穷大之间,速率很大和很小的分子的相对分子数较小,而中等速率的分子所占总分子数的比率较大。这里讨论三种具有代表性的分子的速率,它们是分子速率的三种统计值。

1. 最概然速率

从 $f(v)$ 与 v 的关系曲线中可以看出,$f(v)$ 有一极大值,与 $f(v)$ 的极大值相对应的速率叫作**最概然速率**,用 v_{p} 表示。其**物理意义**是:在一定温度下,气体分子分布在最概然速率附近的单位速率间隔内的分子数占总分子数的百分比最大。它的值由速率分布函数对 v 求一阶导数并令其为零得到,即

$$\left. \frac{\mathrm{d}f(v)}{\mathrm{d}v} \right|_{v=v_{\mathrm{p}}} = 0$$

把式(6-29)代入上式,经积分计算可得理想气体的最概然速率为

$$v_{\mathrm{p}} = \sqrt{\frac{2kT}{m}} = \sqrt{\frac{2RT}{M}} \approx 1.41\sqrt{\frac{RT}{M}} \tag{6-30}$$

必须强调的是,最概然速率并不是最大速率。

2. 平均速率

大量气体分子速率的算术平均值叫作平均速率,用 $\bar{v}$ 表示。

$$\bar{v} = \frac{\sum N_i v_i}{\sum N_i} = \frac{\sum N_i v_i}{N}$$

$\mathrm{d}N$ 代表气体分子在 $v \rightarrow v + \mathrm{d}v$ 间隔内的分子数,根据算术平均值的计算方法,分子的平均速率为

$$\bar{v} = \frac{\int_0^\infty v\,\mathrm{d}N}{N}$$

把式(6-28)代入上式,经积分计算可得理想气体的平均速率为

$$\bar{v} = \sqrt{\frac{8kT}{\pi m}} = \sqrt{\frac{8RT}{\pi M}} \approx 1.60\sqrt{\frac{RT}{M}} \tag{6-31}$$

3. 方均根速率

前面我们曾根据理想气体的温度公式求得了气体分子的方均根速率,那么用速率分布函数也可以求得同样的结论。由平均值的定义可得

$$\overline{v^2} = \frac{\int_0^N v^2 \, \mathrm{d}N}{N}$$

把式(6-28)代入上式,经积分计算可得理想气体的方均根速率为

$$\sqrt{\overline{v^2}} = \sqrt{\frac{3kT}{m}} = \sqrt{\frac{3RT}{M}} \approx 1.70\sqrt{\frac{RT}{M}} \tag{6-32}$$

由上面的结果可以看出,气体的三种速率 v_p、$\overline{v}$、$\sqrt{\overline{v^2}}$ 都与 $\sqrt{T}$ 成正比,与 $\sqrt{m}$ 或 $\sqrt{M}$ 成反比。三种速率都随温度的升高而增大,随着质量或摩尔质量的增大而减小。三种速率的大小顺序为 $v_p < \overline{v} < \sqrt{\overline{v^2}}$,如图6-7所示。

以上三种速率各有不同的含义,也各有不同的用处。最概然速率 v_p 用来讨论气体分子的速率分布;平均速率 $\overline{v}$

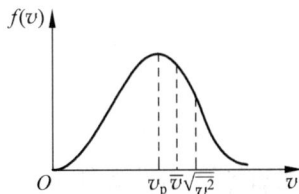

图 6-7　$f(v)$ 与 v 的关系曲线

用来讨论气体分子的碰撞;方均根速率 $\sqrt{\overline{v^2}}$ 用来计算气体分子的平均平动动能。

例 6.3　设温度 $t = 1000\,℃$。试求氮气分子的平均平动动能、方均根速率和平均速率。

解　在温度 $t = 1000\,℃$,由平均平动动能和方均根速率的公式得

$$\overline{\varepsilon} = \frac{3}{2}kT = \frac{3}{2} \times 1.38 \times 10^{-23} \times 1273\,\mathrm{J} = 2.63 \times 10^{-20}\,\mathrm{J}$$

$$\sqrt{\overline{v^2}} = \sqrt{\frac{3RT}{M}} = \sqrt{\frac{3 \times 8.31 \times 1273}{2.8 \times 10^{-2}}}\,\mathrm{m \cdot s^{-1}} = 1.06 \times 10^{3}\,\mathrm{m \cdot s^{-1}}$$

$$\overline{v} = \sqrt{\frac{8kT}{\pi m}} = \sqrt{\frac{8RT}{\pi M}} = 1.60\sqrt{\frac{8.31 \times 1273}{2.8 \times 10^{-2}}}\,\mathrm{m \cdot s^{-1}} = 9.83 \times 10^{2}\,\mathrm{m \cdot s^{-1}}$$

*6.5　玻耳兹曼能量分布律

前面讨论了理想气体分子在热平衡态下的麦克斯韦分子速率分布定律,讨论中没有考虑外力或外力场(重力场、电场和磁场等)对分子的影响。这时,气体分子只有动能而没有势能,且分子在空间位置的分布是均匀的,即在容器内的分子数密度均相同。玻耳兹曼把麦克斯韦速率分布定律推广到有外力场作用情况。

气体分子的平动动能 $\varepsilon_k = \dfrac{1}{2}mv^2 = \dfrac{1}{2}m(v_x^2 + v_y^2 + v_z^2)$,因此把麦克斯韦速率分布函数 $f(v) = 4\pi\left(\dfrac{m}{2\pi kT}\right)^{\frac{3}{2}} \mathrm{e}^{-\frac{m}{2kT}v^2} v^2$ 改写为

$$\mathrm{d}N = N\left(\frac{m}{2\pi kT}\right)^{\frac{3}{2}} \mathrm{e}^{-\frac{\varepsilon_k}{kT}} 4\pi v^2 \, \mathrm{d}v \tag{6-33}$$

式(6-33)表明,气体分子的分布与分子的平动动能有关。在保守力场中,玻耳兹曼认为气体分子不仅有动能,而且还有势能。一般说来,动能是速率的函数,即 $\varepsilon_k = \varepsilon_k(v)$,而势能则是分子在空间位置坐标的函数,即 $\varepsilon_p = \varepsilon_p(x, y, z)$。例如,在重力场中,分子的势能为 $\varepsilon_p = mgh$(设 $h = 0$ 处,ε_p 为零)。因此,在有力场的情况下,如果我们既要考虑分子按速率的分布(即按动能分布),也要考虑分子按空间位置的分布(即按势能分布),那么式(6-33)因子

$e^{-\frac{\varepsilon_k}{kT}}$ 中的 ε_k 应以总能量 $\varepsilon = \varepsilon_k + \varepsilon_p$ 来代替。玻耳兹曼从这个观点出发,进一步运用统计物理学基本原理得到,分子在速度区间 $v_x \rightarrow v_x + dv_x, v_y \rightarrow v_y + dv_y, v_z \rightarrow v_z + dv_z$ 范围内,坐标区间在 $x \rightarrow x + dx, y \rightarrow y + dy, z \rightarrow z + dz$ 范围,即体积元 $dv = dx\,dy\,dz$ 内的分子数为

$$dN = n_0 \left(\frac{m}{2\pi kT} \right)^{\frac{3}{2}} e^{-\frac{\varepsilon_k + \varepsilon_p}{kT}} dv_x\,dv_y\,dv_z\,dx\,dy\,dz \tag{6-34}$$

或

$$dN = n_0 \left(\frac{m}{2\pi kT} \right)^{\frac{3}{2}} e^{-\frac{\varepsilon}{kT}} dv_x\,dv_y\,dv_z\,dx\,dy\,dz \tag{6-35}$$

式中,n_0 表示在势能 $\varepsilon_p = 0$ 处的分子数密度。式(6-35)表明在平衡态下,气体分子按能量(动能和势能)的分布规律,称为**麦克斯韦-玻耳兹曼能量分布律**,简称**玻耳兹曼能量分布律**。把式(6-35)对位置积分,就可以回到麦克斯韦速率分布,可见麦克斯韦速率分布是玻耳兹曼能量分布律的一个直接结果。

从式(6-35)可以看出,当气体的温度一定时,在给定的速度区间和坐标区间内,分子数只取决于因子 $e^{-\frac{\varepsilon}{kT}}$,称为**概率因子**。分子的能量 $\varepsilon = \varepsilon_k + \varepsilon_p$ 越大,概率因子 $e^{-\frac{\varepsilon}{kT}}$ 越小,分子数就越少。这表明,就统计意义而言,气体分子占据能量较低状态的概率比占据能量较高状态的概率大。一般来说,气体分子占据基态(最低能量状态)的概率要比占据激发态(较高能量状态)的概率大得多。当温度一定时,气体分子的平均动能是一定的,因此,这也意味着分子占据势能较低状态的概率大。

根据玻耳兹曼能量分布定律,可以推出气体分子在重力场中按高度分布的规律。

$$n = n_0 e^{-\frac{mgh}{kT}}$$

式中,n_0 是 $h = 0$ 处单位体积内所含各种速度的分子数,n 则是在高度 h 处单位体积内所含各种速度的分子数,T 是系统的温度。上式表明在重力场中气体分子的密度 n 随着高度 h 的增加按指数减少。分子的质量越大,重力的作用越明显,n 的减少越快,气体的温度越高,分子的无规则热运动越剧烈,n 的减少越慢。

6.6　分子的平均碰撞次数和平均自由程

碰撞是气体分子运动论的重要问题之一,它有一定的应用上的理论价值。如:研究输运过程时,必须考虑到分子之间的相互作用对运动情况的影响,即分子间的碰撞机制。

从前面讨论可知,气体分子运动速率很大,如在 0℃ 时,O_2 分子中大多数分子的速率都

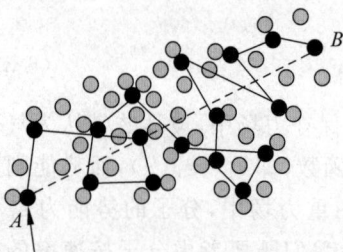

图 6-8　分子碰撞

在 $200 \sim 600 \text{m} \cdot \text{s}^{-1}$,即在 1s 内气体分子要走几百米,但我们在几米远处打开汽油瓶,却要经过数秒甚至数分钟才能闻到汽油的气味。何故? 这个问题由克劳修斯首先给出了答案。由于在常温常压下分子数密度达 $10^{23} \sim 10^{26}$ 数量级,如图 6-8 所示,一个速度为几百米每秒的分子在这样密集的分子体系中运动时,由一处(如图中 A 处)移至另一处(如图中 B 处),它要不断与其他分子碰

撞,而每一次碰撞,分子的速度不仅大小发生变化,而且方向也会变化,使得分子在整个运动过程中并不是沿直线运动,而是作折线运动。

分子两次相邻碰撞之间自由通过的路程,叫作分子的**自由程**。气体分子在运动过程中,不断与其他分子碰撞,在任意两次连续的碰撞中,一个分子所经过的自由路程不同,经过的时间也不一致,它们的大小是随机变化的,但是大量分子无规则运动的结果,自由程的长度分布还是有规律的。我们可以算出单位时间内一个分子与其他分子碰撞的平均次数,即为分子的**平均碰撞次数**或**平均碰撞频率**,用 $\bar{Z}$ 表示;每两次连续碰撞之间一个分子的自由运动的平均路程,即为**分子的平均自由程**,用 $\bar{\lambda}$ 表示。$\bar{Z}$ 和 $\bar{\lambda}$ 的大小反映了分子间碰撞的频繁程度。

6.6.1　平均碰撞次数

为了简化问题,假设每个分子为有效直径为 d 的弹性刚性小球,并假设只有一个分子 α 以平均速率 $\bar{u}$ 运动,其余分子都看成静止的。分子 α 与其他分子碰撞时,都是完全弹性碰撞,如图 6-9 所示。

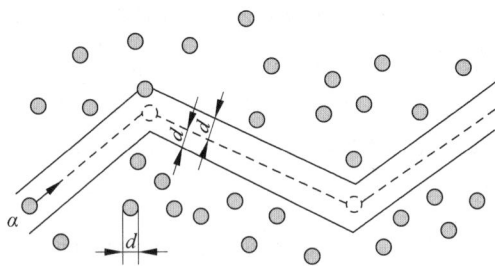

图 6-9　分子碰撞次数计算

在分子 α 的运动过程中,它将扫过一个以 πd^2 为截面积、以它的中心的运动轨迹为轴线的圆柱体,凡是处于这个圆柱体内的质点,都将与分子 α 发生碰撞。因此我们把截面积 πd^2 称为分子的碰撞截面。

在 t 时间内,分子所扫过的曲折圆柱体的总长度(即其轴线的长度)为 $\bar{u}t$,相应的圆柱体的体积为 $\pi d^2 \bar{u}t$,如果系统中单位体积内的分子数为 n,那么包含在圆柱体内的分子数为 $n\pi d^2 \bar{u}t$。因为圆柱体内包含的分子都与分子 α 发生碰撞,所以圆柱体内包含的分子数必定等于在 t 时间内分子 α 与其他分子碰撞的次数。若用 $\bar{Z}$ 表示在单位时间内分子 α 与其他分子的平均碰撞次数(平均碰撞频率),则应有

$$\bar{Z} = \frac{n\pi d^2 \bar{u}t}{t} = n\pi d^2 \bar{u} \tag{6-36}$$

式(6-36)结果是在假定一个分子运动而其他分子都静止,这与实际情况有很大差别。实际上,所有分子都在运动着。因此,考虑所有分子都在运动时,必须对式(6-36)修正,修正后,分子的平均速率 $\bar{u} = \sqrt{2}\,\bar{v}$,则式(6-36)可写为

$$\bar{Z} = \sqrt{2}\,\pi d^2 \bar{v}n \tag{6-37}$$

式(6-37)表明,平均碰撞次数 $\bar{Z}$ 与分子数密度 n、分子的平均速率 $\bar{v}$ 成正比,也与分子直径 d 的平方成正比。

6.6.2　平均自由程

分子 α 在 1s 内运动的平均路程为 $\bar{\lambda}$,在这段时间内发生了 $\bar{Z}=\sqrt{2}\pi d^2 \bar{v} n$ 次碰撞,因而每连续两次碰撞所通过的平均路程,即

$$\bar{\lambda}=\frac{\bar{v}}{\bar{Z}}=\frac{1}{\sqrt{2}\pi d^2 n} \tag{6-38}$$

式(6-38)表明,分子的平均自由程与分子的有效直径的平方成反比,与单位体积内分子数成反比,而与分子的平均速率无关。

由于温度恒定的气体压强与单位体积内分子数成正比,即 $p=nkT$,所以可以得到分子的平均自由程与压强的关系

$$\bar{\lambda}=\frac{\bar{v}}{\bar{Z}}=\frac{kT}{\sqrt{2}\pi d^2 p} \tag{6-39}$$

这表示,在温度恒定时,分子的平均自由程与气体压强成反比。压强越大(即气体越密集),分子的平均自由程越短。反之,气体的压强越小(气体越稀薄),分子的自由程越长。

标准状态下,$\bar{v}$ 的数量级为 $10^2 \mathrm{m}\cdot\mathrm{s}^{-1}$,$\bar{\lambda}$ 的数量级为 $10^{-8}\sim10^{-7}\mathrm{m}$,$\bar{Z}$ 的数量级为 $10^9\mathrm{s}^{-1}$,即 1s 内,一个分子与其他分子的碰撞次数要达到几十亿次。由于频繁的碰撞,使得分子的平均自由程很短。表 6-2 给出在标准状态下,几种气体分子的平均自由程和分子有效直径。

表 6-2　标准状态下几种气体的平均自由程和分子有效直径

气体	氢	氧	氮	空气
$\bar{\lambda}/\mathrm{m}$	1.123×10^{-7}	0.647×10^{-7}	0.599×10^{-7}	0.70×10^{-7}
d/m	2.72×10^{-10}	2.90×10^{-10}	3.10×10^{-10}	3.70×10^{-10}

例 6.4　计算空气分子在标准状态下的平均自由程和平均碰撞频率。取分子的有效直径 $d=3.70\times10^{-10}\mathrm{m}$,空气的平均摩尔质量为 $M=29.0\times10^{-3}\mathrm{kg}\cdot\mathrm{mol}^{-1}$。

解

$$\bar{\lambda}=\frac{kT}{\sqrt{2}\pi d^2 p}=\frac{1.38\times10^{-23}\times273}{\sqrt{2}\times3.14\times(3.7\times10^{10})^2\times1.013\times10^5}\mathrm{m}=6.12\times10^{-8}\mathrm{m}$$

$$\bar{v}=1.60\sqrt{\frac{RT}{M}}=1.60\sqrt{\frac{8.31\times273}{29.0\times10^{-3}}}\mathrm{m}\cdot\mathrm{s}^{-1}=448\mathrm{m}\cdot\mathrm{s}^{-1}$$

$$\bar{Z}=\frac{\bar{v}}{\bar{\lambda}}=\frac{448}{6.12\times10^{-8}}\mathrm{s}^{-1}=7.32\times10^9\mathrm{s}^{-1}$$

*6.7　气体的迁移现象

前面我们所讨论的都是在平衡态的性质,而在实际问题中,气体常常处于非平衡态,也就是说,气体内部由于温度、密度、流速不均匀而引起的从非平衡态向平衡态转变的过程,这就是气体在非平衡态下气体的迁移现象,气体内的迁移现象是分子热运动和分子间碰撞的

结果。下面将讨论三种迁移现象：黏滞现象、热传导现象和扩散现象。

6.7.1　黏滞现象

气体在流动过程中，由于各气层的流速不同，而在相邻的两气层之间的接触面产生的内摩擦力，叫**黏滞力**，这种现象就称为**黏滞现象**。人们把流体内的摩擦也称作黏滞性。流动气体的黏滞性来源于分子动量的迁移过程。动量从流速大的一层向流速小的一层迁移。如图 6-10 所示，设气体平行于 xOy 平面沿 x 正方向流动，流速 u 随 z 轴正方向逐渐增大。在 z_0 处垂直于 z 轴作一截面 dS，将气体分为 A、B 两层。实验表明，内摩擦所迁移的动量与两气层的流动的速度梯度 $\dfrac{du}{dz}$、垂直于梯度方向上的气层面积 dS 和时间 dt 成正比。因此有

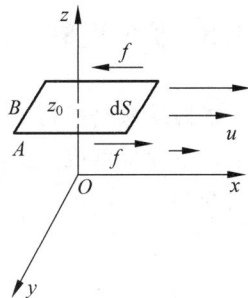

图 6-10　黏滞现象

$$dp = -\eta \frac{du}{dz} dS\, dt \qquad (6\text{-}40)$$

而气层之间的黏滞力的大小为

$$f = \frac{dp}{dt} = -\eta \frac{du}{dz} dS\, dt \qquad (6\text{-}41)$$

式中，负号表示黏滞力的方向与速度梯度的方向相反，η 表示气体的黏滞系数。在国际单位制中，η 的单位是 $kg \cdot m^{-1} \cdot s^{-1}$。

由气体动理论可以得出

$$\eta = \frac{1}{3}\rho \bar{v} \bar{\lambda} \qquad (6\text{-}42)$$

式中，ρ 为气体的密度，$\bar{v}$ 为分子的平均速率，$\bar{\lambda}$ 为分子的平均自由程。

6.7.2　热传导现象

当物体各气层之间无相对位移，且各处的气体分子的分子数密度均相同，但由于气体内的温度不均匀，就会有热量从高温部分向低温部分传递，这种现象称为**热传导现象**。热传导是介质内无宏观运动时的传热现象，这在固体、液体和气体中均可发生。

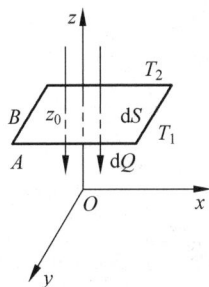

如图 6-11 所示，气体的温度沿 z 轴正方向逐渐升高（$T_2 > T_1$）。在垂直于 z_0 处作一截面 dS 将气体分子分为 A、B 两部分，热量通过截面 dS 由较高温度的 B 部分传递给较低温度的 A 部分。由实验可知，在 Δt 时间内能通过 dS 的热量 dQ 与温度梯度 $\dfrac{dT}{dz}$ 成正比，与面积 dS 成正比，有

$$\frac{dQ}{dt} = -\kappa \frac{dT}{dz} dS \qquad (6\text{-}43)$$

图 6-11　热传导现象

式中，负号表示热量传递方向与温度梯度的方向相反，κ 为气体的热

传导系数,其单位为 $m \cdot kg \cdot s^{-3} \cdot K^{-1}$。

由气体动理论可以得出

$$\kappa = \frac{1}{3} \rho \bar{v} \bar{\lambda} c_V \tag{6-44}$$

式中,c_V 为气体系统在等容过程中的比热容。

6.7.3　扩散现象

扩散现象是指物质分子从高浓度区域向低浓度区域转移,直到均匀分布的现象,速率与物质的浓度梯度成正比。扩散是由于分子热运动而产生的质量迁移现象,主要是由于密度差引起的。

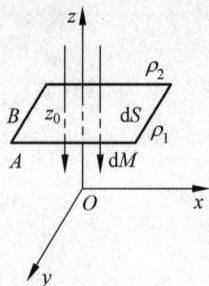

如图 6-12 所示,沿着 z 轴正方向气体密度增加($\rho_2 > \rho_1$),在 x_0 处作垂直于 x 轴的一截面 dS 将气体分为 A、B 两部分,气体将从密度大的 B 部分向密度较小的 A 部分扩散。由实验可知,在 Δt 时间内能通过 dS 的质量 dM 与气体的分子数密度梯度 $\dfrac{d\rho}{dz}$ 成正比,与面积 dS 成正比,有

$$\frac{dM}{dt} = -D \frac{d\rho}{dz} dS \tag{6-45}$$

图 6-12　扩散现象

式中,负号表示分子扩散方向与分子数密度梯度的方向相反,D 为气体的扩散系数,在国际单位制中,扩散系数的单位为 $m^2 \cdot s^{-1}$。

由气体的动理论可以得出

$$D = \frac{1}{3} \bar{v} \bar{\lambda} \tag{6-46}$$

气体分子热运动的速率很大,分子间极为频繁地互相碰撞,每个分子的运动轨迹都是无规则的杂乱折线。温度越高,分子运动就越激烈。在 0℃ 时空气分子的平均速率约为 $400 m \cdot s^{-1}$,但是,由于极为频繁的碰撞,分子速度的大小和方向时刻都在改变,气体分子沿一定方向迁移的速度就相当慢,所以气体扩散的速度比气体分子运动的速度要慢得多。在扩散过程中,气体分子从密度较大的区域移向密度较小的区域,经过一段时间的掺和,密度分布趋向均匀。在扩散过程中,迁移的分子不是单一方向的,只不过密度大的区域向密度小的区域迁移的分子数,多于密度小的区域向密度大的区域迁移的。

超流体

本 章 提 要

1. 平衡态

在不受外界影响的条件下,一个系统的宏观性质不随时间改变的状态。

2. 理想气体状态方程

在平衡态下,理想气体各参量之间满足关系 $pV = \nu RT$ 或 $p = nkT$

式中，ν 为气体摩尔数，摩尔气体常量 $R = 8.31\mathrm{J} \cdot \mathrm{mol}^{-1} \cdot \mathrm{K}^{-1}$

玻耳兹曼常量 $k = 1.38 \times 10^{-23}\mathrm{J} \cdot \mathrm{K}^{-1}$

3. 理想气体压强的微观公式

$$p = \frac{2}{3}n\left(\frac{1}{2}m\overline{v^2}\right) = \frac{2}{3}n\bar{\varepsilon}_k$$

4. 温度及其微观统计意义

温度是决定一个系统能否与其他系统处于热平衡的宏观性质，在微观统计上 $\bar{\varepsilon}_k = \frac{3}{2}kT$

5. 能量均分定理

在平衡态下，分子热运动的每个自由度的平均动能都相等，且等于 $\frac{kT}{2}$。以 i 表示分子

热运动的总自由度，则一个分子的总平均动能为 $\bar{\varepsilon} = \frac{i}{2}kT$

6. 速率分布函数

(1) 速率分布函数

$$f(v) = \frac{\mathrm{d}N}{N\mathrm{d}v}$$

(2) 麦克斯韦速率分布函数

$$f(v) = 4\pi\left(\frac{m}{2\pi kT}\right)^{\frac{3}{2}}v^2\mathrm{e}^{-mv^2/2kT}$$

7. 三种速率

最概然速率　$v_p = \sqrt{\dfrac{2kT}{m}} = \sqrt{\dfrac{2RT}{M}} = 1.41\sqrt{\dfrac{RT}{M}}$

平均速率　$\bar{v} = \sqrt{\dfrac{8kT}{\pi m}} = \sqrt{\dfrac{8RT}{\pi M}} = 1.60\sqrt{\dfrac{RT}{M}}$

方均根速率　$\sqrt{\overline{v^2}} = \sqrt{\dfrac{3kT}{m}} = \sqrt{\dfrac{3RT}{M}} = 1.73\sqrt{\dfrac{RT}{M}}$

*8. 玻耳兹曼分布律

平衡态下某状态区间(粒子能量为 ε)的粒子数正比于 $\mathrm{e}^{-\varepsilon/kT}$

重力场中粒子数密度按高度的分布(温度均匀)

$$n = n_0\mathrm{e}^{-mgh/kT}$$

9. 气体分子的平均碰撞次数　平均自由程

(1) 平均碰撞次数 $\bar{Z} = \sqrt{2}\pi d^2\bar{v}n$

(2) 平均自由程 $\bar{\lambda} = \dfrac{\bar{v}}{\bar{Z}} = \dfrac{1}{\sqrt{2}\pi d^2 n}$

*10. 输运过程

(1) 黏滞现象

$$\mathrm{d}p = -\eta\frac{\mathrm{d}u}{\mathrm{d}z}\mathrm{d}S\mathrm{d}t$$

黏滞系数 $\eta = \frac{1}{3}\rho\bar{v}\bar{\lambda}$

（2）热传导现象

$$dQ = -\kappa \frac{dT}{dz}dSdt$$

热传导系数 $\kappa = \frac{1}{3}\rho\bar{v}\bar{\lambda}c_V$

（3）扩散现象

$$dM = -D \frac{d\rho}{dz}dSdt$$

扩散系数 $D = \frac{1}{3}\bar{v}\bar{\lambda}$

思考题

6.1　什么是气体的平衡态？与力学中的平衡态有何区别？

6.2　气体动理论的研究对象是什么？

6.3　最概然速率的物理意义是什么？方均根速率、最概然速率和平均速率，它们各有什么用处？

6.4　为什么说温度具有统计意义？能说一个分子具有多少温度吗？

6.5　空气中含有氮分子和氧分子。试问哪种分子的平均速率较大？这个结论是否对空气中的任意一个氮分子及氧分子都适用？

6.6　什么是内能,怎样计算理想气体的内能？一定量的理想气体的内能是由哪些量来决定的？

6.7　在描述理想气体的内能时,下列各量的物理意义做何解释？

（1）$\frac{1}{2}kT$；（2）$\frac{i}{2}kT$；（3）$\frac{3}{2}kT$；（4）$\frac{i}{2}RT$；（5）$\frac{m}{M}\frac{i}{2}RT$。

6.8　给汽车轮胎打气,使达到所需要的压强,问在夏天与冬天,打入轮胎的空气质量是否相同,为什么？

6.9　在相同的温度下氢气和氧气分子的速率分布是否一样？

6.10　速率分布函数的物理意义是什么？试说明下列各量的意义。

（1）$f(v)dv$；（2）$Nf(v)dv$；（3）$\int_{v_1}^{v_2}f(v)dv$；（4）$\int_{v_1}^{v_2}Nf(v)dv$；（5）$\int_{v_1}^{v_2}vf(v)dv$

6.11　若盛有某种理想气体的容器漏气,使气体的压强和分子数密度各减为原来的一半,气体的内能和分子平均动能是否改变？为什么？

6.12　气体分子的平均速率可以达到几百米每秒,那么,为什么在房间内打开一瓶汽油的瓶塞后,需要隔一段时间才能嗅到汽油味？

6.13　一定质量的气体,保持容器的体积不变。当温度增加时,分子运动更加剧烈,因而平均碰撞次数增多,平均自由程是否也因而减少呢？

6.14　气体内的迁移现象是什么原因？有哪些量迁移？从气体动理论的观点来看，迁移是怎样实现的？

习 题

6.1　选择题

(1) 一瓶氦气和一瓶氮气密度相同,分子平均平动动能相同,而且都处于平衡状态,则它们(　　)。

    A. 温度相同、压强相同

    B. 温度、压强相同

    C. 温度相同,但氦气的压强大于氮气的压强

    D. 温度相同,但氦气的压强小于氮气的压强

(2) 设某理想气体体积为 V,压强为 p,温度为 T,每个分子的质量为 M,玻耳兹曼常数为 k,则该气体的分子总数可以表示为(　　)。

    A. $\dfrac{pV}{kM}$ B. $\dfrac{pT}{VM}$ C. $\dfrac{pV}{kT}$ D. $\dfrac{pT}{kV}$

(3) 关于温度的意义,有下列几种说法:

① 气体的温度是分子平均平动动能的量度;

② 气体的温度是大量气体分子热运动的集体表现,具有统计意义;

③ 温度的高低反映物质内部分子运动剧烈程度的不同;

④ 从微观上看,气体的温度表示每个气体分子的冷热程度。

上述说法中正确的是(　　)。

    A. ①②④   B. ①②③

    C. ②③④   D. ①③④

(4) 三个容器 A、B、C 中装有同种理想气体,其分子数密度 n 相同,而方均根速率之比为 $(\overline{v_A^2})^{\frac{1}{2}} : (\overline{v_B^2})^{\frac{1}{2}} : (\overline{v_C^2})^{\frac{1}{2}} = 1 : 2 : 4$,则其压强之比 $p_A : p_B : p_C$ 为(　　)。

    A. $1 : 2 : 4$ B. $4 : 2 : 1$

    C. $1 : 4 : 16$ D. $1 : 4 : 8$

(5) 速率分布函数 $f(v)$ 的物理意义为(　　)。

    A. 具有速率 v 的分子占总分子数的百分比

    B. 速率分布在 v 附近的单位速率间隔中的分子数占总分子数的百分比

    C. 具有速率 v 的分子数

    D. 速率分布在 v 附近的单位速率间隔中的分子数

(6) 在一个容积不变的容器中,储有一定量的理想气体,温度为 T_0 时,气体分子的平均速率为 $\overline{v}_0$,分子平均碰撞次数为 $\overline{Z}_0$,平均自由程为 $\overline{\lambda}_0$。当气体温度升高为 $4T_0$ 时,气体分子的平均速率 $\overline{v}$,平均碰撞次数 $\overline{Z}$ 和平均自由程 $\overline{\lambda}$ 分别为(　　)。

    A. $\overline{v} = 4\overline{v}_0, \overline{Z} = 4\overline{Z}_0, \overline{\lambda} = 4\overline{\lambda}_0$ B. $\overline{v} = 2\overline{v}_0, \overline{Z} = 2\overline{Z}_0, \overline{\lambda} = \overline{\lambda}_0$

C. $\bar{v}=2\,\bar{v}_0$，$\bar{Z}=2\bar{Z}_0$，$\bar{\lambda}=4\bar{\lambda}_0$　　　　　　D. $\bar{v}=4\,\bar{v}_0$，$\bar{Z}=2\bar{Z}_0$，$\bar{\lambda}=\bar{\lambda}_0$

(7) 如习题 6.1(7)图所示的两条曲线分别表示在相同温度下氧气和氢气分子的速率分布曲线；令 $(v_p)_{O_2}$ 和 $(v_p)_{H_2}$ 分别表示氧气和氢气的最概然速率，则(　　)

A. 图中 a 表示氧气分子的速率分布曲线；$(v_p)_{O_2}/(v_p)_{H_2}=4$

B. 图中 a 表示氧气分子的速率分布曲线；$(v_p)_{O_2}/(v_p)_{H_2}=1/4$

C. 图中 b 表示氧气分子的速率分布曲线；$(v_p)_{O_2}/(v_p)_{H_2}=1/4$

D. 图中 b 表示氧气分子的速率分布曲线；$(v_p)_{O_2}/(v_p)_{H_2}=4$

6.2　填空题

(1) 宏观量温度 T 与气体分子的平均平动动能 $\bar{\varepsilon}_k$ 的关系为 $\bar{\varepsilon}_k=$＿＿＿＿＿＿＿，因此，气体的温度是＿＿＿＿＿＿＿的量度。

(2) 同一温度下的氢气和氧气的速率分布曲线如习题 6.2(2)图所示，其中曲线 1 为＿＿＿＿＿＿的速率分布曲线，＿＿＿＿＿＿＿的最概然速率较大。(填"氢气"或"氧气")若图中曲线表示同一种气体不同温度时的速率分布曲线，温度分别为 T_1 和 T_2 且 $T_1<T_2$，则曲线 1 代表温度为＿＿＿＿＿＿＿的分布曲线。(填 T_1 或 T_2)

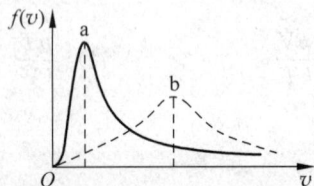

习题 6.1(7)图

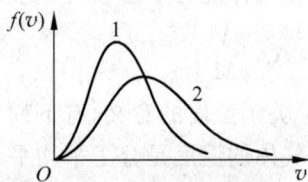

习题 6.2(2)图

6.3　一容器内储有氧气，其压强为 $1.0\times10^5\,\mathrm{Pa}$，温度为 $27\,℃$，求：(1)气体分子的数密度；(2)氧气的密度；(3)分子的平均平动动能；(4)分子间的平均距离。(设分子间均匀等距排列)

6.4　当温度为 $0\,℃$ 时，试求：(1)氧分子的平均平动动能和平均转动动能；(2)$4.0\times10^{-3}\,\mathrm{kg}$ 氧气的内能。

6.5　某些恒星的温度可达到约 $1.0\times10^8\,\mathrm{K}$，这是发生聚变反应(也称热核反应)所需的温度。通常在此温度下恒星可视为由质子组成。求：(1)质子的平均平动动能是多少？(2)质子的方均根速率为多大？

6.6　如习题 6.6 图中，Ⅰ、Ⅱ 两条曲线分别是两种不同气体(氢气和氧气)在同一温度下的麦克斯韦分子速率分布曲线。试由图中数据求：(1)氢气分子和氧气分子的最概然速率；(2)两种气体所处的温度；(3)若图中 Ⅰ、Ⅱ 分别表示氢气在不同温度下的麦克斯韦分子速率分布曲线，那么哪条曲线的气体温度较高？

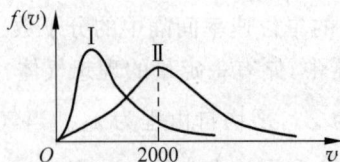

习题 6.6 图

6.7　容器内某理想气体的温度 $T=273\mathrm{K}$,压强 $p=1.00\times10^{-3}\mathrm{atm}$,密度为 $1.25\mathrm{g\cdot m^{-3}}$,求:(1)气体分子的方均根速率;(2)气体的摩尔质量,是何种气体? (3)气体分子的平均平动动能和转动动能;(4)单位体积内气体分子的总平动动能;(5)气体的内能。设该气体有 $0.3\mathrm{mol}$。

6.8　(1)若使氢分子和氧分子的方均根速率等于它们在地球表面上的逃逸速率($11.2\times10^{3}\mathrm{m\cdot s^{-1}}$),各需要多高的温度? (2)若等于它们在月球表面上的逃逸速率($2.4\times10^{3}\mathrm{m\cdot s^{-1}}$),各需要多高的温度?

6.9　质量为 $6.2\times10^{-14}\mathrm{g}$ 的粒子悬浮在 $27\mathrm{℃}$ 的液体中,观测到它的方均根速率为 $1.40\mathrm{cm\cdot s^{-1}}$。(1)计算阿伏伽德罗常量;(2)设粒子遵守麦克斯韦速率分布,计算该粒子的平均速率。

6.10　有 N 个质量均为 m 的同种气体分子,它们的速率分布如习题 6.10 图所示。(1)说明曲线与横坐标所包围面积的意义;(2)由 N 和 v_0 求 a 值;(3)求在速率 $v_0/2\sim 3v_0/2$ 间隔内的分子数;(4)求分子的平均平动动能。

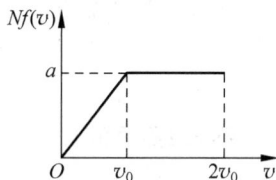

习题 6.10 图

6.11　一架飞机在地面时机舱中的压力计指示为 $1.013\times10^{5}\mathrm{Pa}$,到高空后压强降为 $8.11\times10^{4}\mathrm{Pa}$,设大气的温度均为 $27\mathrm{℃}$,问此时飞机距地面的高度为多少? (设空气的摩尔质量为 $2.89\times10^{-2}\mathrm{kg\cdot mol^{-1}}$)

6.12　容积为 $3.0\times10^{-2}\mathrm{m^3}$ 的容器中,储有 $2.0\times10^{-2}\mathrm{kg}$ 的气体,其压强为 $5.07\times10^{4}\mathrm{Pa}$,求气体分子的最概然速率、平均速率及方均根速率。

6.13　在标准状况下,$1\mathrm{cm^3}$ 中有多少个氮分子? 氮分子的平均速率为多大? 平均碰撞次数为多少? 平均自由程多大? (已知氮分子的有效直径 $d=3.76\times10^{-10}\mathrm{m}$)

第 7 章

热力学基础

第 6 章,从分子热运动观点出发,运用统计的方法研究了大量气体分子热运动的规律,确立了宏观量与微观量的统计平均值之间的关系。本章则是以观测和实验事实为基础,从能量的观点出发,运用逻辑推理的方法,分析研究物质状态变化过程中热、功转换的关系和条件问题。

本章结构框图

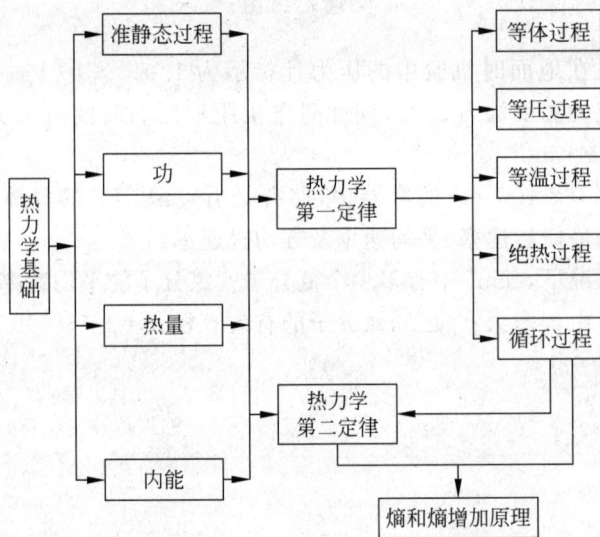

7.1 准静态过程

7.1.1 准静态过程的定义

第 6 章我们主要讨论了热力学系统处于平衡态时的性质与规律。现在我们来讨论热力学系统从一个平衡态到另一个平衡态的变化过程的性质与规律。

当一热力学系统的状态随时间变化或由一个状态变化到另一个状态时,我们称系统经历了一个热力学过程。这里所说的过程是指系统状态的变化。设系统从一个平衡态开始发生变化,这个过程必然要使系统平衡态破坏,而系统要想达到一个新的平衡态就必须要经历一段时间,这段时间称为**弛豫时间**。如果系统状态变化的过程进行得较快,而弛豫时间又相对较长,则系统状态在还未来得及达到新的平衡之前,又继续了下一步的变化,在这种情况下系统必然要经历一系列非平衡的中间状态,这种过程称为**非准静态过程**。如果系统变化的过程进行得非常缓慢,所经历的时间远远大于弛豫时间,以至于过程的一系列中间状态都无限接近于平衡态,那么这个状态变化过程称为**准静态过程**。我们有必要指出平衡过程是一种理想过程,这样的过程便于描述和讨论。在实际热力学过程中,只要系统状态变化的时间远小于弛豫时间,那么这样的实际过程我们就可以近似看成是准静态过程。

为了说明实际热力学过程和准静态过程的区别,我们来考虑如图 7-1 所示的一个装置。在一个带活塞的容器中储有一定量的气体,气体系统与外界处于平衡态,气体状态量为 p_0、V_0、T_0。现将活塞快速往下压,使气体体积被压缩,则原有的平衡态被破坏。当活塞停止运动,经过足够的时间后,系统将达到新的平衡,相应的态参量为 p_1、V_1、T_1。在这个变化过程中,气体内各处的温度和压强都是不均匀的。比如,靠近活塞的部分压强较大,而远离活塞的

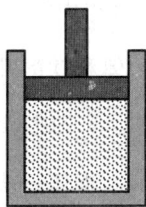

图 7-1 热力学过程

部分压强较小,也就是系统每一时刻都处于非平衡状态。因此,活塞快速下压的过程是一种非准静态过程。我们仍采用如图 7-1 所示的系统,初始平衡态气体的状态参量是 p_0、V_0、T_0,假设活塞与器壁之间没有摩擦。控制活塞,非常缓慢地压缩容器内的气体。每压缩一步,气体体积就相应地减少一个微小量 ΔV,如果在该条件下系统状态变化的时间远远大于弛豫时间,那么这种十分缓慢的压缩过程,可近似看作准静态过程。所谓准静态过程就是这种无摩擦的缓慢进行的理想过程。过程中每一中间状态,系统内部的压强处处相等,且等于外部的压强。而在实际情况中,活塞与容器壁之间会有摩擦,虽然仍可以实现平衡过程,但系统内部的压强显然不能与外界的压强时刻保持相等。在本章中,如不特别指出,所讨论的过程都是无摩擦的准静态过程。

7.1.2 功

1. 体积功的计算

在力学中,我们把功定义为力与位移这两个矢量的标积,外力对物体做功使物体的运动状态发生变化;在做功过程中,外界与物体之间发生能量交换,从而改变它们各自的能量。

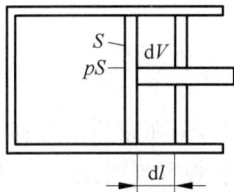

图 7-2 体积功

热力学系统的状态变化,是通过外界对系统做功,或外界向系统传递热量,或做功与传递热量同时发生而实现的。下面我们以汽缸气体体积变化时的做功为例,计算系统对外界做的功。如图 7-2 所示,汽缸中气体的膨胀过程,为了使过程是一个准静态过程,外界提供一个力让活塞无限缓慢地移动。

设活塞面积为 S,气体压强为 p,则当活塞向外移动 $\mathrm{d}l$ 距离

时,气体推动活塞对外界所做的功为

$$dW = F\,dl = pS\,dl = p\,dV \tag{7-1}$$

式中,$dV = S\,dl$ 是气体膨胀时体积的微小变化量。式(7-1)表明,系统对外界做功的多少与气体体积变化有关。因此,我们将准静态过程中系统所做的功叫作**体积功**,用 W 表示,其国际单位为焦耳(J)。当气体体积增大时,做功为正,即系统对外界做功;当气体体积减小时,做功为负,即外界对系统做功,或系统对外界做负功。

如果系统的体积,经过一个准静态过程,体积由 V_1 变为 V_2,系统对外界做的功可通过对式(7-1)积分求得

$$W = \int_{V_1}^{V_2} p\,dV \tag{7-2}$$

上述结果虽然是从活塞在汽缸里运动推导出来的,但对于其他任何形状的容器,系统在准静态过程中对外界所做的功,都可用此式来计算。

2. 体积功的几何意义

在 p-V 图上,积分式 $W = \int_{V_1}^{V_2} p\,dV$ 表示 V_1—V_2 之间过程曲线下的面积,即体积功等于对应过程曲线与横轴所围的面积,如图 7-3 所示。

假设系统从状态 1 到状态 2,经历另一条不同的过程曲线(图 7-3 中的虚线),也就是经历不同的准静态过程,则气体所做的体积功应该为虚线与横轴所围的面积。因此,系统所做的体积功不仅与系统的始末状态有关,还与路径有关。

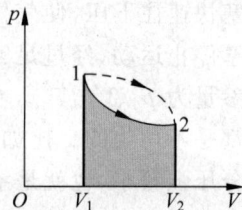

图 7-3　体积功的图示

7.1.3　热量

在系统与外界之间,或系统的不同部分之间转移的无规则热运动的能量叫作**热量**,常用 Q 表示。这种传热过程大多是与系统和外界之间或系统的不同部分之间的温度差相联系的。

需要注意的是热量与内能不是同一个概念。在一定情况下可以认为热量是系统与外界交换内能的净值,比如,系统的温度比外界的温度高并与外界有热接触,系统内各个分子的热运动能量通过频繁的碰撞传递给外界,同时外界分子的热运动能量同样也可以通过碰撞转移给系统。由于温度不同,系统转移给外界与外界转移给系统的热运动能量是不同的,这个能量差值就成为热量。

7.1.4　内能

做功和传递热量是改变系统内能的两种方式,两者的效果是等价的,但在本质上存在着区别。传热的过程是通过分子的无规则运动来完成的,而做功是通过宏观有规则运动(如机械运动、电流等)来完成的。

实验表明,系统状态发生变化时,对于给定的始状态和末状态,传递热量与做功的总和及路径或过程无关,为一确定值。这说明,对于给定的热力学系统,存在一个与过程无关、仅由系统状态决定的单值函数,这个单值函数就是系统的**内能**。第 6 章得出理想气体的内能和内能的增量分别为

$$E = \nu \frac{i}{2} R T, \quad \Delta E = \nu \frac{i}{2} R \Delta T$$

对于给定的理想气体,其内能只是温度的函数;只有气体的温度发生变化,其内能才会发生变化。而内能增量只与系统在过程始末状态的温度差有关,无论经历什么样的过程,只要始末状态的温度差相等,内能增量都是相同的。在 p-V 图中,只要过程曲线的起点和终点相同,即使曲线形状不同,内能增量也是相同的。

7.1.5　热力学第一定律

通过能量交换方式改变系统热力学状态的方式有两种。一是做功,如活塞压缩汽缸内的气体使其温度升高;二是传热,如对容器中的气体加热,使之升温和升压。做功与传热的微观过程不同,但这两种方式都能通过能量交换改变系统的状态。大量的实验研究表明,功、热量和系统内能之间存在着确定的关系。当系统从一个状态变化到另一个状态,无论经历的是什么样的过程,只要过程中外界做功和外界对系统传递的热量确定,那么系统内能的变化就确定。根据能量转化和能量守恒定律,外界对系统做的功 W' 与外界对系统传递的热量 Q 的和,应该等于系统内能的增量 ΔE,即有下列等式

$$\Delta E = W' + Q$$

因外界对系统所做的功 W' 等于系统对外界所做功 W 的负值,即 $W' = -W$,所以上式可进一步写成

$$Q = \Delta E + W \tag{7-3}$$

式(7-3)表明,系统从外界吸收的热量,一部分使系统的内能增加,另一部分使系统对外界做功,这就是**热力学第一定律**。式(7-3)为热力学第一定律的数学表达式。

对于无限小的热力学过程,则有

$$\mathrm{d}Q = \mathrm{d}E + \mathrm{d}W \tag{7-4}$$

为了便于使用热力学第一定律,我们规定:系统从外界吸入热量时,Q 取正值,系统向外界放出热量时,Q 取负值;系统的内能增加时,E 取正值,系统的内能减少时,E 取负值;系统对外界做功时,W 取正值,外界对系统做功时,W 取负值。

热力学第一定律是一个普适定律,普遍适用于气态、液态和固态变化的平衡过程和非平衡过程。由热力学第一定律可以知道,要让系统对外做功,就要从外界吸收热量或消耗系统自身的内能,或者二者兼而有之。历史上,有人曾企图设计制造一种机器,能使系统不断循环,且不需要消耗任何能量,却能源源不断地对外做功的永动机,显然这是不能制造成功的。这种违反热力学第一定律,也就是违反能量守恒定律的永动机,称为**第一类永动机**。因此,热力学第一定律也可以表述为第一类永动机是不可能制成的。

7.2 热力学第一定律在理想气体中的应用

热力学第一定律给出了系统状态在发生变化过程中,热量、功和内能三者之间的关系。作为热力学第一定律的应用,本节将讨论理想气体在等体、等压、等温和绝热过程中的功、热量、内能的变化量及它们之间的关系,并定义理想气体的摩尔热容。

7.2.1 等体过程 气体的摩尔定体热容

设汽缸内装有一定质量的理想气体,活塞固定不动,有一系列温差微小的热源 T_1, T_2, T_3, $\cdots$($T_1 < T_2 < T_3 \cdots$)。汽缸与它们依次接触,则气体温度上升,压强也上升,但体积保持不变,如图 7-4 所示,这样的准静态过程,称为**等体过程**。

等体过程在 p-V 图上是一条平行于 p 轴的直线,即**等体线**,如图 7-5 所示。在等体过程中,由于体积不变,即 $dV=0$,所以气体对外做功 $W = \int_{V_1}^{V_2} p \, dV = 0$。

根据热力学第一定律有

$$dQ_V = dE \tag{7-5}$$

对于有限的等体过程

$$Q_V = E_2 - E_1 = \nu \frac{i}{2} R \Delta T \tag{7-6}$$

式(7-6)表明,在等体过程中,气体吸收的热量全部用来增加气体的内能,气体对外不做功。

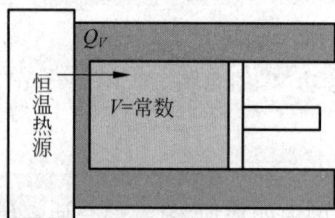

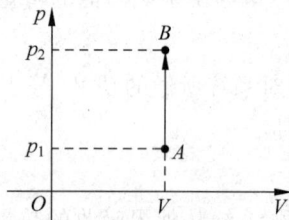

图 7-4 等体过程   图 7-5 等体过程不做功

对于热力学系统的某一热力学过程,定义热容来表示气体的温度从 T 升高到 $T+dT$ 所吸收的热量。热容用 C 表示,其国际单位为 $J \cdot K^{-1}$,其定义式为

$$C = \frac{dQ}{dT} \tag{7-7}$$

气体的摩尔定体热容,是指 1mol 气体在体积不变、温度改变 1K(或 1℃)时所吸收或放出的热量,用 $C_{V,m}$ 表示,其国际单位为 $J \cdot mol^{-1} \cdot K^{-1}$,其式表示为

$$C_{V,m} = \frac{1}{\nu} \frac{dQ_V}{dT} \tag{7-8}$$

这样 ν mol 气体在等体过程中,温度改变 dT 时所需要的热量可由式(7-8)改写成

$$dQ_V = \nu C_{V,m} dT \tag{7-9}$$

对于理想气体 $dE = \nu \frac{i}{2} R \, dT$,代入式(7-9),可得理想气体的摩尔定体热容为

$$C_{V,\mathrm{m}} = \frac{i}{2}R \tag{7-10}$$

式(7-10)表明,理想气体的摩尔定体热容是只与气体的自由度有关的量。对于单原子气体, $i=3$, $C_{V,\mathrm{m}}=12.5\mathrm{J \cdot mol^{-1} \cdot K^{-1}}$;对于双原子气体, $i=5$, $C_{V,\mathrm{m}}=20.8\mathrm{J \cdot mol^{-1} \cdot K^{-1}}$;对于多原子气体, $i=6$, $C_{V,\mathrm{m}}=24.9\mathrm{J \cdot mol^{-1} \cdot K^{-1}}$。

7.2.2　等压过程　气体的摩尔定压热容

假设封闭汽缸内装有一定质量的理想气体,如图 7-6 所示,汽缸活塞上的砝码质量不变,令汽缸与一系列温差微小的热源 T_1, T_2, T_3, $\cdots$ ($T_1 < T_2 < T_3 \cdots$)依次接触,气体的温度会逐渐升高,压强也随之略有增加,于是推动活塞对外做功,体积随之膨胀,而体积的膨胀使气体的压强降低,最终汽缸内的压强保持不变,这样的准静态过程称为**等压过程**。

等压过程在 p-V 图上是一条平行于 V 轴的直线,即**等压线**,如图 7-7 所示。

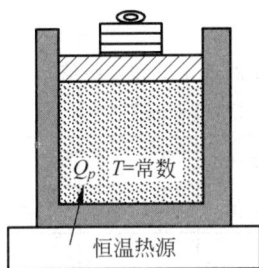

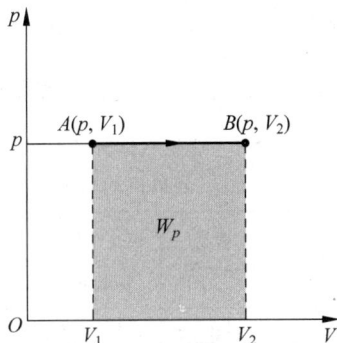

图 7-6　等压过程　　　　　　　　图 7-7　等压过程的功

在等压过程中,由体积功的定义可知,系统对外界做功

$$W = \int_{V_1}^{V_2} p\,\mathrm{d}V = p(V_2 - V_1) \tag{7-11}$$

内能变化为

$$E_2 - E_1 = \nu\,\frac{i}{2}R(T_2 - T_1) \tag{7-12}$$

由热力学第一定律有

$$\mathrm{d}Q_p = \mathrm{d}E + \mathrm{d}W$$

等压过程中,理想气体吸收的热量一部分转换为内能,另一部分转换为对外所做的功。

对于有限的等压过程,向气体传递的热量为

$$Q_p = (E_2 - E_1) + W = \nu \cdot \frac{i}{2}R(T_2 - T_1) + p(V_2 - V_1)$$

$$= \nu \cdot \frac{i}{2}R(T_2 - T_1) + \nu R(T_2 - T_1) = \nu\,\frac{i+2}{2}R(T_2 - T_1)$$

即

$$Q_p = \nu\,\frac{i+2}{2}R\Delta T \tag{7-13}$$

可以得到 W、Q 经历不同的过程,其结果不同,说明了它们是与过程有关的量。

对于理想气体等压过程,1mol 理想气体吸收热量 dQ_p,温度升高 dT,则气体的摩尔定压热容式为

$$C_{p,m} = \frac{1}{\nu} \frac{dQ_p}{dT} = \frac{i+2}{2} R \tag{7-14}$$

比较式(7-10)和式(7-14),可得

$$C_{p,m} = C_{V,m} + R$$

上式叫作**迈耶公式**。它表示 1mol 理想气体,温度升高 1K 时,在等压过程中要比在等体过程中多吸收 8.31J 的热量。

摩尔定压热容和摩尔定体热容的比值,用 γ 表示,叫作**比热容比**或**泊松比**,即 $\gamma = \dfrac{C_{p,m}}{C_{V,m}}$

由上式可以算出:对于单原子分子气体,$\gamma = \dfrac{5}{3} \approx 1.67$;刚性双原子分子气体,$\gamma = \dfrac{7}{5} = 1.4$;刚性多原子分子气体,$\gamma = \dfrac{4}{3} \approx 1.33$。表 7-1 列出了一些气体的摩尔定体热容 $C_{V,m}$、摩尔定压热容 $C_{p,m}$ 及比热容比 γ 的理论值和实验值。

表 7-1   理想气体分子摩尔热容及比热容比的理论值和实验值

($C_{p,m}$、$C_{V,m}$ 的单位均为 J·mol^{-1}·K^{-1},$R = 8.31$J·mol^{-1}·K^{-1})

气体		$C_{V,m}/R$		$C_{p,m}/R$		γ	
		实验值	理论值	实验值	理论值	实验值	理论值
单原子分子	He	1.50		2.50		1.67	
	Ne	1.50	1.50	2.50	2.50	1.67	1.67
	Ar	1.50		2.50		1.67	
双原子分子	H_2	2.45		3.49		1.41	
	O_2	2.51	2.50	3.51	3.50	1.40	1.40
	N_2	2.47		3.46		1.40	
多原子分子	H_2O	3.33		4.36		1.31	
	CO_2	3.39	3.00	4.41	4.00	1.30	1.33
	CH_4	3.29		4.28		1.30	

从表中可以看出对于单原子和双原子分子,$C_{V,m}$、$C_{p,m}$、γ 的理论和实验值相接近,这说明经典热容理论近似反映了客观的事实。但对于多原子分子,实验值和理论值差别较大,其原因之一是忽略了分子的振动能量,而在结构复杂的分子中或温度很高的时候,振动能量不能被忽略。其根本原因是经典热容理论利用能量连续的概念,不能正确处理分子与原子领域的问题。而量子理论认为能量是不连续的,并说明振动能量与温度和振动频率有关,只有用量子理论才能正确解决热容问题,本书在此不作深入讨论。

7.2.3   等温过程

理想气体等温过程就是温度保持不变的准静态过程,即 $dT = 0$。由于理想气体的内能只

与温度有关,因此等温过程中,理想气体的内能没有发生变化,即 $dE=0$。如图 7-8 所示,设一汽缸,活塞上放置沙粒,汽缸与恒温热源接触。现在沙粒一粒一粒地拿下,活塞内气体也随之膨胀,对外做功,气体的内能则缓慢减少,温度随之略有降低。但由于与恒温热源接触,这时就有热量从恒温热源传入汽缸内,使气体的温度保持不变。这样的准静态过程即为**等温过程**。

理想气体的等温过程有 $pV=$ 常数,如图 7-9 所示。它在 p-V 图上的过程曲线,是一条双曲线,该线也称为**等温线**。

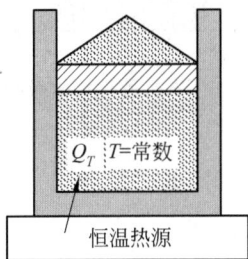

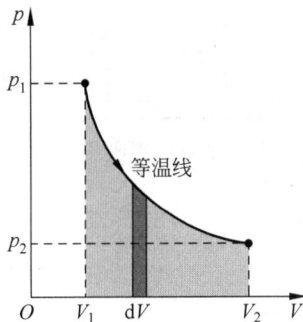

图 7-8 等温过程   图 7-9 等温过程的功

在等温过程中,内能保持不变,根据热力学第一定律 $dQ_T=dW=p\,dV$ 及 $pV=\nu RT$ 可知

$$Q_T=W=\int_{V_1}^{V_2} p\,dV=\int_{V_1}^{V_2} \nu RT \cdot \frac{1}{V}dV$$

$$=\nu RT\int_{V_1}^{V_2}\frac{1}{V}dV=\nu RT\ln\frac{V_2}{V_1} \tag{7-15}$$

即

$$Q_T=W=\nu RT\ln\frac{p_1}{p_2} \quad (p_1V_1=p_2V_2) \tag{7-16}$$

式(7-16)表明,理想气体在等温膨胀过程中气体吸收的热量全部用来对外做功,气体内能保持不变。当理想气体在等温压缩时,气体对外界做负功,则 W_T 和 Q_T 均为负值,这表明外界对气体所做的功,全部转化为气体向外界放出的热量。

7.2.4 绝热过程

1. 绝热过程及其方程

绝热过程是系统与外界无热量交换的情况下系统的变化过程。用绝热壁把系统与外界隔开可以实现这样的过程。实际上绝热过程是一种理想过程,我们只能得到近似的绝热过程。如果过程进行得很快,以至于变化过程中系统来不及与外界发生显著的热量交换,这样的过程就可以近似看作绝热过程。如图 7-10 所示,汽缸用中间隔板隔开,开始气体全在左室,突然拉开隔板,左室气体将迅速膨胀,由于过程进行得很快,系统来不及与外界交换热量,故可近似为绝热过程。理想气体的绝热过程在 p-V 图上的过程曲线,称为绝热线,如图 7-11 所示。

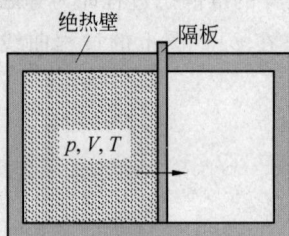

图 7-10 气体的自由膨胀

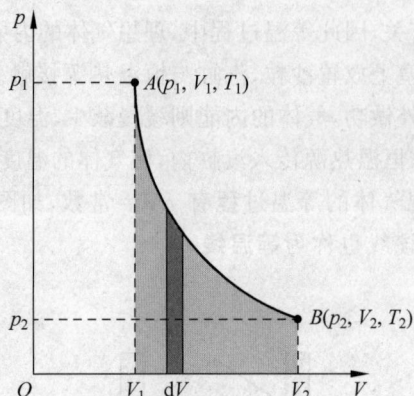

图 7-11 绝热过程气体做的功

在绝热过程中 $dQ = 0$,由热力学第一定律,有

$$dE + dW = 0$$

即

$$dW = -dE$$

可得

$$p\,dV = -\nu C_{V,m}\,dT$$

已知理想气体物态方程 $pV = \nu RT$,得 $p = \dfrac{\nu RT}{V}$,代入上式可得

$$\nu \frac{RT}{V}dV = -\nu C_{V,m}\,dT \tag{7-17}$$

分离变量得

$$\frac{dV}{V} = -\frac{C_{V,m}}{R}\frac{dT}{T}$$

由

$$R = C_{p,m} - C_{V,m}, \quad \gamma = \frac{C_{p,m}}{C_{V,m}}$$

得

$$(\gamma - 1)\frac{dV}{V} = -\frac{dT}{T}$$

积分得

$$(\gamma - 1)\ln V + \ln T = C$$
$$V^{\gamma-1}T = C_1 \tag{7-18}$$

式中,C、C_1 是常量,这就是理想气体绝热方程的 $V\text{-}T$ 函数关系。

将理想气体状态方程 $pV = \nu RT$ 代入式(7-18),分别消去 V 或 T,可得其他两个绝热过程方程的表达式

$$p^{\gamma-1}T^{-\gamma} = C_2 \tag{7-19}$$
$$pV^{\gamma} = C_3 \tag{7-20}$$

式中的 C_2、C_3 也是常量,式(7-18)～式(7-20)统称为理想气体的绝热方程,简称绝热方程。

2. 绝热线及等温线的讨论

绝热过程 $pV^\gamma=C_3$ 的 p-V 图如图 7-12 实线(a)所示,此曲线为绝热线。虚线(b)表示同一气体的等温线,A 为二曲线交点。从图上看出,绝热线比等温线陡一些,这可作如下解释。

等温方程为

$$pV=C$$

取全微分得

$$p\mathrm{d}V+V\mathrm{d}p=0$$

即 A 处等温线的斜率为

$$\left(\frac{\mathrm{d}p}{\mathrm{d}V}\right)_T=-\frac{p}{V}$$

绝热方程为

$$pV^\gamma=C_1$$

取全微分得

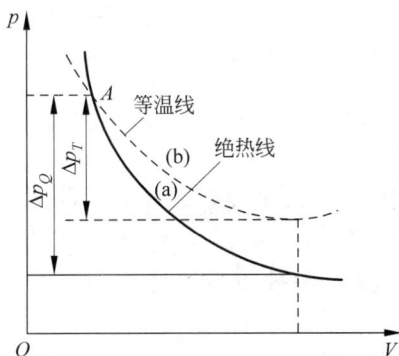

图 7-12 绝热线与等温线的斜率比较

$$\gamma pV^{\gamma-1}\mathrm{d}V+V^\gamma\mathrm{d}p=0$$

即 A 处绝热线的斜率为

$$\left(\frac{\mathrm{d}p}{\mathrm{d}V}\right)_Q=-\gamma\frac{p}{V}$$

因为 $\gamma=\dfrac{i+1}{i}>1$,所以绝热线比等温线要陡一些。这一点也可以解释如下:假设气体从 A 点开始体积增加 ΔV,由 $pV=C$ 及 $pV^\gamma=C_3$ 知,在此情况下,p 都减小(无论是等温过程还是绝热过程)。由 $p=\dfrac{m}{M}RT\cdot\dfrac{1}{V}$ 知,气体等温膨胀时,引起 p 减小的只有 V 这个因素,气体绝热膨胀时,由于 ΔT 在减小,所以引起 p 减小的因素除了 V 的增加,还有 T 减小的因素,故 ΔV 相同时,绝热过程中 p 下降得快。

例 7.1 设有 5mol 的氢气,最初的压强为 $1.013\times10^5\,\mathrm{Pa}$,温度为 $20\,℃$,如图 7-13 所示,求在下列过程中,把氢气体积压缩为原来的 $\dfrac{1}{10}$ 需要做的功:(1)等温过程;(2)绝热过程;(3)经过这两个过程后,气体的压强各为多少?

解 (1)对等温过程,氢气由点 1 等温压缩到点 $2'$ 做的功为

$$W=\nu RT\ln\frac{V_2}{V_1}=-2.80\times10^4\,\mathrm{J}$$

式中,负号表示外界对气体做功。

(2)对于绝热过程,$TV^{\gamma-1}=$ 常量,可求出

$$T_2=T_1\left(\frac{V_1}{V_2}\right)^{\gamma-1}=753\mathrm{K}$$

已知氢气的摩尔热容 $C_{V,\mathrm{m}}=20.44\,\mathrm{J\cdot mol^{-1}\cdot K^{-1}}$,氢气从点 1 绝热压缩到点 2 做的功为

$$W=-\Delta E=-\nu C_{V,\mathrm{m}}(T_2-T_1)$$

$$=-5\times20.44\times(753-293)\mathrm{J}=-4.70\times10^4\,\mathrm{J}$$

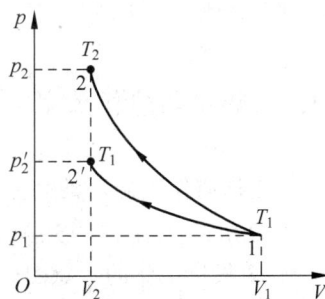

图 7-13 例 7.1 用图

(3) 等温压缩后的压强为

$$p_2' = p_1 \left(\frac{V_1}{V_2} \right) = 1.013 \times 10^6 \, \text{Pa}$$

绝热压缩后的压强为

$$p_2 = p_1 \left(\frac{V_1}{V_2} \right)^\gamma = 2.55 \times 10^6 \, \text{Pa}$$

7.3 循环过程 卡诺循环

7.3.1 循环过程

熔盐塔热发电技术

系统由最初状态经历一系列的变化后,又回到最初状态的过程叫作**循环过程**,也可简称**循环**。构成系统的物质称为**工作物质**。如果系统在循环过程中的每一个状态都是平衡态,则整个过程为准静态的循环过程,可由 p-V 图上的一条闭合曲线来表示,如图 7-14 中的 $ABCDA$ 所示。若循环进行的过程曲线沿顺时针方向的称为**正循环**,也叫顺时针循环、热机循环;若循环进行的过程曲线是沿逆时针方向的则称为**逆循环**,也叫逆时针循环、制冷循环。

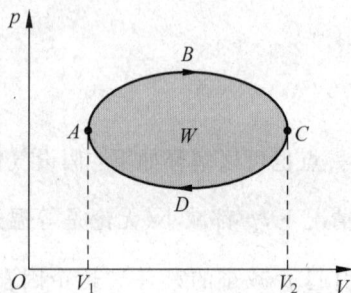

图 7-14 循环过程

经过循环之后,系统又回到了原来的状态,所以每完成一次循环系统的内能保持不变,即 $\Delta E = 0$。如图 7-14 箭头所示的方向为正循环的方向。在 ABC 段工作物质膨胀过程,系统对外界做功为 W_1,其值等于曲线 ABC 与 V 轴之间所围的面积;而 CDA 段工作物质为压缩过程,外界对系统做功为 W_2,其值等于曲线 CDA 与 V 轴之间所围的面积。因此,完成一次正循环系统对外界做的净功为 $W = W_1 - W_2 > 0$,其数值等于闭合曲线 $ABCDA$ 所围的阴影面积。设整个循环中,工作物质从外界吸收的热量为 Q_1,传递给外界的热量为 Q_2,则工作物质净吸收的热量为 $Q = Q_1 - Q_2$。由于整个循环过程的内能没有发生变化,根据热力学第一定律,系统对外界所做的功 W 等于系统净吸收热量 Q,即 $W = Q_1 - Q_2$,且 $W > 0$。这表明,在正循环过程中系统能量转换关系为系统吸收的热量 Q_1 中一部分转化为有用功 W,另一部分 Q_2 释放给外界。

7.3.2 热机与热机效率

工作物质作正循环的装置称为**热机**,或通过工作物质使热量不断转化为功的机器称为热机。例如,蒸汽机、内燃机、汽轮机等。图 7-15 为热机工作的示意图。创造于 17 世纪末的第一台热机是蒸汽机,如图 7-16 所示。反映热机最重要性能的物理量是热机的效率。它在理论和实践上都是很重要的。热机效率定义为:在一次循环中工作物质对外界做的净功与它从高温热源吸收热量的比值,即

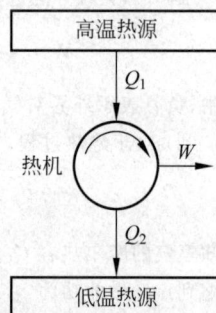

图 7-15 热机工作的示意图

$$\eta = \frac{W}{Q_1} = \frac{Q_1 - Q_2}{Q_1} = 1 - \frac{Q_2}{Q_1} \tag{7-21}$$

式中,Q_1 为循环过程中从高温热源所吸收的热量;Q_2 为向低温热源所释放的热量,Q_1、Q_2 均为绝对值。由于 Q_2 不会为零,Q_1 也不会趋于无穷大,所以热机的效率总是小于1。

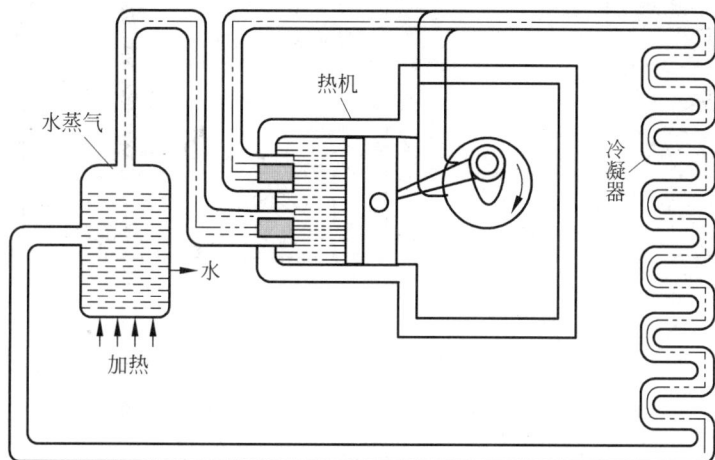

图 7-16　蒸汽机示意图

7.3.3　制冷机工作原理与制冷系数

工作物质作逆循环的装置称为**制冷机**,图 7-17 为制冷机的工作示意图。在逆循环中热量和做功的方向都与正循环中相反,系统对外界做的净功 $W = W_1 - W_2$ 为负,即为外界对系统做正功;系统从外界吸收的净热量 Q 为负,即为系统向外界放热。在逆循环的过程中,系统从低温热源吸收热 Q_2,W 为外界对系统做功,热量 $Q_1 = Q_2 + W$ 向高温热源放出。这就是制冷机的工作原理。所谓制冷机就是利用外界对系统(工作物质)做功,使部分外界(低温热源)通过放热得到冷却或维持较低温度的机器。这样的机器有冰箱、空调等。如图 7-18 所示为冰箱工作原理。制冷剂(如氨或氟利昂)在压缩机内被急速压缩至 1MPa,使其压强增大,且温度升高(AB 绝热压缩过程);进入散热器(高温热源)放出热量 Q_1,并逐渐液化进入储液器(BC 等压压缩过程,再经过节流阀膨胀降压降温并且部分汽化,CD 绝热膨胀过程,DA 等压膨胀过程);进入冷冻室(低温热源)吸取热量 Q_2,使冷冻室温度降低而自身全部被汽化,最后被吸入压缩机进入下一个循环。

反映制冷机性能的最重要物理量是制冷系数。制冷系数定义为:在一次循环中系统从低温热库吸收的热量与外界对系统做的净功的比值,用 e 表示。

$$e = \frac{Q_2}{W} = \frac{Q_2}{Q_1 - Q_2} \tag{7-22}$$

前面指出,热机的效率总是小于1,但制冷机的制冷系数则往往大于1。在理解热机效率和制冷系数公式时,应该注意到它们在定义时有一个共同点,那就是都把人所获取的效益放在分子上,而付出的代价则放在分母上。

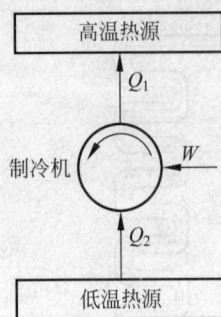

图 7-17 制冷机工作示意图

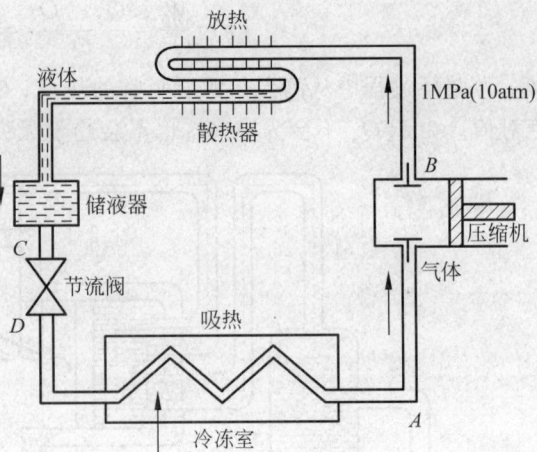

图 7-18 冰箱工作原理图

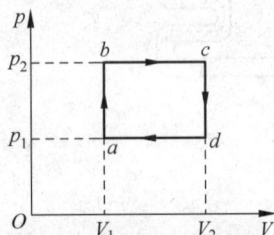

图 7-19 例 7.2 用图

例 7.2 1mol 氦气经过如图 7-19 所示的循环,其中 $p_2 = 2p_1$, $V_2 = 2V_1$, 求该循环的效率。

解 经过一个循环后系统做的净功为 $abcd$ 所围成的面积,即

$$W_净 = (p_2 - p_1)(V_2 - V_1) = (2p_1 - p_1)(2V_1 - V_1) = p_1 V_1$$

在等体过程中

$$Q_{ab} = \nu \frac{i}{2} R(T_b - T_a)$$

理想气体物态方程 $pV = \nu RT$, 由已知 $\nu = 1$mol, 所以上式为

$$Q_{ab} = \frac{i}{2}(p_b V_b - p_a V_a) = \frac{3}{2}(p_2 V_1 - p_1 V_1) = \frac{3}{2} p_1 V_1$$

在等压过程中

$$Q_{bc} = \nu \frac{i+2}{2} R(T_c - T_b)$$

同理可得

$$Q_{bc} = \frac{i+2}{2}(p_c V_c - p_b V_b) = \frac{5}{2}(p_2 V_2 - p_2 V_1) = 5 p_1 V_1$$

所以氦气经过一个循环吸收的热量之和为

$$Q_吸 = Q_{ab} + Q_{bc} = \frac{13}{2} p_1 V_1$$

因此,此循环的效率为

$$\eta = \frac{W_净}{Q_吸} = \frac{p_1 V_1}{\frac{13}{2} p_1 V_1} = 15.3\%$$

卡诺

7.3.4 卡诺循环

1. 卡诺循环

从 19 世纪初,蒸汽机在工业、交通运输中得到广泛的应用。但是蒸汽机的效率很低,一

般只有 $3\%\sim5\%$,也就是说有 95% 以上的热量没有被利用。因此,如何提高热机的效率,成为当时许多科学家和工程师所共同关注的课题。就是在这样的情况下,1724 年,年仅 27 岁的法国工程师卡诺(S. Carnot,1696—1732)提出了一个工作在两热源之间的理想循环——卡诺循环。虽然它是一种理想循环,但是它对实际热机的研制具有重要的指导意义,也为热力学第二定律的建立奠定了基础。

卡诺循环是由四个准静态过程所组成的,包括两个等温过程和两个绝热过程,如图 7-20 所示。在循环过程中,工作物质只与高温热源 T_1 和低温热源 T_2 交换热量,按卡诺循环运行的热机和制冷机,分别称为卡诺热机和卡诺制冷机。

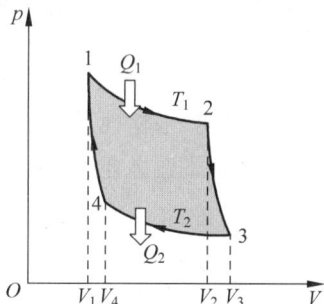

图 7-20　卡诺正循环

2. 卡诺热机的效率

下面我们计算以理想气体为工作物质的卡诺正循环的热机效率,如图 7-20 所示。在经历一个循环之后,理想气体又回到原来的状态,其内能保持不变。由热力学第一定律可求得在四个过程中,气体内能、做功和热量之间的关系,其各个过程分析如下:

$1\rightarrow2$ 为**等温膨胀**过程:气体的内能没有变化,体积由 V_1 增大到 V_2,气体对外做的功等于从高温热源吸收的热量,即

$$W_1 = Q_1 = \frac{m}{M}RT_1\ln\frac{V_2}{V_1} \tag{7-23}$$

$2\rightarrow3$ 为**绝热膨胀**过程:气体与外界没有热量交换,温度降到 T_2,体积增大为 V_3,气体对外界做的功等于气体内能的变化,即

$$W_2 = -\Delta E = \nu C_{V,\mathrm{m}}(T_2 - T_1) \tag{7-24}$$

$3\rightarrow4$ 为**等温压缩**过程:体积缩小到一适当值,使状态 4 和状态 1 在同一条绝热线上。在这个过程中气体对外界做功,功大小等于气体向低温热源放出的热量,即

$$W_3 = Q_2 = \frac{m}{M}RT_2\ln\frac{V_3}{V_4} \tag{7-25}$$

$4\rightarrow1$ 为**绝热压缩**过程:气体不吸收热量,外界对气体做功,用于增加气体的内能,即

$$W_4 = -\Delta E = \nu C_{V,\mathrm{m}}(T_1 - T_2) \tag{7-26}$$

根据循环效率的定义,可得到以理想气体为工作物质的卡诺循环效率为

$$\eta = \frac{W}{Q_1} = \frac{Q_1 - Q_2}{Q_1} = 1 - \frac{Q_2}{Q_1} = 1 - \frac{T_2\ln\dfrac{V_3}{V_4}}{T_1\ln\dfrac{V_2}{V_1}} \tag{7-27}$$

由理想气体的绝热方程 $TV^{\gamma-1}=$ 常量,可得

$$V_1^{\gamma-1}T_1 = V_4^{\gamma-1}T_2 \quad \text{和} \quad V_2^{\gamma-1}T_1 = V_3^{\gamma-1}T_2$$

两式相除,可得

$$\left(\frac{V_1}{V_2}\right)^{\gamma-1} = \left(\frac{V_4}{V_3}\right)^{\gamma-1}$$

即

$$\frac{V_2}{V_1} = \frac{V_3}{V_4}$$

将上式代入式(7-27),可以得到以理想气体为工作物质的卡诺热机的效率为

$$\eta = 1 - \frac{T_2}{T_1} \tag{7-28}$$

式(7-28)说明,卡诺热机的效率只与两个热源有关,高温热源温度越高,低温热源的温度越低,即两热源的温差越大,则效率越高。也就是说,当两热源温差越大,从高温热源吸取的热量 Q_1 的利用率就越大。

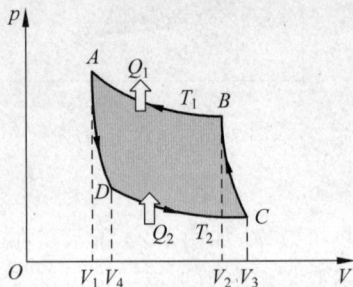

图 7-21　卡诺逆循环

若卡诺循环按逆时针方向进行,即卡诺制冷机。其 p-V 图和能量转换关系如图 7-21 所示。图中 BA 和 DC 为等温线,AD 和 CB 为绝热线。工作物质从低温热源中吸收的热量为

$$Q_2 = \frac{m}{M} R T_2 \ln \frac{V_3}{V_4} \tag{7-29}$$

气体向高温热源放出的热量为

$$Q_1 = \frac{m}{M} R T_1 \ln \frac{V_2}{V_1} \tag{7-30}$$

由制冷系数的表达式(7-22),可得卡诺制冷机的制冷系数 e 为

$$e = \frac{Q_2}{Q_1 - Q_2} \quad （一般式）$$

对卡诺可逆机,有

$$\frac{Q_2}{Q_1} = \frac{T_2}{T_1}$$

$$e = \frac{T_2}{T_1 - T_2} \tag{7-31}$$

由上可知,制冷系数也只与两热源的温度有关,高温热源与低温热源的温差越大,则制冷系数越大。制冷系数越大,则从低温热源吸收同等的热量,外界需要做的功就越大。

　　例 7.3　地热发电机的基本原理是利用无止境的地热来加热地下水,使其成为过热蒸汽,以其作为工作流体推动涡轮机旋转发电。换言之,即将地热能转换为机械能,再将机械能转换为电能;这种以蒸汽来推动涡轮的方式,和火力发电的原理是相同的。假设在地球上某地挖一个深井,将一台地热发电机置于其中,设地热发电机利用卡诺循环进行工作,其工作的温度在地表 25℃ 和地下 300℃ 之间,如果它每小时能从地下热源获取 2×10^{11} J 的热量,该发电机的输出功率为多少?

　　解　根据卡诺热机的循环效率可得,地热发电机的热机效率为

$$\eta = 1 - \frac{T_2}{T_1} = 1 - \frac{298.15}{573.15} = 0.48$$

则发电机每小时对外做的功为

$$W = \eta Q_1 = 0.48 \times 2 \times 10^{11} \text{J} = 9.6 \times 10^{10} \text{J}$$

发电机的输出功率为

$$P = \frac{W}{t} = \frac{9.6 \times 10^{10}}{3600} \text{kW} = 2.7 \times 10^4 \text{kW}$$

例 7.4　某家用冰箱的冷藏室需要维持在 0℃,环境温度为 30℃。假设其制冷循环为理想卡诺制冷机,求:(1)该冰箱的制冷系数为多少?(2)若冰箱每小时需从冷藏室移出360000J 的热量,求所需的输入功率;(3)若实际冰箱的制冷系数仅为卡诺制冷机的 40%,计算实际输入功率。

解　(1)根据卡诺制冷机的制冷系数可得

$$e = \frac{T_2}{T_1 - T_2} = \frac{273.15}{30} = 9.10$$

(2)由 $e = \frac{Q_2}{W}$ 得每小时需要做功

$$W = \frac{Q_2}{e} = \frac{360000}{9.10} J = 39560J$$

则每小时的输入功率为

$$P = \frac{W}{t} = \frac{39560}{3600} W = 10.99W$$

(3)实际冰箱的制冷机的制冷系数

$$e' = e \times 40\% = 3.64$$

(3)每小时需要做功

由 $e' = \frac{Q_2}{W'}$

得

$$W' = \frac{Q_2}{e'} = \frac{360000}{3.64} = 98901J$$

则每小时的输入功率为

$$P' = \frac{W'}{t} = \frac{98901}{3600} W = 27.47W$$

从计算结果来看,实际冰箱因摩擦、非理想工质等因素导致效率损失。

7.4　热力学第二定律

　　热力学第一定律给出了气体在准静态过程中不同形式的能量相互转化但却始终守恒的规律,但自然界中不是所有满足热力学第一定律的过程都能自发进行。一切实际自发进行的热力学过程都有方向性,只能按一定的方向进行,反方向的热力学过程则不可能发生。热力学第一定律没有阐明系统自发变化进行的方向,而热力学第二定律就是关于一切自发的自然过程进行方向的规律。

7.4.1　热力学第二定律的两种表述

　　由热力学第一定律可知,效率大于 100% 的热机,即第一类永动机不可能制成。但能不能制成效率等于 100% 的热机呢?也就是热机经过一个循环,它只单单从高温热源吸收热量,所吸收的热量全部用来对外做功,而不放出热量给低温热源。如果这种热机能够制造成功,我们就可以把周围的大海和大气作为单一热源,从中吸收热量,并把它全部用来做功。曾经有人估算过,只要使海水的温度降低 0.01K,就能使全世界所有机器工作 1000 多年。

这样地球上辽阔的海洋和厚厚的大气就可以成为我们取之不尽、用之不竭的能源。然而,大量的实验表明,效率达到 100% 的热机是无法实现的。为此,开尔文在 1751 年提出热力学第二定律,这一定律表述为:**不可能制造出一种循环工作的热机,它只从一个单一热源吸取热量,并使其全部变为有用功,而不引起其他变化。**这个规律就是**热力学第二定律的开尔文表述**。

需要强调的是,开尔文说法并不是说热量不能完全变成功,只是说在不引起其他变化的情况下,热量不能完全变成有用功。如:在等温膨胀时,气体从单一热源吸收热量,全部用来对外界做功,但在该过程中气体的体积增加了,气体回不到原来状态,这就属于其他变化。人们把只从单一热源吸收热量并全部用来对外做功的热机称为**第二类永动机**,所以热力学第二定律的开尔文说法也可表述为:**第二类永动机是不可能制成的。**

开尔文从正循环热机效率的极限问题出发,总结出热力学第二定律。而在 1750 年德国物理学家克劳修斯从逆循环制冷机角度分析制冷系数的极限出发,在总结前人大量的观察和实验的基础上提出:**热量不能自动地从低温物体传到高温物体而不引起外界变化。**这就是**热力学第二定律的克劳修斯表述**。

克劳修斯表述指出热传导的方向性,即热量可以自发从高温物体传到低温物体,但反过来就无法自发进行。如果要实现这个过程,外界需要对系统做功。如制冷机,是通过外界对系统做功,使热量从低温处向高温处传递。

*7.4.2　热力学第二定律两种表述的等效性

热力学第二定律的开尔文表述和克劳修斯表述,虽然表面上看起来说法不同,但从理论上可以证明这两种表述是完全等价的。即开尔文表述是正确的,克劳修斯表述也是正确的;相反,如果开尔文表述不成立,则克劳修斯表述也不成立。下面,我们用反证法来证明两种表述的等效性。

假设克劳修斯说法不成立,即有热量 Q_2 从低温热源 T_2 处自动向高温热源 T_1 传递。在两个热源之间又有一个卡诺热机,每一次循环该热机从高温热源 T_1 处吸收热量 Q_1,向低温热源 T_2 放出热量 Q_2,并对外做功 $W = Q_1 - Q_2$。这样经过一次联合循环后,低温热源保持不变,从高温热源吸收热量 $Q_1 - Q_2$,并将其全部用来对外做功(图 7-22)。由此可得到的结论:经过一次联合循环从单一热源吸收热量全部对外做功,而没产生其他影响,这显然违背了开尔文表述。

假设开尔文表述不成立,即存在一热机从单一热源 T_1 吸收热量 Q_1,并完全转变为功 W 而不产生其他影响。如图 7-23 所示,现利用这个功来带动在高温热源 T_1 和低温热源 T_2 之间的一卡诺制冷机,制冷机在一次循环中从低温热源 T_2 吸收热量 Q_2,向高温热源 T_1 放出热量 Q_1,则经过这样的联合循环后,低温热源放出热量 Q_2,高温热源净吸收热量 Q_1,联合机组无任何变化。相当于热量 Q_2 自动从低温热源向高温热源传递,这显然违背了克劳修斯说法。

由此可知,违背克劳修斯表述的也违背开尔文表述,违背开尔文表述的也违背克劳修斯表述。这说明了两种表述是完全等效的。

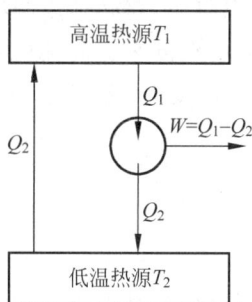

图 7-22　违背克劳修斯表述　　　　　　图 7-23　违背开尔文表述

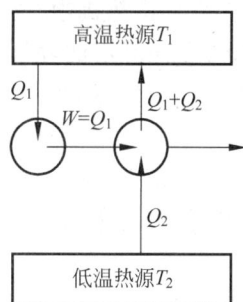

7.4.3　可逆过程和不可逆过程

一个热力学系统从一个状态 A 出发,经过某一个过程到达状态 B,如果存在一个逆向过程,即从状态 B 又回到状态 A,且系统与外界也同时恢复原状,同时消除原来过程对外界的影响,则从状态 A 到状态 B 进行的过程称为**可逆过程**。反之,用任何方法都不能使系统和外界完全恢复原状,则状态 A 到状态 B 进行的过程称为**不可逆过程**。由定义可知要实现可逆过程需要苛刻的条件,而不可逆过程在大自然中是普遍存在的,可逆过程只是一种理想过程,是实际过程的近似。一切实际的热力学过程都是不可逆过程,如热传导过程、气体向真空的自由膨胀过程、热功转换过程等都是不可逆过程。

单纯的无摩擦、无机械耗散的机械运动过程可以看成可逆过程。例如,单摆没有受到空气阻力也无其他摩擦力的作用,则当它离开某一位置后,经过一个周期又回到原来的位置,且周围一切都没有变化,因此单摆的无阻力的摆动是可逆过程。又如,无摩擦的准静态热力学过程也是可逆过程。因为在准静态的正过程与逆过程中,对于每一个微小的中间过程,系统与外界所交换的热量和所做的功正好相反,当通过准静态的逆过程使系统的末态返回初态时,正过程中给外界留下的痕迹在逆过程中正好被一一消除,使外界也完全恢复了原状。

7.4.4　卡诺定理

在前面讨论的卡诺循环中每个过程不仅都是准静态过程,而且都是可逆过程。因此,卡诺循环是理想的可逆循环。从热力学第二定律可以导出对提高热机效率有指导意义的卡诺定理,它包含以下两方面内容:

(1) 在相同的高温热源(温度为 T_1)与相同的低温热源(温度为 T_2)之间工作的一切可逆机,不论用什么工作物质,效率都相等,而且都等于 $1-\dfrac{T_2}{T_1}$;

(2) 在相同的高温热源和相同的低温热源之间工作的一切不可逆机的效率,不可能高于可逆机的效率,即 $\eta < 1-\dfrac{T_2}{T_1}$。

卡诺定理给出了提高热机效率的途径。高温热源的温度越高,低温热源的温度越低,热机的效率越高。但在实际热机中,要获取比室温低的低温热源,就必须用制冷机,而制冷机要消耗外功,因而这是不经济的,所以要从提高高温热源的温度来提高热机效率。另外,卡诺定理提示我们,应当使实际的不可逆热机尽量地接近可逆热机,这也是提高热机效率的一个重要因素。

*7.5　熵和熵增加原理

热力学第二定律指出一切与热现象有关的实际宏观过程都是不可逆的过程,都具有方向性。例如,两个物体相互接触,如果没有外界影响,热量总是从高温物体传向低温物体,直到两个物体达到热平衡状态。与之相反的过程,即热量自动从低温物体向高温物体传递,这个过程不可能发生。又如,气体分布不均匀时,气体总是要从密度大的区域向密度小的区域迁移,直到气体密度均匀,但不可能自动复原到原来状态。为了方便判别孤立系统中宏观过程进行的方向,引入一个新的态函数——熵。

7.5.1　熵

根据卡诺定理,工作在两个给定的温度 T_1 和 T_2 之间的一切可逆卡诺热机的效率都相等,则有

$$\eta = \frac{Q_1 - Q_2}{Q_1} = \frac{T_1 - T_2}{T_1}$$

将上式改为

$$\frac{Q_1}{T_1} - \frac{Q_2}{T_2} = 0$$

式中,Q_1 为工作物质从高温热源吸收的热量;Q_2 为工作物质向低温热源放出的热量。根据热力学第一定律对热量的符号规定,系统从外界吸收热量时为正值,系统放出热量时为负值。则上式可改写成

$$\frac{Q_1}{T_1} + \frac{Q_2}{T_2} = 0 \tag{7-32}$$

式(7-32)表示,在可逆的卡诺循环中,工作物质经历一个循环后,其热量与温度之比的总和为零。

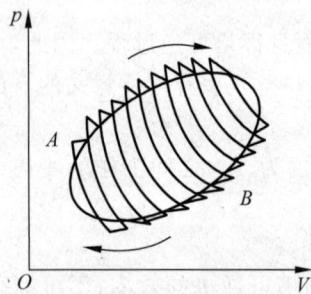

图 7-24　一个可逆循环过程
可看作由无限多个
可逆卡诺循环组成

如图 7-24 所示,任意一个可逆循环过程,都可看成是由一系列微小的可逆卡诺循环组成,对于每一个小循环都存在式(7-32)的等式,将所有等式叠加,有

$$\sum_{i=1}^{n} \frac{Q_i}{T_i} = 0 \tag{7-33}$$

式中,Q_i 为系统从温度 T_i 的热源所吸收的热量,n 为热源的个数,当 $n \to \infty$ 时,每个卡诺循环趋于无穷小,式(7-33)用积分表示,即

$$\oint \frac{\mathrm{d}Q}{T} = 0 \tag{7-34}$$

式(7-34)为克劳修斯等式,对于任意的可逆循环,上式都

成立。

如图 7-25 所示可逆循环的两状态 A 和 B。这个可逆循环可分为 ACB 和 BDA 两个可逆过程,则式(7-34)可写为

$$\int_{ACB} \frac{\mathrm{d}Q}{T} + \int_{BDA} \frac{\mathrm{d}Q}{T} = 0 \qquad (7\text{-}35)$$

上述过程为可逆过程,则有

$$\int_{BDA} \frac{\mathrm{d}Q}{T} = -\int_{ADB} \frac{\mathrm{d}Q}{T}$$

所以上式可写为

$$\int_{ACB} \frac{\mathrm{d}Q}{T} = \int_{ADB} \frac{\mathrm{d}Q}{T} \qquad (7\text{-}36)$$

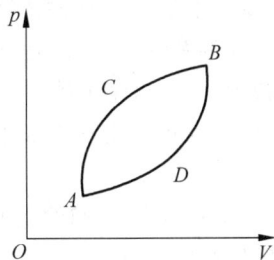

图 7-25　熵

式(7-36)表明,系统从状态 A 到状态 B,经过不同的可逆路径,$\dfrac{\mathrm{d}Q}{T}$ 的积分值都相等。这就是说,对于给定的始末两个状态,$\dfrac{\mathrm{d}Q}{T}$ 的积分值与过程无关。在力学中,保守力做功只与始末位置有关,而与路径无关,从而引入势能这一状态函数。类似地,克劳修斯引入一个状态函数称为**系统的熵**,用 S 表示。系统从状态 A 到状态 B,熵的变化定义为

$$S_B - S_A = \int_A^B \frac{\mathrm{d}Q}{T} \qquad (7\text{-}37)$$

式(7-37)中积分必须是沿着可逆过程,若是不可逆过程则不能按该式来计算熵的变化。

如果系统是无限小的可逆过程,则有

$$\mathrm{d}S = \frac{\mathrm{d}Q}{T} \qquad (7\text{-}38)$$

熵的单位名称是焦耳每开尔文,符号是 $\mathrm{J \cdot K^{-1}}$。

7.5.2　熵增加原理

以上我们从可逆过程得出了熵的定义,对于不可逆机,根据卡诺定理,一切不可逆机的效率,不可能高于可逆机的效率,即

$$\eta = 1 - \frac{Q_2}{Q_1} < 1 - \frac{T_2}{T_1}$$

那么,对于不可逆过程,克劳修斯等式变为克劳修斯不等式

$$\oint \frac{\mathrm{d}Q}{T} \geqslant 0 \qquad (7\text{-}39)$$

熵的变化则表示为

$$S_B - S_A \geqslant \int_A^B \frac{\mathrm{d}Q}{T} \qquad (7\text{-}40)$$

该式即为热力学第二定律的数学表达式,"＝"对应于可逆过程,"＞"对应于不可逆过程。式(7-40)反映了热力学第二定律对过程的限制,违背不等式的过程是不可能自发进行的。对于孤立系统,系统与外界没有热量的交换,即 $\mathrm{d}Q=0$,则式(7-40)可写为

$$S_B - S_A \geqslant 0 \qquad\qquad (7\text{-}41)$$

式(7-41)为**熵增加原理**。它表明,孤立系统中的可逆过程,熵不变;孤立系统中的不可逆过程,熵要增加。同时,大家也应该注意到熵增加原理只是表明了孤立系统的熵永不减少,但对于开放系统而言,熵是可以增加或减少的。比如,水蒸气放热冷却凝结成水的过程,熵就是减少的,水再结成冰,熵继续减少。显然冰的分子排列整齐混乱程度最小,熵也是最小的。反之,冰溶解再蒸发成水蒸气的过程就是一个熵增加的过程。

如图 7-26 所示,有一个容器的器壁是由绝热材料做成的。容器内有两个彼此相互接触的物体 A 和 B,它们的温度分别为 T_A 和 T_B,且 $T_A > T_B$。这两个物体组成一个系统。由于容器被绝热壁所包围,容器内的物体系统可视为孤立系统。容器内物体 A、B 间的热传导过程可看作孤立系统内进行的不可逆过程。

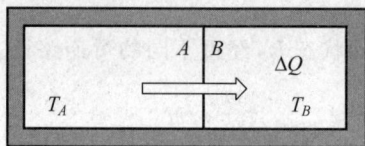

图 7-26　容器内的系统

设在微小时间 Δt 内,从 A 传到 B 的热量为 ΔQ,那么 A 的熵变为

$$\Delta S_A = \frac{-\Delta Q}{T_A}$$

B 的熵变为

$$\Delta S_B = \frac{\Delta Q}{T_B}$$

在这微小时间内,此孤立系统的熵变为

$$\Delta S = \Delta S_A + \Delta S_B = -\frac{\Delta Q}{T_A} + \frac{\Delta Q}{T_B}$$

由于 $T_A > T_B$,所以

$$\Delta S > 0$$

上述结果表明,在孤立系统中所进行的热传导过程,熵是增加的。而热传导是一个不可逆过程,所以热传导过程熵增加再次说明,孤立系统中不可逆过程的熵是增加的。

7.5.3　热力学第二定律的统计意义

热力学研究的对象是包含大量原子、分子等微观粒子的系统。从微观上看,系统的热力学过程就是大量分子无序运动状态发生变化。热力学第一定律说明了热力学过程中能量遵循的定律,热力学第二定律则说明热力学过程大量分子无序变化的规律。下面通过实例来定性说明这一点。

从热功转换来看,做功可以看成是大量分子定向运动的结果,而系统的内能是大量分子无规则运动所具有的能量。自然的过程是功可以自发转化为热,而热不能自发转化为功,说明自然过程是大量分子有序运动状态的能量自发转化为无序运动状态的能量,相反则不能自动进行。

从热传导来看,把两个有温差的物体相互接触,热量可以自动从高温物体传到低温物体,直到它们的温度相同。第 6 章指出温度是大量分子无规则运动平均动能的量度,即温度高的物体分子无序运动的平均动能大,温度低的物体分子无序运动的平均动能小。虽然两个物体都是无序的,但可以通过分子的平均动能的不同来区分它们。到了温度达到相同时,分子的平均动能相等,则不能按平均动能的不同来区分了,这是因为大量分子无规则运动使系统的无序性增加了。

从气体的绝热自由膨胀来看,开始气体所占据的空间小,气体分子位置的不确定性小;无序性小,自由膨胀后气体所占据的空间大,气体分子位置的不确定性大,无序性大。

由上述分析可知:一切自然的过程总是沿着无序性增大的方向进行,这就是不可逆性的微观本质,它说明了热力学第二定律的统计意义。需要注意的是,热力学第二定律的一个统计规律,只适用于大量分子组成的系统。

7.5.4　玻耳兹曼熵

在孤立的系统中,自发过程进行的结果是使系统的熵增加,而熵增加的过程实质就是系统从有序向无序变化的过程。那么,怎样把系统的熵和无序度定量地联系起来呢? 玻耳兹曼首先用数学形式来表示出热力学第二定律的微观本质。为了表述方便,下面我们通过讨论气体的自由膨胀,先介绍系统热力学概率 W。

玻耳兹曼

如图 7-27 所示,用一活动隔板 P 将容器分为容积相等的 A、B 两室,假设 A 室中有三个分子 a、b、c; B 室被抽成真空。现把隔板抽掉,气体将作自由膨胀,这三个分子将在整个容器内运动,由于碰撞,每个分子在 A、B 两室出现的概率相等,从微观上看,三个分子出现在 A 室或 B 室代表不同的微观态,而两室分子数的不同称为一种宏观态。表 7-2 列出了三个分子的宏观态与微观态的数目。从表中可以看出系统有 4 个宏观态和 8 个微观态,每一个宏观态包含的微观态数不同。

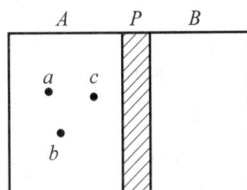

图 7-27　气体的自由膨胀

表 7-2　三个分子的宏观态和微观态

宏观态数		A3B0	A2B1			A1B2			A0B3
微观态	A	a b c	a b	a c	b c	a	b	c	
	B			c	b	a	b c	a c	a b	a b c
微观态数 W		1	3			3			1

根据统计理论,在孤立系统中,各微观态出现的概率是相同的。在给定的宏观条件时,系统存在不同的微观态,每一个宏观态包含许多微观态,物理学中将一个宏观态所包含的微观态数目称为这种宏观态的**热力学概率**,用 W 表示。

热力学概率越大,说明该宏观态所对应的微观态数越多,即系统内分子的运动的无序性越大。玻耳兹曼认为系统的无序度可用系统的微观状态数 W 或称热力学概率来表述,他提出了热力学熵 S 与热力学概率 W 之间的关系为

$$S = k \ln W \tag{7-42}$$

式中,k 为玻耳兹曼常量,式(7-42)称为**玻耳兹曼熵公式**。系统的一个宏观态有确定的微观态数目,它的熵也就是确定的,因此熵与系统的内能一样,也是一个与系统状态相关的态函数。

式(7-42)表明,在一定的宏观状态下,系统的熵由该状态所包含的微观态数决定,所包含的微观态数越多,系统的熵越大,也就是说,熵越大,系统内分子运动的无序度越大。

王竹溪　　　　熵与能源

本章提要

1. 准静态过程

过程进行的每一个中间状态都无限接近平衡态。准静态过程可以用状态图上的曲线表示。

2. 热力学第一定律

(1) 热力学第一定律的数学表达式

$$Q = E_2 - E_1 + W$$

微分过程为

$$dQ = dE + dW$$

热力学第一定律的实质是能量守恒与转换定律在热现象中的应用,其内容表示系统吸收的热量一部分转换为系统的内能,一部分对外做功。

(2) 准静态过程系统对外做功:

$$dW = p \, dV, \quad W = \int_{V_1}^{V_2} p \, dV$$

(3) 热量:系统和外界之间或两个物体之间由于温度不同而交换的热运动的量,热量也是过程量。

(4) 摩尔热容:1mol物质温度变化1K所吸收或放出的热量,定义式为

$$C = \frac{dQ_m}{dT}$$

式中,Q_m 为1mol物质吸收的热量。

摩尔定体热容

$$C_{V,m} = \left(\frac{dQ_m}{dT}\right)_V$$

摩尔定压热容

$$C_{p,\mathrm{m}} = \left(\frac{\mathrm{d}Q_{\mathrm{m}}}{\mathrm{d}T}\right)_p$$

理想气体的摩尔热容

$$C_{V,\mathrm{m}} = \frac{i}{2}R, \quad C_{p,\mathrm{m}} = \frac{i+2}{2}R$$

$$C_{p,\mathrm{m}} = C_{V,\mathrm{m}} + R$$

摩尔热容比

$$\gamma = \frac{C_{p,\mathrm{m}}}{C_{V,\mathrm{m}}} = \frac{i+2}{i}$$

3. 热力学第一定律在理想气体中的应用

过程	等容	等压	等温	绝热
特征	$\mathrm{d}V = 0$	$\mathrm{d}p = 0$	$\mathrm{d}T = 0$	$\mathrm{d}Q = 0$
过程方程	$\dfrac{p}{T} =$ 恒量	$\dfrac{V}{T} =$ 恒量	$pV =$ 恒量	$pV^{\gamma} =$ 恒量
内能增量	$\dfrac{m}{M}\dfrac{i}{2}R(T_2 - T_1)$	$\dfrac{m}{M}\dfrac{i}{2}R(T_2 - T_1)$	0	$\dfrac{m}{M}\dfrac{i}{2}R(T_2 - T_1)$
系统做功	0	$p(V_2 - V_1)$	$\dfrac{m}{M}RT\ln\dfrac{V_2}{V_1}$	$-\dfrac{m}{M}\dfrac{i}{2}R(T_2 - T_1)$
吸收热量	$\dfrac{m}{M}\dfrac{i}{2}R(T_2 - T_1)$	$\dfrac{m}{M}C_{p,\mathrm{m}}(T_2 - T_1)$	$\dfrac{m}{M}RT\ln\dfrac{V_2}{V_1}$	0
摩尔热容	$C_{V,\mathrm{m}} = \dfrac{i}{2}R$	$C_{p,\mathrm{m}} = \dfrac{i+2}{2}R$	∞	0

4. 循环过程

（1）循环过程的特征是 $\Delta E = 0$

热循环：系统从高温热源吸热，对外做功，向低温热源放热，热机效率为

$$\eta = \frac{W}{Q_1} = 1 - \frac{Q_2}{Q_1}$$

致冷循环：系统从低温热源吸热，接受外界做功，向高温热源放热，致冷系数为

$$e = \frac{Q_2}{W} = \frac{Q_2}{Q_1 - Q_2}$$

（2）卡诺循环：系统只和两个恒温热源进行热交换的准静态循环过程。

卡诺热机的效率为

$$\eta = 1 - \frac{T_2}{T_1}$$

卡诺制冷机的制冷系数为

$$e = \frac{T_2}{T_1 - T_2}$$

5. 熵

(1) 克劳修斯熵

$$S_B - S_A = \int_A^B \frac{dQ}{T}$$

或

$$dS = \frac{dQ}{T}$$

(2) 玻耳兹曼熵

$$S = k \ln W$$

思 考 题

7.1　什么是准静态过程? 实际过程在什么情况下可以视为准静态过程? 怎样区分内能与热量?

7.2　改变系统内能的途径有哪些? 它们本质上的区别是什么?

7.3　在一个房间里,有一台工作的冰箱。如果打开冰箱的门,会不会使房间的温度降低?

7.4　对物体加热而其温度不变,有可能吗? 没有热交换而系统的温度发生变化,有可能吗?

7.5　一条等温线与一条绝热线可以相交两次吗? 为什么?

7.6　有两个卡诺机共同使用一个低温热源,但高温热源的温度不同。在 p-V 图上,它们的循环曲线所包围的面积相等,它们对外所做的净功是否相同? 热循环效率是否相同?

7.7　卡诺循环有几个过程? 分别是什么过程?

7.8　可逆过程必须满足哪些条件?

7.9　一系统能否吸收热量,仅使其内能变化或不使其内能变化? 举例说明。

7.10　能否使系统与外界没有热量传递而升高系统温度? 举例说明。

7.11　理想气体经等压压缩时,内能增加,同时吸热,这样的过程可能发生吗?

7.12　理想气体经等体积加热时,内能减少,同时压强升高。这样的过程可能发生吗?

7.13　判断下列说法是否正确?

(1) 功可以全部转化为热,但不能全部转化为功;

(2) 热量能从高温物体传到低温物体,但不能从低温物体传到高温物体。

(3) 可逆过程就是能沿反方向进行的过程,不可逆过程就是不能沿反方向进行的过程。

7.14　等温膨胀时,系统吸收的热量全部用来做功,这和热力学第二定律有没有矛盾? 为什么?

习 题

7.1　选择题

(1) 如习题 7.1(1)图所示,气体由平衡态 A 分别经过 a 和 b 路径变化到平衡态 B,则
(　　)。

　　A. 经过 a 路径内能变化大于经过 b 路径的内能变化

　　B. 经过 b 路径内能变化大于经过 a 路径的内能变化

　　C. 经过 a 和 b 路径内能的改变一样大

　　D. 内能的改变不确定哪个大

(2) 如习题 7.1(2)图所示,一定量理想气体从体积为 V_1 膨胀到 V_2,AB 为等压过程,
AC 为等温过程,AD 为绝热过程。则吸热最多的是(　　)。

　　A. AB 过程　　　　B. AC 过程　　　　C. AD 过程　　　　D. 不能确定

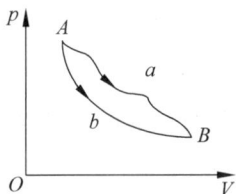

习题 7.1(1)图

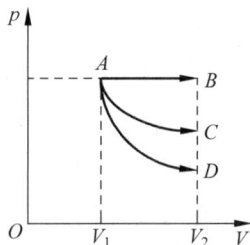

习题 7.1(2)图

(3) 一物质系统从外界吸收一定的热量,则(　　)。

　　A. 系统的内能一定增加

　　B. 系统的内能一定减少

　　C. 系统的内能一定保持不变

　　D. 系统的内能可能增加,也可能减少或保持不变

(4) 根据热力学第二定律判断下列说法正确的是(　　)。

　　A. 热量能从高温物体传到低温物体,但不能从低温物体传到高温物体

　　B. 功可以全部变为热,但热不能全部变为功

　　C. 气体能够自由膨胀,但不能自由压缩

　　D. 有规则运动的能量能够变为无规则运动的能量,但无规则运动的能量不能够变
　　　　为有规则运动的能量

(5) 一定量的理想气体,分别进行如习题 7.1(5)图所示的两个
卡诺循环 $abcda$ 和 $a'b'c'd'a'$,若在 p-V 图上这两个循环曲线所围
面积相等,则可以由此得知这两个循环(　　)。

　　A. 效率相等

　　B. 由高温热源处吸收的热量相等

　　C. 在低温热源处放出的热量相等

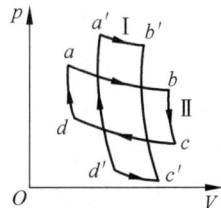

习题 7.1(5)图

D. 在每次循环中对外做的净功相等

(6) "理想气体和单一热源接触作等温膨胀时,吸收的热量全部用来对外做功。"对此说法,有如下几种评论,哪种是正确的? (　　　)

A. 不违反热力学第一定律,但违反热力学第二定律

B. 不违反热力学第二定律,但违反热力学第一定律

C. 不违反热力学第一定律,也不违反热力学第二定律

D. 违反热力学第一定律,也违反热力学第二定律

(7) 一定量的理想气体向真空作绝热自由膨胀,体积由 V_1 增至 V_2,在此过程中气体的(　　　)。

A. 内能不变,熵增加　　　　　　　　B. 内能不变,熵减少

C. 内能不变,熵不变　　　　　　　　D. 内能增加,熵增加

7.2　填空题

(1) 要使一热力学系统的内能变化,可以通过＿＿＿＿＿或＿＿＿＿两种方式,或者两种方式兼用来完成。热力学系统的状态发生变化时,其内能的改变量只取决于＿＿＿＿＿,而与＿＿＿＿无关。

(2) p-V 图上封闭曲线所包围的面积表示＿＿＿＿＿＿＿＿＿＿＿,若循环过程为逆时针方向,则该物理量为＿＿＿＿。(填正或负)

(3) 卡诺循环是由两个＿＿＿＿过程和两个＿＿＿＿过程组成的循环过程。卡诺循环的效率只与＿＿＿＿有关,卡诺循环的效率总是＿＿＿＿(大于、小于、等于)1。

(4) 一热机从温度为 727℃ 的高温热源吸热,向温度为 527℃ 的低温热量放热,若热机在最大效率下工作,且每一循环吸热 2000J,则此热机每一循环做功为＿＿＿＿＿＿。

(5) 一卡诺热机低温热源的温度为 27℃,效率为 40%,高温热源的温度为＿＿＿＿＿。

(6) 设一台电冰箱的工作循环为卡诺循环,在夏天工作,环境温度在 35℃,冰箱内的温度为 0℃,这台电冰箱的理想制冷系数 e 为＿＿＿＿＿＿。

(7) 一循环过程如习题 7.2(7)图所示,该气体在循环过程中吸热和放热的情况是 $a{\to}b$ 过程＿＿＿＿＿,$b{\to}c$ 过程＿＿＿＿＿,$c{\to}a$ 过程＿＿＿＿＿。

7.3　如习题 7.3 图所示,1mol 双原子刚性分子理想气体,从状态 $a(p_1,V_1)$ 沿 p-V 图所示直线变到状态 $b(p_2,V_2)$,求这个过程中气体的内能变化,对外界所做的功,吸收的热量。

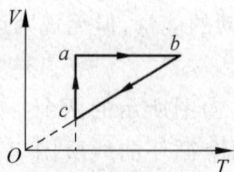
习题 7.2(7)图

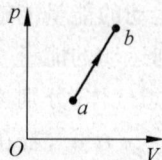
习题 7.3 图

7.4　对下表所列的理想气体各过程,并参照习题 7.4 图所示,填表判断系统的内能增量 ΔE,对外做功 A 和吸收热量 Q 的正负(用符号＋,－,0 表示)。

过程		ΔE	A	Q
等体减压				
等压压缩				
绝热膨胀				
图(a)$a \to b \to c$				
图(b)	$a \to b \to c$			
	$a \to d \to c$			

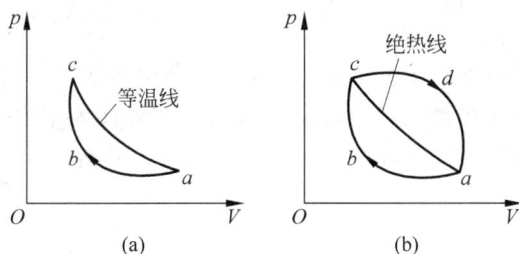

(a)　　　　　　(b)

习题 7.4 图

7.5　一定量的理想气体，由状态 a 经 b 到达 c。如习题 7.5 图所示，abc 为一直线。求此过程中，

(1) 气体对外做的功；

(2) 气体内能的增量；

(3) 气体吸收的热量(1atm＝1.013×10^5Pa)。

7.6　一压强为 1.013×10^5Pa，体积为 1.013×10^{-3} m³ 的氧气自 0℃加热到 100 ℃。问：(1)当压强不变时，需要多少热量？当体积不变时，需要多少热量？(2)在等压或等体过程中各做了多少功？

7.7　如习题 7.7 图所示，$abcda$ 为 1mol 单原子分子理想气体的循环过程，求：(1)气体循环一次，在吸热过程中从外界共吸收的热量；(2)气体循环一次对外做的净功。

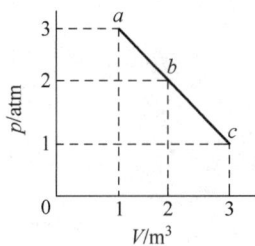

习题 7.5 图

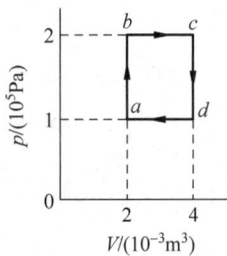

习题 7.7 图

7.8　比热容比 $\gamma = 1.40$ 的理想气体进行如习题 7.8 图所示的循环。已知状态 A 的温度为 300K。求：(1)状态 B、C 的温度；(2)每一过程中气体所吸收的净热量。

7.9　一热机以 1mol 双原子分子气体为工作物质，循环曲线如习题 7.9 图所示，其中 AB 为等温过程，$T_A = 1300$K，$T_C = 300$K。求循环热机效率。

7.10　一卡诺热机的低温热源温度为 7℃，效率为 40%，若要将其效率提高到 50%，求

高温热源的温度需提高多少?

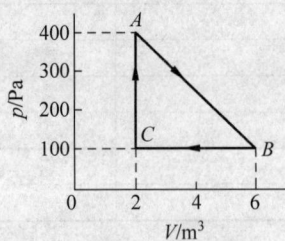

习题 7.8 图

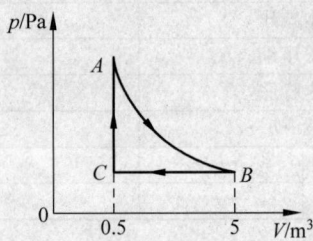

习题 7.9 图

7.11　在夏季,假定室外温度恒定为 37.0℃,启动空调使室内温度始终保持在 17.0℃。如果每天有 $2.51×10^8$ J 的热量通过热传递等方式自室外注入室内,则空调一天耗电多少?(设空调制冷机的制冷系数为同条件下的卡诺制冷机制冷系数的 60%)

综合练习（一）

一、单项选择题

1. 一质点作曲线运动，任意时刻的位矢为 r，速度为 v，那么（　　）。

    A. $|\Delta v| = \Delta v$

    B. $|\Delta r| = \Delta r$

    C. Δt 时间间隔内的平均速度为 $\Delta r / \Delta t$

    D. Δt 时间间隔内的平均加速度为 $\Delta v / \Delta t$

2. 以下四种运动的形式中，a 保持不变的运动是（　　）。

    A. 单摆的运动　　　　　　　　　　　B. 平抛运动

    C. 行星的椭圆轨道运动　　　　　　　D. 匀速率圆周运动

3. 一质点沿 x 轴运动的规律是 $x = t^2 - 4t + 5$(SI)。则前 3s 内它的（　　）。

    A. 位移和路程都是 3m　　　　　　　B. 位移和路程都是 -3m

    C. 位移是 -3m，路程是 3m　　　　　D. 位移是 -3m，路程是 5m

4. 关于作用力和反作用力，表述正确的是（　　）。

    A. 大小相等，方向相反，作用在同一条直线上

    B. 力的性质必定相同

    C. 两个力同时存在，同时消失

    D. 以上均正确

5. 关于保守力，下面说法有误的是（　　）。

    A. 保守力做正功时，系统内相应的势能减少

    B. 作用力和反作用力大小相等、方向相反，两者所做功的代数和必为零

    C. 质点运动经一闭合路径，保守力对质点做的功为零

    D. 质点组机械能的改变与保守内力无关

6. 考虑下列四个实例，你认为哪一个实例中物体和地球构成的系统的机械能不守恒？（　　）

    A. 物体在拉力作用下沿光滑斜面匀速上升

    B. 物体作圆锥摆运动

    C. 抛出的铁饼作斜抛运动（不计空气阻力）

    D. 物体在光滑斜面上自由滑下

7. 如题 1-7 图所示，质量分别为 m_1 和 m_2 的物体 A 和 B 置于光滑桌面上，A 和 B 之间连有一轻弹簧。另有质量为 m_1 和 m_2 的物体 C 和 D 分别置于物体 A 与 B 之上，且物体 A 和 C、B 和 D 之间的摩擦因数均不为零。首先用外力沿水平方向相向推压 A 和 B，使弹簧被压缩，然后撤掉外力，则在 A 和 B 弹开的过程中，对 A、B、C、D 以及弹簧组成的系

题 1-7 图

统,有(　　)。

    A. 动量守恒,机械能守恒   B. 动量不守恒,机械能守恒

    C. 动量守恒,机械能不一定守恒   D. 动量不守恒,机械能不守恒

8. 下列说法正确的是(　　)。

    A. 动量守恒定律的守恒条件是系统所受的合外力矩为零

    B. 角动量守恒定律的守恒条件是系统所受的合外力为零

    C. 机械能守恒定律的守恒条件是系统所受的合外力不做功

    D. 以上说法都不正确

9. 关于产生驻波的条件,以下说法正确的是(　　)。

    A. 任何两列波叠加都会产生驻波

    B. 任何两列相干波叠加都能产生驻波

    C. 两列振幅相同的相干波叠加能产生驻波

    D. 两列振幅相同,在同一直线上沿相反方向传播的相干波叠加才能产生驻波

10. 一个平面简谐波沿 x 轴负方向传播,波速 $u=10\text{m/s}$。$x=0$ 处,质点振动曲线如题 1-10 图所示,则该波的表达式为(　　)。

    A. $y=2\cos\left(\dfrac{\pi}{2}t+\dfrac{\pi}{20}x+\dfrac{\pi}{2}\right)\text{m}$ B. $y=2\cos\left(\dfrac{\pi}{2}t+\dfrac{\pi}{20}x-\dfrac{\pi}{2}\right)\text{m}$

    C. $y=2\sin\left(\dfrac{\pi}{2}t+\dfrac{\pi}{20}x+\dfrac{\pi}{2}\right)\text{m}$ D. $y=2\sin\left(\dfrac{\pi}{2}t+\dfrac{\pi}{20}x-\dfrac{\pi}{2}\right)\text{m}$

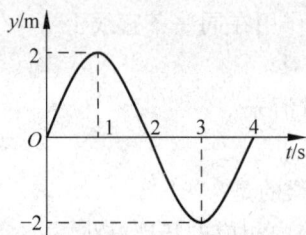

题 1-10 图

11. 三个容器 A、B、C 中装有同种理想气体,其分子数密度 n 相同,而方均根速率之比为 $(\overline{v_A^2})^{\frac{1}{2}}:(\overline{v_B^2})^{\frac{1}{2}}:(\overline{v_C^2})^{\frac{1}{2}}=1:2:4$,则其压强之比 $p_A:p_B:p_C$ 为(　　)。

    A. $1:2:4$ B. $4:2:1$ C. $1:4:16$ D. $1:4:8$

12. 一定量理想气体,经历某过程后,它的温度升高了,则根据热力学定律下列说法正确的是(　　)。

    A. 该理想气体系统在此过程中做了功

    B. 在此过程中外界对该理想气体系统做了正功

    C. 该理想气体系统的内能增加了

    D. 在此过程中理想气体系统既从外界吸了热,又对外做了正功

二、填空题

1. 质点的运动方程为 $\begin{cases} x=-10t+30t^2 \\ y=15t-20t^2 \end{cases}$,(式中 x、y 的单位为 m,t 的单位为 s),则该质

点的速度 $v=$ _____；加速度 $a=$ _____。

2. 由于速度的_____变化而引起的加速度称为切向加速度；由于速度的_____变化而引起的加速度称为法向加速度。

3. 内力_____改变系统的总动量；内力的功_____改变系统的总动能。(仅填"能"或"不能")

4. 如题 2-3 图所示，对一个绕固定水平轴 O 匀速转动的转盘，沿图示的同一水平直线从相反方向射入两颗质量相同、速率相等的子弹，并停留在盘中，则子弹射入后转盘的角速度_____；转动惯量_____。(填变化情况)

题 2-3 图

5. 已知一简谐波的波动方程为 $y=5\cos(\pi t+4\pi x+\pi/2)$(SI)，可知该简谐波的传播方向沿 x 轴_____方向，波速为_____ m/s。

6. 理想气体在等温膨胀时，气体的内能_____，对外做功，此过程气体_____。(填吸热或放热)。

三、问答题

1. 分别指出以下各运动中的切向加速度 a_τ 和法向加速度 a_n 的大小是否为零，并写出切向加速度 a_n 的数学表达式。(1)匀速圆周运动；(2)平抛运动。

2. 如题 3-2 图所示，子弹入射沙袋的过程中，以子弹和沙袋为系统，请分析该系统的角动量、机械能和动量是否守恒？

题 3-2 图

3. 运动员在表演空中翻滚时，总是先纵身离地使自己绕通过自身质心的水平轴有一缓慢的转动，在空中时就尽量蜷缩四肢，以完成空中翻转动作，请用物理学知识分析此过程。

4. 一物体作简谐振动,振幅为 A,在起始时刻质点的位移为 $A/2$ 且向 x 轴的正方向运动,请画出该简谐振动的旋转矢量图,并写出初相位 φ_0 的值。

四、计算题

1. 质量 $m=2\text{kg}$ 的质点在力 $F=12t$ (SI) 的作用下,从静止出发沿 x 轴正方向作直线运动,求 3s 末的位置。

2. 质量 $m=10\text{kg}$ 的物体沿 x 轴无摩擦地运动,设 $t=0$ 时,物体位于原点,速度为零。试求物体在外力 $F=4+2x$ 作用下,运动了 5m 时的速度和外力的冲量。

3. 如题 4-3 图所示,物体 A 和 B 的质量分别为 m 与 $2m$,滑轮的质量为 m,半径为 r。设物体 B 与桌面间为光滑接触,求系统的加速度 a 及绳中的张力 T_1 和 T_2。(设绳子与滑轮间无相对滑动,滑轮与转轴无摩擦)

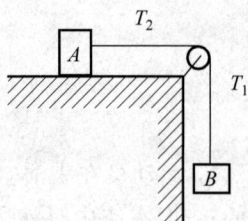

题 4-3 图

4. 一质点在弹性介质中作简谐运动，$A=0.2\text{m}$，$T=4\pi$，当 $t=0$ 时，在 $x=0$ 处的质点振动位移为 0.1m，向 y 轴负方向运动，求：(1)该质点的振动方程；(2)若已知该质点激起的平面简谐波沿 x 轴正方向传播，$\lambda=2\text{m}$，求波动方程。

5. 如题 4-5 图所示，一均匀细杆，长为 l、质量为 m，可绕过杆端且垂直于杆的光滑水平固定轴 O 在竖直平面内转动，杆被拉到水平位置从静止开始下落，当它转到竖直位置时，与放在地面上一静止的质量亦为 m 的小滑块碰撞，碰撞时间极短，小滑块碰撞被粘在杆末端上，杆和小滑块继续沿原转动方向转动，直到达到最大摆角(小滑块的质心到 O 点距离近似等于 l)。求：

(1) 杆转到竖直位置时的角速度；

(2) 碰撞后杆的中点 C 离地面的最大高度 h。

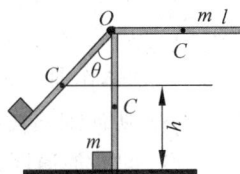

题 4-5 图

6. 一定量的某种理想气体进行如题 4-7 图所示的循环过程。已知气体状态 A 的温度为 $T_A=300\text{K}$，求：(1)气体在状态 B、C 的温度；(2)BC、CA 过程中气体对外所做的功；(3)经过整个循环，气体对外界做的净功。

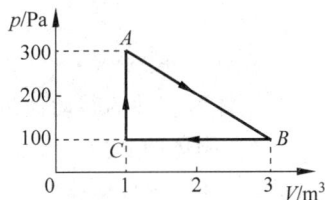

题 4-7 图

综合练习（二）

一、单项选择题

1. 质点沿轨道 AB 作曲线运动,速率逐渐减小,图中哪一种情况正确地表示了质点在 C 处的加速度?（　　）。

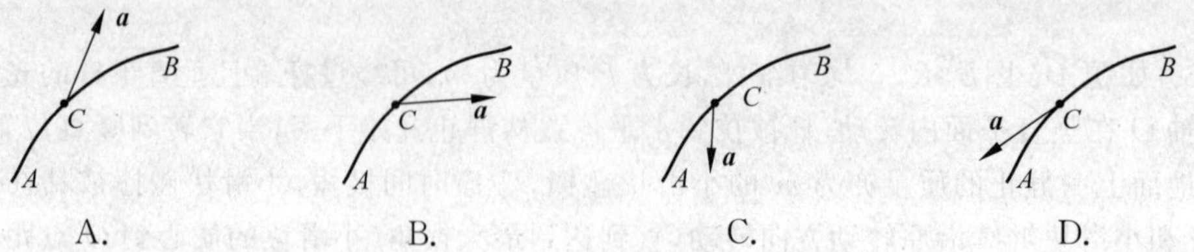

    A.　　　　　　　B.　　　　　　　C.　　　　　　　D.

2. 一运动质点在某瞬时位于位矢 $r(x,y)$ 的端点处,对其速度的大小的几种写法:

(1) $\dfrac{\mathrm{d}s}{\mathrm{d}t}$; (2) $\dfrac{|\mathrm{d}\boldsymbol{r}|}{\mathrm{d}t}$; (3) $\sqrt{\left(\dfrac{\mathrm{d}x}{\mathrm{d}t}\right)^2+\left(\dfrac{\mathrm{d}y}{\mathrm{d}t}\right)^2}$。判断正确的是（　　）。

    A. 只有(1)、(2)正确　　　　　　　　B. 只有(2)正确

    C. 只有(2)、(3)正确　　　　　　　　D. 只有(3)正确

3. 若物体作曲线运动,则（　　）。

    A. 切向加速度必不为零

    B. 向心加速度必不为零

    C. 若加速度为恒矢量,则一定作匀变速率曲线运动

    D. 若速率为恒值,则总加速度必为零

4. 在系统不受外力作用的非弹性碰撞过程中（　　）。

    A. 动能改变,动量守恒　　　　　　　B. 动能改变,动量都不守恒

    C. 动能不变,动量都守恒　　　　　　D. 动能不变,动量不守恒

5. $F_x=a+bt$(式中 F_x 的单位为 N,t 的单位为 s)的合外力作用在质量为 $10\,\mathrm{kg}$ 的物体上,在开始 $2\mathrm{s}$ 内此力的冲量为（　　）。

    A. $(a+b)\mathrm{N}\cdot\mathrm{s}$　　　　　　　　B. $(a+2b)\mathrm{N}\cdot\mathrm{s}$

    C. $(2a+2b)\mathrm{N}\cdot\mathrm{s}$　　　　　　　D. $(2a+4b)\mathrm{N}\cdot\mathrm{s}$

6. 刚体对转轴的转动惯量,与哪个因素无关?（　　）。

    A. 刚体的质量　　　　　　　　　　　B. 刚体质量的空间分布

    C. 刚体的转动速度　　　　　　　　　D. 刚体转轴的位置

7. 对一绕固定水平轴 O 匀速转动的转盘,沿题 1-7 图所示的同一水平直线从相反方向射入两颗质量相同、速率相等的子弹,并停留在盘中,则子弹射入后转盘的 ω（　　）。

    A. 增大　　　　　　B. 减小

    C. 不变　　　　　　D. 无法确定

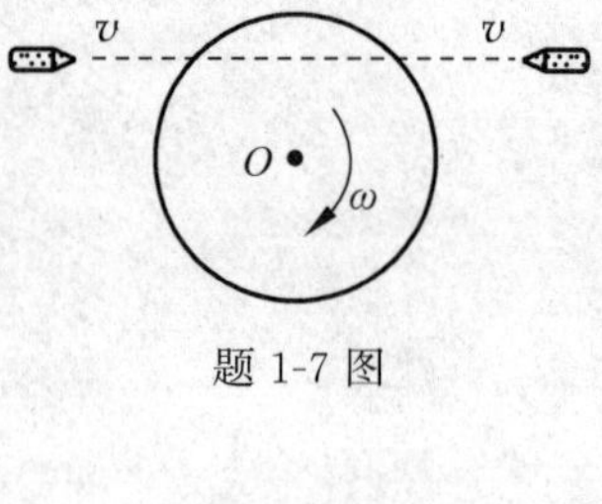

题 1-7 图

8. 一物体作简谐振动,振幅为 A,在起始时刻质点的位移为 $\dfrac{A}{2}$ 且向 x 轴的正方向运动,代表此简谐振动的旋转矢量图为(   )。

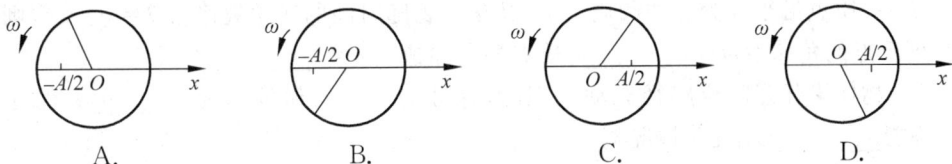

    A.   B.   C.   D.

9. 同一点光源发出的两列光波产生相干的必要条件是(   )。

    A. 两光源的频率相同,振动方向相同,相位差恒定

    B. 两光源的频率相同,振幅相同,相位差恒定

    C. 两光源发出的光波传播方向相同,振动方向相同,振幅相同

    D. 两光源发出的光波传播方向相同,频率相同,相位差恒定

10. 一个平面简谐波沿 x 轴正方向传播,波速为 $u=160\text{m/s}$,$t=0$ 时刻的波形图如题 1-10 图所示,则该波的表达式为(   )。

    A. $y=3\cos\left(40\pi t+\dfrac{\pi}{4}x-\dfrac{\pi}{2}\right)\text{m}$ B. $y=3\cos\left(40\pi t+\dfrac{\pi}{4}x+\dfrac{\pi}{2}\right)\text{m}$

    C. $y=3\cos\left(40\pi t-\dfrac{\pi}{4}x-\dfrac{\pi}{2}\right)\text{m}$ D. $y=3\cos\left(40\pi t-\dfrac{\pi}{4}x+\dfrac{\pi}{2}\right)\text{m}$

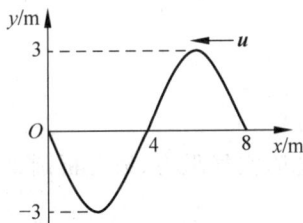

题 1-10 图

11. 一定量的理想气体,在温度不变时,当容积增大时,分子的平均碰撞次数 $\bar{Z}$ 和平均自由程 $\bar{\lambda}$ 的变化情况是(   )。

    A. $\bar{Z}$ 减小而 $\bar{\lambda}$ 不变   B. $\bar{Z}$ 减小而 $\bar{\lambda}$ 增大

    C. $\bar{Z}$ 增大而 $\bar{\lambda}$ 减小   D. $\bar{Z}$ 不变而 $\bar{\lambda}$ 增大

12. 气体在如题 1-12 图所示的过程中,内能的变化是(   )。

    A. 增加   B. 减少   C. 不变   D. 无法判断

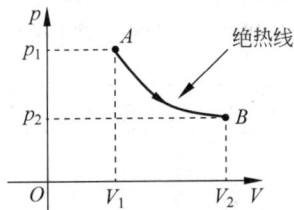

题 1-12 图

二、填空题

1. 一质点在 OXY 平面内运动,其运动方程为 $x=3t^2$,$y=6t^2+2$,则质点在任意时刻的速度表达式为＿＿＿＿＿＿＿＿;轨迹方程为＿＿＿＿＿＿＿＿＿。

2. 一质点沿半径为 r 的圆周运动,其角位置随时间的变化规律是 $\theta=6+5t^2$,则任意的 t 时刻质点的角速度 $\omega=$＿＿＿＿＿;质点的角加速度 $\alpha=$＿＿＿＿＿。

3. 物体沿任意闭合路径运动一周时,保守力对它所做的功为＿＿＿＿＿;保守力做正功,势能＿＿＿＿＿(填变化情况)。

4. 定轴转动刚体的＿＿＿＿不改变系统的角动量,若刚体所受＿＿＿＿对转轴的＿＿＿＿为零,则刚体的角动量守恒。

5. 设一简谐振动的运动方程为 $x=0.03\cos\left(\pi t+\dfrac{\pi}{3}\right)$(SI 制),则该简谐振动的振幅是＿＿＿＿,周期是＿＿＿＿。

6. 10mol 的氧气,在等体过程中温度上升了 10K,则系统的内能增加了＿＿＿＿ J。($R=8.31$J·mol^{-1}·K^{-1})

三、问答题

1. 分别指出以下各运动中的切向加速度 a_τ 和法向加速度 a_n 的大小是否为零,并写出切向加速度 a_τ 的数学表达式。(1)匀速直线运动;(2)匀加速直线运动。

2. 如题 3-2 图所示圆锥摆,忽略空气阻力,请分析圆锥摆的动量、角动量和机械能是否守恒?

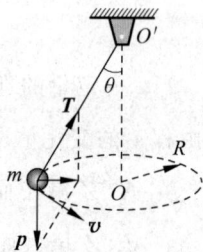

题 3-2 图

3. 一个刚体绕固定轴的刚体受到两个力的作用,当这两个力对固定转轴的合力矩为零时,那么其合力是否一定为零? 当这两个力对固定转轴的合力为零时,那么其合力矩是否一定为零? 请分别举例说明。

4. 如题 3-4 图所示，请用物理知识分析广播和电视哪个更容易收到信号？

> 广播和电视哪个更容易收到？

题 3-4 图

四、计算题

1. 一质点沿 x 轴作直线运动，其加速度 $a = 4t - 2$。若当 $t = 0$ 时，$v_0 = 6\text{m/s}$，$x_0 = 9\text{m}$。求质点在 $t = 2\text{s}$ 时的位置和速度。

2. 一沿 x 轴正方向的力作用在一质量为 2.0kg 的物体上，已知物体的运动学方程为 $x = t^2 - 2t + 2$，x 单位是 m，t 的单位是 s，求：(1)力在最初 2.0s 内做的功；(2)$t = 1\text{s}$ 力的瞬时功率。

3. 如题 4-3 图所示，一根长为 l、质量为 M 的匀质棒自由悬挂于通过其上端的光滑水平轴上。现有一质量为 m 的子弹以水平速度 v_0 射向棒的中心，并以 $v_0/2$ 的水平速度穿出棒，此后棒的最大偏转角恰为 $90°$，则 v_0 的大小是多少？

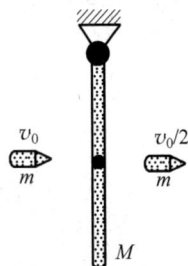

题 4-3 图

4. 一质点在作简谐运动,振幅为 0.02m,周期为 2s。开始时,该质点位于平衡位置处且向正方向运动,求:(1)该质点振动的初相位 φ_0 及简谐运动方程;(2)以该质点的简谐振动为波源,在介质中产生沿着 x 轴正方向传播的平面简谐波,波速为 2m/s,求该平面简谐波的波动方程。

5. 设某架飞机以 300m/s 的水平速率飞行,与正在飞行的飞鸟发生碰撞,导致飞机发生了事故。设飞鸟的身长为 0.2m,质量为 0.5kg,碰撞后其尸体与飞机具有同样的速度,鸟原来的速度可忽略,碰撞时间用鸟的身长除以飞机速率。问:

(1) 该材料中涉及的物理知识有什么?

(2) 通过计算说明飞机为什么与飞鸟碰撞会发生事故?此事件对我们有什么启示?

6. 64g 氧气(可看成刚性双原子分子理想气体)的温度由 0℃升至 50℃,(1)保持体积不变;(2)保持压强不变。在这两个过程中氧气各吸收了多少热量?各增加了多少内能?对外各做了多少功?

综合练习（三）

一、单项选择题

1. 下列物理量中是矢量的是（   ）。

    A. 重力势能   B. 动量   C. 动能   D. 功

2. 一质点作圆周运动，其运动方程为 $\theta = 3t^2 + 2t$（SI），则任意时刻质点角速度的大小 ω 为（   ）。

    A. $3t+2$ B. $6t+2$ C. $3t+2t$ D. $6+2t$

3. 下列说法正确的是（   ）。

    A. 加速度恒定不变时，物体运动方向也不变

    B. 平均速率等于平均速度的大小

    C. 位移等于路程

    D. 运动物体速率不变时，速度可以变化

4. 一段路面水平的公路，转弯处轨道半径为 R，汽车轮胎与路面间的摩擦因数为 μ，要使汽车不至于发生侧向打滑，汽车在该处的行驶速率（   ）。

    A. 不得小于 $\sqrt{\mu g R}$ B. 必须等于 $\sqrt{\mu g R}$

    C. 不得大于 $\sqrt{\mu g R}$ D. 由汽车的质量决定

5. 关于牛顿第一运动定律，下列说法不正确的是（   ）。

    A. 力不是维持物体运动的原因

    B. 力是使物体运动状态改变的原因

    C. 牛顿第一运动定律成立的参考系称为惯性系

    D. 牛顿第一运动定律适用于任何情况

6. 人造地球卫星绕地球作椭圆轨道运动，地球在椭圆轨道上的一个焦点上，则卫星（   ）。

    A. 动量守恒，机械能守恒

    B. 动量守恒，机械能不守恒

    C. 对地球中心的角动量守恒，机械能守恒

    D. 对地球中心的角动量不守恒，机械能守恒

7. 一物体质量为 2kg，受到方向不变的力 $F = 30 + 4t$（SI）作用，在开始的 2s 内，此力冲量的大小等于（   ）N·s。

    A. 68   B. 38   C. 64   D. 128

8. 关于力矩的说法正确的是（   ）。

    A. 定轴转动的刚体，内力矩会改变其角动量

    B. 一对作用和反作用力对同一轴的力矩之和必为零

    C. 刚体所受合外力为零，所受合外力矩也一定为零

    D. 质量相等的两刚体在相同力矩作用下，角加速度一定相同

9. 平面简谐波在弹性介质中传播,当介质中某质元处于平衡位置时,它的(　　)。

    A. 动能最大、势能为零　　　　　　　　B. 势能最大、动能为零

    C. 动能和势能均为零　　　　　　　　　D. 动能和势能均最大

10. 在波长为 λ 的驻波中,两个相邻波腹之间距离为(　　)。

    A. $\dfrac{1}{4}\lambda$　　　　　　B. $\dfrac{1}{2}\lambda$　　　　　　C. $\dfrac{3}{4}\lambda$　　　　　　D. λ

11. 在一容积不变的封闭容器内,理想气体分子的平均速率若提高为原来的 2 倍,则(　　)。

    A. 温度和压强都提高为原来的 2 倍

    B. 温度为原来的 2 倍,压强为原来的 4 倍

    C. 温度为原来的 4 倍,压强为原来的 2 倍

    D. 温度和压强都为原来的 4 倍

12. 需要吸热的过程是(　　)。

    A. 等体降压　　　　B. 等温膨胀　　　　C. 绝热膨胀　　　　D. 绝热压缩

二、填空题

1. 一质点作匀速圆周运动,在此过程中质点的切向加速度的方向_____,法向加速度的大小_____。(填"改变"或"不变")

2. 一质点沿 x 轴运动,运动方程为 $x=2t^2+2\,(\mathrm{SI})$,则在 $t=1\mathrm{s}$ 时,质点的速度为_____ m/s,加速度为_____ m/s^2。

3. 保守力做功与_____无关,仅取决于相互作用质点的始末位置,沿着闭合路径一周保守力做功为_____。

4. 一个质量为 2kg、半径为 0.1m 的圆盘绕垂直于圆心的转轴转动。若圆盘以 10rad·s^{-1} 的角速度转动,则圆盘的转动惯量 $J=$_____ kg·m^2;角动量 $L=$_____ kg·m^2·s^{-1}。

5. 机械波产生的条件为_____和_____。

6. 一台工作于温度分别为 127℃ 和 27℃ 的高温热源与低温源之间的卡诺热机,每经历一个循环吸热 2000J,则对外做功_____ J;热机的效率为_____。

三、判断题

1. 在研究乒乓球旋转技术时,可以把它看成质点。　　　　　　　　　　　　(　　)

2. 一质点作抛体运动,其加速度不变。　　　　　　　　　　　　　　　　　(　　)

3. 牛顿第二运动定律表达式对于低速宏观物体可表示为 $\boldsymbol{F}=m\boldsymbol{a}$。　　　　(　　)

4. 两个力作用在有固定转轴的刚体上且与转轴相互平行,则它们对轴的合力矩一定是零。　　　　　　　　　　　　　　　　　　　　　　　　　　　　　　　　(　　)

5. 任何两列波在介质中传播都可以形成相干波。　　　　　　　　　　　　　(　　)

四、简答题

1. 平均速率与平均速度的区别?

2. 卫星环绕地球中心作椭圆运动的过程中,分别说明卫星的动量、角动量以及卫星与地球构成的系统的机械能是否守恒? 为什么?

3. 刚体作定轴转动,刚体的转动惯量由哪些因素决定?

4. 用刚体力学知识说明花样滑冰运动员在高速旋转时为何要手脚尽量往身体靠拢?

5. 简述机械振动能量的特征。

6. 改变系统内能的途径有哪些? 它们本质上的区别是什么?

五、计算题

1. 一质点沿 x 方向运动,其加速度随时间的变化关系为 $a=4t+1$ (SI),如果初始时质点的速度 $v_0=3\text{m/s}$, $x_0=8\text{m}$。求任意时刻的速度和运动方程。

2. 一质量为 2kg 的物体由静止出发沿直线运动,若已知作用在物体上的合外力为 $F = 2t(N)$。试求在前 2 秒内,(1)物体的冲量大小;(2)此力对物体所做的功。

3. 质量为 m、长为 l 的均匀的细杆竖直放置,其下端与一固定铰链 O 相接,并可绕其转动,由于此竖直放置的细杆处于非稳定的平衡状态,当其受到微小扰动时,细杆将在重力的作用下由静止开始绕铰链 O 转动,如题 5-1 图所示。试计算细杆与竖直线成 θ 角时的角速度和角加速度。

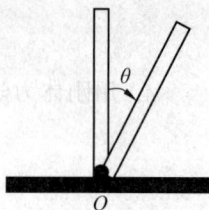

题 5-1 图

4. 一放置在光滑水平桌面上的弹簧振子,振幅 $A = 0.06m$,周期 $T = 0.80s$,当 $t = 0$ 时物体在 $0.03m$,向负方向运动。(1)写出该弹簧振子的运动方程;(2)若以此简谐振动为波源,在介质中形成平面简谐波的波速为 $6m \cdot s^{-1}$ 朝正方向传播,求波动方程。

5. 一压强为 $1.0 \times 10^5 Pa$,体积为 $8.2 \times 10^{-3} m^3$ 的氧气自 0℃加热到 100℃。问:(1)当压强不变时,需要多少热量?当体积不变时,需要多少热量?(2)在等压或等体过程中各做了多少功?

综合练习（四）

一、单项选择题

1. 下列关于质点说法正确的是（   ）。
   A. 质量很小的物体
   B. 根据其运动情况,被看作具有质量而没有大小和形状的理想物体
   C. 只能作平动的物体
   D. 体积很小的物体

2. 质点作曲线运动,某时刻的位置矢量为 r,速度为 v,则瞬时速度的大小是（   ）。
   A. $\dfrac{\mathrm{d}r}{\mathrm{d}t}$
   B. $\left|\dfrac{\mathrm{d}r}{\mathrm{d}t}\right|$
   C. $\dfrac{\mathrm{d}r}{\mathrm{d}t}$
   D. $\dfrac{\mathrm{d}v}{\mathrm{d}t}$

3. 一质点作圆周运动,其运动方程为 $\theta = 3t^2 (\mathrm{SI})$,则任意时刻质点角速度的大小 ω 为（   ）。
   A. $3t$
   B. 3
   C. $6t$
   D. 6

4. 关于牛顿运动定律,下列说法错误的是（   ）。
   A. 牛顿第一运动定律引出了惯性这个概念
   B. 牛顿运动定律的适用条件是:宏观、低速
   C. 牛顿第一运动定律成立的参考系称为惯性系
   D. 作用力与反作用力是不同性质的力

5. 对功的概念有以下几种说法:
   (1) 保守力做正功时,系统内相应的势能增加;
   (2) 质点运动经一闭合路径,保守力对质点做的功为零;
   (3) 作用力和反作用力大小相等、方向相反,所以两者所做功的代数和必为零。
   在上述说法中（   ）。
   A. (1)、(2)是正确的
   B. (2)、(3)是正确的
   C. 只有(2)是正确的
   D. 只有(3)是正确的

6. 一质点受力 $F = 6x^2 i$ 作用,沿 x 轴正方向运动,从 $x=0$ 到 $x=2\mathrm{m}$ 过程中,力 F 做功（   ）。
   A. 8J
   B. 12J
   C. 16J
   D. 24J

7. 对于一个物体系在下列条件中,哪种情况下,系统的机械能守恒。（   ）
   A. 合外力为 0,不存在非保守内力
   B. 合外力不做功
   C. 外力和非保守内力都不做功
   D. 外力和保守内力都不做功

8. 两个力作用在有固定转轴的刚体上,则（   ）。

A. 两个力都平行于轴作用时,它们对轴的合力矩一定是零

B. 两个力都垂直于轴作用时,它们对轴的合力矩一定是零

C. 这两个力的合力为零时,它们对轴的合力矩也一定是零

D. 这两个力对轴的合力矩为零时,它们的合力也一定是零

9. 研究弹簧谐振子的简谐振动情况,下列说法正确的是(   )。

A. 若该弹簧谐振子位于负的最大位移处,其动能为零,势能为零

B. 该弹簧谐振子的总机械能是守恒的

C. 该弹簧谐振子在最大位移处的势能为零

D. 该弹簧谐振子的动能和势能瞬时值发生变化,但两者的大小相等

10. 空间内两列波能形成驻波的条件为(   )。

①振幅相等;②频率相等;③波长相等;④同向传播。

A. ①②④   B. ①③④   C. ②③④   D. ①②③

11. 在一个容积不变的容器中,储有一定量的理想气体,温度为 T_0 时,气体分子的平均速率为 v_0,分子平均碰撞次数为 $\bar{Z}_0$,平均自由程为 $\bar{\lambda}_0$。当气体温度升高为 $4T_0$ 时,气体分子的平均速率 $\bar{v}$,平均碰撞次数 $\bar{Z}$ 和平均自由程 $\bar{\lambda}$ 分别为(   )。

A. $\bar{v}=4\bar{v}_0,\bar{Z}=4\bar{Z}_0,\bar{\lambda}=4\bar{\lambda}_0$ B. $\bar{v}=2\bar{v}_0,\bar{Z}=2\bar{Z}_0,\bar{\lambda}=\bar{\lambda}_0$

C. $\bar{v}=2\bar{v}_0,\bar{Z}=2\bar{Z}_0,\bar{\lambda}=4\bar{\lambda}_0$ D. $\bar{v}=4\bar{v}_0,\bar{Z}=2\bar{Z}_0,\bar{\lambda}=\bar{\lambda}_0$

12. 氦气、氮气、水蒸气(均视为刚性分子理想气体),它们的摩尔数相同,初始状态相同,若使它们在体积不变情况下吸收相等的热量,则(   )。

A. 它们的温度升高相同,压强增加相同

B. 它们的温度升高相同,压强增加不相同

C. 它们的温度升高不相同,压强增加不相同

D. 它们的温度升高不相同,压强增加相同

二、填空题

1. 一质点以半径为 R 作匀速圆周运动,以圆心为坐标原点,质点运动半个周期内,其位移大小 $|\Delta r|=$_____,其路程 $\Delta S=$_____。

2. 做功只与始末位置有关,而与路径无关的力称为_____,如_____。

3. 假设人造地球卫星绕地球中心作圆周运动,则在运动过程中卫星对地球中心的角动量_____;机械能_____。(仅填"守恒"或"不守恒")

4. 介质中各质元的振动方向与传播方向互相垂直的称为_____,质元的振动方向与波的传播方向平行的波称为_____。

5. 设一简谐振动其方程为 $x=3\cos\left(2\pi t+\dfrac{\pi}{4}\right)$(SI),则其振动的振幅是_____,周期是_____。

6. 可逆卡诺热机可以逆向运转。逆向循环时,从低温热源吸热,向高温热源放热,而且吸的热量和放出的热量等于它正循环时向低温热源放出的热量和从高温热源吸的热量。设高温热源的温度为 $T_1=450K$,低温热源的温度为 $T_2=300K$,卡诺热机逆向循环时从低温热源吸热 $Q_2=400J$,则该卡诺热机逆向循环一次外界必须做功 $W=$_____J。

三、判断题

1. 位移的大小等于路程。　　　　　　　　　　　　　　　　　　　(　　)

2. 一质点作曲线运动,它的加速度可以不变。　　　　　　　　　　(　　)

3. 冲量是力对时间的累积效应。　　　　　　　　　　　　　　　　(　　)

4. 刚体作定轴转动,刚体上各点的角速度和角加速度相同。　　　(　　)

5. 两个振幅为 A_1、A_2 的简谐振动,合成后的振动振幅一定是 A_1+A_2。(　　)

四、简答题

1. 分别指出以下两种运动情况的切向加速度 a_τ 和法向加速度 a_n 的大小是否为零。
(1)匀速圆周运动;(2)平抛运动。

2. 牛顿第二运动定律的定义是什么?

3. 角动量守恒的条件是什么? 请举出一个利用角动量守恒的例子。

4. 作圆锥摆运动的小球,如题 4-4 图所示。机械能和角动量是否守恒? 为什么?

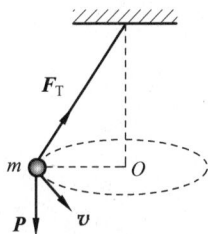

题 4-4 图

5. 简述波动能量的特点。

6. 理想气体的微观模型。

五、计算题

1. 一质量为 10kg 的质点在力 F 的作用下沿 x 轴作直线运动,已知 $F=(20t+20)$N。在 $t=0$s 时,质点位于 $x_0=3$m 处,其速度 $v_0=5$m/s。求质点在 $t=1$s 时的速度和位置。

2. 如题 5-2 图所示,光滑水平面上有 A、B 两物块。若给予 A 物块一个初速度 $v_0=3$m/s,原来 B 物块静止。求 A、B 碰撞后具有的共同速度 v? 此时弹簧的压缩距离 x?(不考虑摩擦力,且已知 A、B 物块质量分别为 6kg、3kg,弹簧劲度系数 $k=50$N/m)

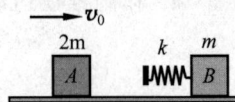

题 5-2 图

3. 如题 5-3 图所示,长为 l、质量为 m 的均匀细棒,可绕垂直于棒的一端的水平轴无摩擦地转动,今将棒放在水平位置,然后放手,任其由静止开始转动,试求:

（1）开始转动时棒的角加速度；

（2）转到竖直位置时，棒的角速度。

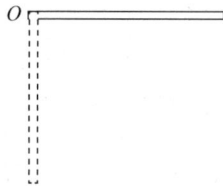

题 5-3 图

4. 一平面简谐波沿 x 轴正方向传播，波速为 2m/s，波源位于 $x=0$ 处，且该处质点的振动方程为 $y=5\times10^{-3}\cos\left(2\pi t+\dfrac{\pi}{2}\right)\text{m}$ 试求：

（1）周期和波长；

（2）该波的波方程；

（3）离波源 4m 处的质点的振动方程。

5. 如题 5-5 图所示，使 1mol 氧气（1）由 A 等温地变到 B；（2）由 A 等体地变到 C，再由 C 等压地变到 B。试分别计算氧气所做的功和吸收的热量。

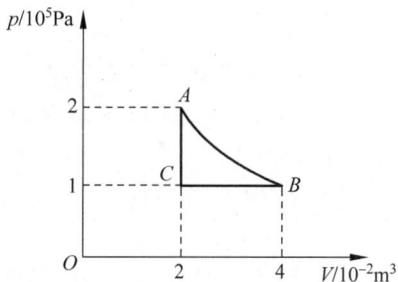

题 5-5 图

综合练习(五)

一、单项选择题

1. 下列运动中加速度不变的是(　　)。

    A. 匀加速直线运动　　　　　　　　B. 匀速圆周运动

    C. 匀速直线运动　　　　　　　　　D. 平抛运动

2. 一质点按规律 $x=t^2-4t+5$ 沿 x 轴运动(x 和 t 的单位分别为 m 和 s),前 3s 内质点的位移和 3s 时的速度分别为(　　)。

    A. 3m,3m/s　　　　　　　　　　　B. 3m,2m/s

    C. −3m,3m/s　　　　　　　　　　D. −3m,2m/s

3. 关于牛顿运动定律,下列说法正确的是(　　)。

    A. 牛顿第二运动定律规定物体动量的变化率等于物体所受的合外力

    B. 牛顿运动定律适用于任何参考系

    C. 牛顿第一运动定律规定了惯性由质量描述

    D. 牛顿第二运动定律可在非惯性参考系中成立

4. 关于保守力,下列说法错误的是(　　)。

    A. 保守力做功与路径无关

    B. 保守力做功由始末位置决定

    C. 物体沿任意闭合路径运动一周时,保守力对其做功为零

    D. 摩擦力是保守力

5. 关于力矩的几种说法,错误的是(　　)。

    A. 对于定轴转动的刚体而言,内力矩不会改变其角加速度

    B. 一对作用力和反作用力对同一轴的力矩之和必为零

    C. 质量相等,形状和大小不同的两刚体在相同力矩作用下,运动状态一定相同

    D. 两个力都平行于转轴作用时,它们对轴的合力矩一定是零

6. 刚体对轴的转动惯量与下列哪个因素无关?(　　)。

    A. 刚体的质量　　　　　　　　　　B. 刚体质量的分布

    C. 转轴的位置　　　　　　　　　　D. 刚体的软硬程度

7. 如题 1-7 图所示,一匀质细杆可绕通过上端与杆垂直的水平光滑固定轴 O 旋转,初始状态为静止悬挂。现有一个小球自左方水平打击细杆。设小球与细杆之间为非弹性碰撞,则在碰撞过程中对细杆与小球这一系统(　　)。

    A. 只有机械能守恒

    B. 只有动量守恒

    C. 只有对转轴 O 的角动量守恒

    D. 机械能、动量和角动量均守恒

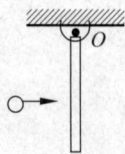

题 1-7 图

8. 一质点作简谐振动,其位移 x 与时间 t 的关系如题 1-8 图所示。在 $t=4s$ 时,质点( )。

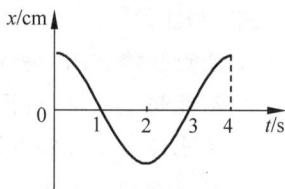
题 1-8 图

  A. 速度为正的最大值,加速度为零

  B. 速度为负的最大值,加速度为零

  C. 速度为零,加速度为负的最大值

  D. 速度为零,加速度为正的最大值

9. 作定轴转动的刚体上各质元在各自的转动平面内作圆周运动,其中速度、加速度、角速度、角加速度这四个物理量中,相同的是( )。

  A. 速度,加速度   B. 角速度,角加速度

  C. 速度,角加速度   D. 加速度,角加速度

10. 有关波的衍射,下列说法中错误的是( )。

  A. 特定波长的机械波,障碍物线度越小,衍射现象越明显

  B. 对同一线度障碍物,频率低的波更容易产生衍射

  C. 障碍物的线度相对波长较小时衍射现象明显

  D. 不是所有波都有衍射

11. 一定量的理想气体,在容积不变的条件下,当温度降低时,分子的平均碰撞次数 $\bar{Z}$ 和平均自由程 $\bar{\lambda}$ 的变化情况是( )。

  A. $\bar{Z}$ 减小,但 $\bar{\lambda}$ 不变   B. $\bar{Z}$ 不变,但 $\bar{\lambda}$ 减小

  C. $\bar{Z}$ 和 $\bar{\lambda}$ 都减小   D. $\bar{Z}$ 和 $\bar{\lambda}$ 都不变

12. 热力学第一定律表明( )。

  A. 系统对外做的功不可能大于系统从外界吸收的热量

  B. 系统内能的增量等于系统从外界吸收的热量

  C. 不可能存在这样的循环过程,在此循环过程中,外界对系统做的功不等于系统传给外界的热量

  D. 热机的效率不可能等于 1

二、填空题

1. 质点的参数方程为 $x=2t$,$y=19-2t^2$,速度表达式为_____;加速度表达式为_____。

2. 力不是_____物体运动的原因,而是使物体运动状态_____的原因。

3. 一沿半径为 r 的圆周运动,运动学方程为 $\theta=1+2t^2$(SI),则 t 时刻质点的角速度大小为 $\omega=$_____ rad·s^{-1};切向加速度 $a_\tau=$_____ rad·s^{-2}。

4. 设一简谐振动方程为 $x=0.05\cos\left(\pi t-\dfrac{\pi}{3}\right)$(SI),则其振动的振幅是_____ m,周期是_____ s。

5. 人造地球卫星,绕地球作椭圆轨道运动,地球在椭圆的一个焦点上,则卫星的角动量_____,动量_____。(填守恒或不守恒)

6. 在等温膨胀过程中,若气体吸收的热量为10J,则气体对外做功_____J,气体内能增加_____J。

三、判断题

1. 质点是物体的一种理想模型,是否能够看成质点,取决于所研究的问题。　　　(　　)

2. 势能是过程量,是相对的,不是单值函数。　　　(　　)

3. 若刚体所受合外力为零,所受合外力矩不一定为零。　　　(　　)

4. 机械振动的传播,是振动状态的传播,不是质点的流动。　　　(　　)

5. 驻波是各点振幅不同的简谐振动的集合。　　　(　　)

四、简答题

1. 写出牛顿第二运动定律的数学表达式,并用文字叙述牛顿第二运动定律。

2. 写出质点的动量定理内容及数学表达式。

3. 如题 4-3 图所示的杂技表演,请用学过的知识说明杆是长些还是短些安全。

题 4-3 图

4. 机械波和电磁波产生的条件分别是什么?

5. 简述波动能量特点。

五、计算题

1. 一质点沿 x 方向作直线运动,其加速度为 $a=2t+2$,当 $t=0$ 时,$x_0=6$,速度 $v_0=8\mathrm{m/s}$。

　　求:质点在 $t=1\mathrm{s}$ 时的速度和位置。

2. 设作用在质量为 9kg 的物体上的力 $F=6t$。如果物体由静止出发沿直线运动,在前 3s 的时间内,求:(1)物体的冲量;(2)力对物体所做的功。

3. 一长为 l、质量为 m 的匀质细杆竖直放置,其下端与一固定绞链 O 相接,并可绕其转动,由于此竖直放置的细杆处于非稳定平衡状态,当其受到微小扰动时,细杆将在重力作用下,由静止开始绕绞链 O 转动,如题 5-3 图所示。试计算细杆转到与竖直线成 θ 角时的角加速度和角速度。

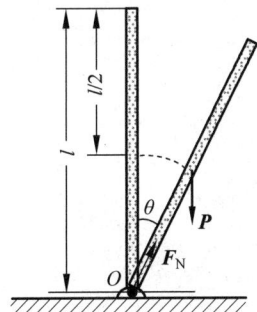

题 5-3 图

4. 质量为 0.01kg 的质点作简谐运动,振幅为 0.08m,周期为 4s,起始时物体在 $x=0.04$m 处,向 x 负方向运动,试求:(1)简谐运动方程;(2)已知该质点激起的横波沿 x 轴正向传播,波长 $\lambda=2$m,求该平面简谐波的波动方程。

5. 2mol 的氧气(可看成刚性双原子分子理想气体)的温度由 0℃升至 50℃,(1)保持体积不变;(2)保持压强不变。在这两个过程中氧气各吸收了多少热量? 各增加了多少内能? 对外各做了多少功?

习题参考答案

第 1 章

1.1 (1) C；(2) D；(3) C

1.2 $v=2i+6tj$ ，$a=6j$

1.3 (1) $x^2+(y-R)^2=R^2$；(2) $v=R\omega$；$a=R\omega^2$

1.4 $v=a_0t+\dfrac{1}{2}bt^2$，$x=\dfrac{1}{2}a_0t^2+\dfrac{1}{6}bt^3$

1.5 $v=5.7\mathrm{m\cdot s^{-1}}$，$a=8\mathrm{m\cdot s^{-2}}$

1.6 15.4°

1.7 略

1.8 (1) $\sqrt{b^2+\dfrac{(v_0-bt)^4}{R^2}}$ ；(2) $\dfrac{v_0}{b}$；(3) $\dfrac{v_0^2}{4\pi Rb}$ 圈

1.9 (1) $\omega=0.5\mathrm{rad\cdot s^{-1}}$，$a_\tau=2.0\mathrm{m\cdot s^{-2}}$，$a=2.0\mathrm{m\cdot s^{-2}}$；(2) 305°

1.10 (1) $a_n=14.4t^4$，$a_\tau=2.4t$；(2) 3.15；(3) 0.55s

1.11 $5.4\mathrm{m\cdot s^{-1}}$

1.12 (1) 沿偏向水流逆向且与河岸夹角60°的方向划行；所需时间为105s；(2) 沿垂直河岸的方向划行；到达与出发点正对岸下游50m处的位置。

1.13 轨迹为直线,加速度为 g,沿 y 轴正向。

第 2 章

2.1 (1) A；(2) C；(3) C

2.2 200N

2.3 (1) 0.4；(2) 2.0m

2.4 速度：$v=6t^2+4t+6$；位置：$x=2t^3+2t^2+6t+5$

2.5 $F>(m_1+m_2)(\mu_1+\mu_2)g$

2.6 $h=R-\dfrac{g}{\omega^2}$

2.7 48m

2.8 1m/s

2.9 8.06N

第 3 章

3.1 (1) C；(2) D；(3) C

3.2　　$54\text{N} \cdot \text{s}, 27\text{m} \cdot \text{s}^{-1}$

3.3　　$m\omega \sqrt{a^2 \sin^2 \omega t + b^2 \cos^2 \omega t}$，与 x 轴夹角 $\tan\theta = -\dfrac{b}{a}\cot\omega t$

3.4　　11.6N

3.5　　$F = \rho S v^2$

3.6　　$0.86\text{m} \cdot \text{s}^{-1}$

3.7　　（1）$W_f = -\mu_0 Mgl$；（2）$W_{弹} = -\dfrac{1}{2}kl^2$；（3）其他力不做功；（4）$W =$

$-\left(\mu_0 Mgl + \dfrac{1}{2}kl^2\right)$

3.8　　$W = 2F_0 R^2$

3.9　　36.0J

3.10　　$k = \dfrac{2mg}{R}$

3.11　　$\mu = 0.2$

3.12　　0.537m

第 4 章

4.1　　(1) C；(2) B；(3) C；(4) A；(5) C；(6) B

4.2　　$\alpha = \dfrac{9g}{8l}$；$a = \dfrac{9}{8}g$

4.3　　10.8s

4.4　　(1) $18.4 \text{ rad} \cdot \text{s}^{-2}, 7.98\text{rad} \cdot \text{s}^{-1}$；(2) 0.98J；(3) $8.57\text{rad} \cdot \text{s}^{-1}$

4.5　　$T = \dfrac{11}{8}mg$

4.6　　(1) $a = \dfrac{m_1 - \mu m_2}{m_1 + m_2 + \dfrac{J}{r^2}} \cdot g$，$T_1 = \dfrac{m_2 + \mu m_2 + \dfrac{J}{r^2}}{m_1 + m_2 + \dfrac{J}{r^2}} \cdot m_1 g$，$T_2 = \dfrac{m_1 + \mu m_1 + \dfrac{J}{r^2}}{m_1 + m_2 + \dfrac{J}{r^2}} \cdot m_2 g$

　　　　(2) $a = \dfrac{m_1}{m_1 + m_2 + \dfrac{J}{r^2}} \cdot g$，$T_1 = \dfrac{m_2 + \dfrac{J}{r^2}}{m_1 + m_2 + \dfrac{J}{r^2}} \cdot m_1 g$，$T_2 = \dfrac{m_1}{m_1 + m_2 + \dfrac{J}{r^2}} \cdot m_2 g$

4.7　　(1) $\alpha = \dfrac{6g}{11l}$；(2) $\omega = \sqrt{\dfrac{12g}{11l}}$

4.8　　$v_0 = \dfrac{4M}{m}\sqrt{\dfrac{gL}{3}}$

4.9　　$v = 0, \omega = \dfrac{2v_0}{L}$

4.10　　(1) $20.9\text{rad} \cdot \text{s}^{-1}$；(2) $1.32 \times 10^4\text{J}$

第 5 章

5.1 (1) D；(2) C；(3) C

5.2 (1) 位移，速度，运动状态；(2) 0，最大，最大；(3) 位移，简谐振动；(4) x，位移；(5) 不守恒，传播

5.3 $T=0.00069s，\omega=9101.4 rad \cdot s^{-1}$

5.4 (1) $0.25，0.1，\dfrac{2\pi}{3}$；(2) 32π

5.5 (1) $0.06m，T=\dfrac{2\pi}{5}=1.26s$；(2) $x_0=-0.06m，v_0=0.3m \cdot s^{-1}$；(3) $f=-1.5N，a=-7.5m \cdot s^{-2}$

5.6 (1) 0.314s；(2) $\pm 7.07 \times 10^{-3}m$

5.7 (1) $\varphi_1=\pi，x=A\cos\left(\dfrac{2\pi}{T}t+\pi\right)$；(2) $\varphi_3=\dfrac{\pi}{3}，x=A\cos\left(\dfrac{2\pi}{T}t+\dfrac{\pi}{3}\right)$

5.8 (1) $-8.66cm$；(2) $2.14 \times 10^{-3}N$；(3) 2s；(4) $\dfrac{4}{3}s$

5.9 (1) $A=0.08m，\varphi=\arctan 11$

5.10 (1) 0.1m (2) $\dfrac{\pi}{2}$

5.11 $A=0.02m，\nu=0.5Hz，\lambda=8m，u=4m \cdot s^{-1}$

5.12 $\lambda=0.28m；\nu=0.54Hz$

5.13 (1) $y=2 \times 10^{-2}\cos\left(2.5\pi t+\dfrac{\pi}{2}\right)$；(2) $y=2 \times 10^{-2}\cos\left[2.5\pi\left(t-\dfrac{x}{100}\right)+\dfrac{\pi}{2}\right]$；(3) 0

5.14 (1) $y=0.1\cos\left(4\pi t-\dfrac{\pi}{2}\right)$；(2) $y=0.1\cos\left[2\pi\left(\dfrac{t}{0.5}-\dfrac{x}{10}\right)-\dfrac{\pi}{2}\right]$；(3) $\Delta\varphi=\dfrac{\pi}{2}$

5.15 (1) $y=0.04\cos\left(4\pi t-\dfrac{\pi}{2}\right)$；(2) $y=0.04\left[(4\pi t-50\pi x)-\dfrac{\pi}{2}\right]$；(3) $y=0.04\cos\left(4\pi t+\dfrac{\pi}{2}\right)$

5.16 (1) $8.33 \times 10^{-3}s，0.25m$；(2) $y=4 \times 10^{-3}\cos(240\pi t-8\pi x)$

5.17 $x=(10+k)m，k=0，\pm 1，\pm 2，\cdots，\pm 9$

5.18 $\lambda=\left|\dfrac{0.2}{2k-1}\right|m，k=0，\pm 1，\pm 2，\cdots$

5.19 $y=0.12\cos\pi x \cdot \cos 4\pi t$，波腹 $x=k$，波节 $x=k+1/2，k=0，\pm 1，\pm 2，\cdots$

5.20 $y=2A\cos(2\pi x/\lambda)\cos\omega t$

第 6 章

6.1 (1) C；(2) C；(3) B；(4) C；(5) B；(6) B；(7) B

6.2 (1) $\dfrac{3}{2}kT$，分子的平均平动动能；(2) 氧气，氢气，T_1

6.3 (1) $2.44 \times 10^{25}m^{-3}$；(2) $1.30kg \cdot m^{-3}$；(3) $6.21 \times 10^{-21}J$；(4) $3.45 \times 10^{7}m$

6.4　(1) 5.65×10^{-21}J,3.77×10^{-21}J；(2) 7.1×10^2J

6.5　(1) 2.07×10^{-15}J；(2) 1.5×10^6m·s^{-1}

6.6　(1) $v_p(H_2) = 2.0 \times 10^3$m·s^{-1},$v_p(O_2) = 5.0 \times 10^2$m·s^{-1}；(2) 481.3K；(3) Ⅱ

6.7　(1) 4.9×10^2m·s^{-1}；(2) 0.028kg·mol^{-1}；(3) 5.65×10^{-21}J,3.77×10^{-21}J；(4) 1.52×10^2J·m^{-3}；(5) 1.7×10^3J

6.8　(1) H_2：1.01×10^4K,O_2：1.61×10^5K；(2) H_2：4.62×10^5K,H_2：7.39×10^6K

6.9　(1) 6.15×10^{23}mol^{-1}；(2) 1.29cm·s^{-1}

6.10　(1) 总分子数；(2) $\dfrac{2N}{3v_0}$；(3) $\dfrac{7N}{12}$；(4) $\dfrac{31mv_0^2}{36}$

6.11　1.93×10^3m

6.12　3.89×10^2m·s^{-1},4.39×10^2m·s^{-1},4.77×10^2m·s^{-1}

6.13　2.69×10^{19} 个,454m·s^{-1},7.7×10^9s^{-1},6.0×10^{-8}m

第 7 章

7.1 (1) C；(2) A；(3) D；(4) C；(5) D；(6) C；(7) A

7.2　(1) 做功,传热,始末状态,过程；(2) 循环过程所做的净功,负；(3) 绝热,等温,温度,小于；(4) 400J；(5) 500K；(6) 7.8；(7) 吸热,放热,吸热

7.3　$\dfrac{5}{2}(p_2V_2 - p_1V_1)$,$\dfrac{1}{2}(p_2 + p_1)(V_2 - V_1)$,$3(p_2V_2 - p_1V_1) + \dfrac{1}{2}(p_1V_2 - p_2V_1)$

7.4

−	0	−
−	−	−
−	+	0
0	−	
−	+	−
−	+	+

7.5　(1) 405.2J；(2) 0；(3) 405.2J

7.6　(1) 128.1J,91.5J；(2) 36.6J,0

7.7　(1) 800J；(2) 100J

7.8　(1) 75K,225K；(2) 500J

7.9　36%

7.10　93.3K

7.11　8.0kW·h

综合练习参考答案

综合练习（一）

一、单项选择题

1. C；2. B；3. D；4. D；5. B；6. A；7. C；8. D；9. D；10. B；11. C；12. C

二、填空题

1. $(-10+60t)\boldsymbol{i}+(15-40t)\boldsymbol{j}$；$(60\boldsymbol{i}-40\boldsymbol{j})$

2. 大小；方向

3. 不能；能

4. 变小；变大

5. 负；$\dfrac{1}{4}$

6. 不变；吸热

三、问答题

1. 答：(1) $a_\tau=0$，$a_n\neq0$

   (2) $a_\tau\neq0$，$a_n\neq0$；$a_n=\dfrac{v^2}{r}$

2. 答：水平方向的合外力为零，动量守恒；对 O 点的合外力矩为零，角动量守恒；非保守内力做功，机械能不守恒。

3. 答：运动员绕通过自身质心轴转动，角动量守恒，即 $L=J\omega$ 不变，在空中尽量蜷缩四肢，转动惯量 L 变小，ω 变大，以完成空中翻转动作。

4. 答：正确标出振幅 A 和旋转矢量旋转方向，正确画出旋转矢量在 x 轴下方的正确位置并标出其在 x 轴的投影为 $A/2$；$\varphi_0=-\dfrac{\pi}{3}$

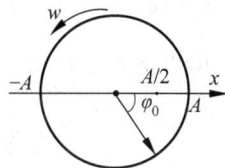

四、计算题

1. 解：$a=\dfrac{F}{m}=6t$

由 $a=\dfrac{\mathrm{d}v}{\mathrm{d}t}$ 得 $\mathrm{d}v=a\,\mathrm{d}t$，

$$\int_{v_0}^{v}\mathrm{d}v=\int_0^t a\,\mathrm{d}t$$

$$\int_0^{v}\mathrm{d}v=\int_0^t 6t\,\mathrm{d}t$$

$$v=3t^2$$

由 $v = \dfrac{\mathrm{d}x}{\mathrm{d}t}$ 得 $\mathrm{d}x = v\mathrm{d}t$

$$\int_{x_0}^{x} \mathrm{d}x = \int_{0}^{t} v\mathrm{d}t$$

$$\int_{0}^{x} \mathrm{d}x = \int_{0}^{t} 3t^2 \mathrm{d}t$$

$$x = t^3$$

当 $t = 3\mathrm{s}$ 时，$x = t^3 = 3^3 \mathrm{m} = 27\mathrm{m}$

2. **解**：外力做的功

$$W = \int_{0}^{5} F\mathrm{d}x = \int_{0}^{5} (4 + 3x)\mathrm{d}x$$

$$= (4x + 1.5x^2) \Big|_{0}^{5} = 57.5\mathrm{J}$$

由动能定理得

$$W = \frac{1}{2}mv^2 - 0$$

$$57.5 = \frac{1}{2} \times 10v^2 - 0$$

$$v = \frac{\sqrt{46}}{2}\mathrm{m/s}$$

由动量定理得外力的冲量：$I = mv - 0 = 5\sqrt{46}\,\mathrm{N \cdot s}$

3. **解**：受力分析如题 4-3 解用图所示

对 B：$2mg - T_1 = 2ma$

对 A：$T_2 = ma$

对滑轮：$T_1'r - T_2'r = \dfrac{mr^2}{2}\alpha$

$a = r\alpha$，$T_1 = T_1'$，$T_2 = T_2'$

由以上式子可得 $a = \dfrac{4}{7}g$

$$T_1 = \frac{8}{7}mg$$

$$T_2 = \frac{4}{7}mg$$

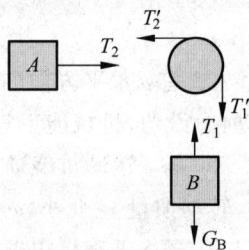

题 4-3 解用图

4. **解**：(1) 设振动方程为 $y = A\cos(\omega t + \varphi_0)$

$A = 0.2m$，$T = 4\pi$，$\omega = \dfrac{2\pi}{T} = 0.5\mathrm{rad \cdot s^{-1}}$

当 $t = 0$，$x = 0$，$y = 0.1\mathrm{m}$，即 $\cos\varphi_0 = \dfrac{1}{2}$

得 $\varphi_0 = \pm\dfrac{\pi}{3}$ 因 $v_0 < 0$ 故 $\varphi_0 = \dfrac{\pi}{3}$

所以波函数为 $y = 0.2\cos\left[t + \dfrac{\pi}{3}\right]$

（2）设波函数为 $y = A\cos\left[2\pi\left(\dfrac{t}{T} - \dfrac{x}{\lambda}\right) + \varphi_0\right]$

$$= 0.2\cos\left[2\pi\left(\dfrac{t}{4\pi} - \dfrac{x}{2}\right) + \dfrac{\pi}{3}\right]$$

5. **解**：细杆下落过程，由刚体转动动能定理得

$$mg\frac{l}{2} = \frac{1}{2}J w_0^2$$

$$J = \frac{1}{3}ml^2, \qquad \omega_0 = \sqrt{\frac{3g}{l}}$$

细杆与滑块系统碰撞过程中，对 O 轴合外力矩为零，由角动量守恒得
$$J\omega_0 = J\omega + ml^2\omega$$

对棒、地球系统，细杆上升过程中，由转动动能定理得

$$\frac{1}{2}J\omega^2 + \frac{1}{2}m(l\omega)^2 = mgl(1-\cos\theta) + mg\frac{l}{2}(1-\cos\theta)$$

$$h = \frac{l}{2} + \frac{l}{2}(1-\cos\theta) = \frac{13}{24}l$$

6. （1）**解**：$p_A V_A = p_B V_B$ 得 $T_B = T_A = 300K$

$$\frac{p_A V_A}{T_A} = \frac{p_C V_C}{T_C}, \text{因 } V_A = V_C \quad \text{得 } T_C = \frac{p_C T_A}{p_A} = \frac{100 \times 300}{300}K = 100K$$

（2）BC 过程所做的功为
$$W_{BC} = p_B(V_C - V_B) = 100 \times (1-3)J = -200J$$

CA 过程为等体过程，做功 $W_{CA} = 0$

（3）一个循环做的净功为

$$W_{BC} = \frac{1}{2}(p_A - p_C)(V_B - V_C) = \frac{1}{2} \times (300-100) \times (3-1)J = 200J$$

综合练习（二）

一、单项选择题

1. C；2. A；3. B；4. A；5. C；6. C；7. B；8. D；9. A；10. B；11. B；12. B

二、填空题

1. $6t\boldsymbol{i} + 12t\boldsymbol{j}$；$y = 2x + 2$

2. $10t$；$10\text{rad} \cdot \text{s}^{-1}$

3. 零；减小

4. 内力矩；合外力矩

5. $0.03m$；$2s$

6. $2077.5J$

三、问答题

1. **答**：（1）$a_\tau = 0$，$a_n = 0$

(2) $a_\tau \neq 0, a_n = 0 ; a_\tau = \dfrac{\mathrm{d}v}{\mathrm{d}t}$

2. **答**：合外力不为零,动量不守恒；对 OO' 轴的合外力矩为零,角动量守恒；非保守内力和外力做功之和为零,机械能守恒。

3. **答**：这两个力的合外力矩为零,合外力不一定为零,如习题 3-3 答用图(a)；两个力的合力为零,合外力矩也不一定为零,如题 3-3 答用图(b)。

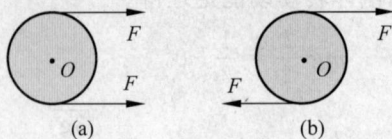

题 3-3 答用图

4. **答**：广播更容易收到。广播接收信号的波长比电视更长,根据波的衍射原理,对于同一个障碍物,波长越长,衍射现象更加明显,即更容易绕过障碍物向前传播,所以广播更容易接收到信号。

四、计算题

1. **解**：由 $a = \dfrac{\mathrm{d}v}{\mathrm{d}t}$,得 $\mathrm{d}v = a \mathrm{d}t$,

$$\int_{v_0}^{v} \mathrm{d}v = \int_0^t a \mathrm{d}t$$

$$\int_6^v \mathrm{d}v = \int_0^t (4t - 2) \mathrm{d}t$$

$$v = 2t^2 - 2t + 6$$

由 $v = \dfrac{\mathrm{d}x}{\mathrm{d}t}$ 得 $\mathrm{d}x = v \mathrm{d}t$,

$$\int_{x_0}^{x} \mathrm{d}x = \int_0^t v \mathrm{d}t$$

$$\int_9^x \mathrm{d}x = \int_0^t (2t^2 - 2t + 6) \mathrm{d}t$$

$$x = \frac{2}{3} t^3 - t^2 + 6t + 9$$

当 $t = 2\mathrm{s}$ 时, $v = 10\mathrm{m/s}, x = 22\frac{1}{3}\mathrm{m}$

2. **解**：$v = \dfrac{\mathrm{d}x}{\mathrm{d}t} = 4 - 4t + 3t^2$

$t = 0\mathrm{s}$ 时, $v_0 = 4\mathrm{m \cdot s^{-1}}$

$t = 2\mathrm{s}$ 时, $v = 8\mathrm{m/s}$

$W = \Delta E_k = \dfrac{1}{2} mv^2 - \dfrac{1}{2} mv_0^2 = 48\mathrm{J}$

$a = \dfrac{\mathrm{d}v}{\mathrm{d}t} = 6t - 4$

$t=1$s 时，$a=\dfrac{\mathrm{d}v}{\mathrm{d}t}=2\mathrm{m/s}$，$v=3\mathrm{m/s}$

$p=Fv=mav=2\times6\times3\mathrm{W}=12\mathrm{W}$

3. **解**：以子弹和棒为系统，子弹入射棒的过程，合外力矩为零，系统的角动量守恒

$$mv_0\frac{l}{2}=J\omega+m\frac{v_0}{2}\frac{l}{2}$$

$$J=\frac{1}{3}Ml^2$$

棒上摆过程中，由动能定理得

$$-Mg\frac{l}{2}=0-\frac{1}{2}J\omega^2, J=\frac{1}{3}Ml^2$$

$$v_0=\frac{1}{m}\sqrt{\frac{4Mgl}{3}}$$

4. **解**：(1) 设简谐运动方程为 $y=A\cos(\omega t+\varphi_0)$

$$A=0.02\mathrm{m},\quad T=2,\quad \omega=\frac{2\pi}{T}=\pi$$

当 $t=0, x=0, y=0\mathrm{m}$，即 $\cos\varphi_0=0$

得 $\varphi_0=\pm\dfrac{\pi}{2}$

因 $v_0>0$ 故 $\varphi_0=-\dfrac{\pi}{2}$

所以波函数为 $y=0.02\cos\left[\pi t-\dfrac{\pi}{2}\right]$

(2) 设波函数为 $y=A\cos\left[\omega\left(t-\dfrac{x}{u}\right)+\varphi_0\right]$

$$=0.02\cos\left[\pi\left(t-\frac{x}{2}\right)-\frac{\pi}{2}\right]$$

5. **解**：(1) 动量定理、牛顿第三运动定律

(2) 以鸟为研究对象，由动量定理得

$$\bar{F}t=mv-0$$

$$t=\frac{l}{v}$$

$$\bar{F}=\frac{mv^2}{l}=\frac{0.5\times300^2}{0.2}\mathrm{N}=2.25\times10^5\mathrm{N}$$

由牛顿第三运动定律得，飞机受到的力 $\bar{F}'=-\bar{F}=-2.25\times10^5\mathrm{N}$

由此可见飞机受到很大的力的作用，因此会发生事故。

(3) 物体之间的碰撞会产生很大冲击力，有比较大的破坏性，日常生活我们不能高空抛物，不能往车外扔东西；我们可以利用所学的物理知识对身边发生的现象进行科学的解释。

6. (1) 等体时

$$W=0$$

$$\Delta E = \frac{m}{M} \frac{i}{2} R \Delta T = \frac{64}{32} \times \frac{5}{2} \times 8.31 \times 50 \text{J} = 2077.5 \text{J}$$

$$Q = \Delta E + W = 2077.5 \text{J}$$

（2）等压时

$$\Delta E = \frac{m}{M} \frac{i}{2} R \Delta T = \frac{64}{32} \times \frac{5}{2} \times 8.31 \times 50 \text{J} = 2077.5 \text{J}$$

$$Q = v C_{p,m} \Delta T = v \frac{7}{2} R \Delta T = \frac{64}{32} \times \frac{7}{2} \times 8.31 \times 50 \text{J} = 2908.5 \text{J}$$

$$W = Q - \Delta E = 831 \text{J}$$

综合练习（三）

一、单项选择题

1. B；2. B；3. D；4. C；5. D；6. C；7. A；8. B；9. D；10. B；11. D；12. B

二、填空题

1. 改变；不变

2. 4；4

3. 运动路径；零

4. 0.01；0.1

5. 波源；传播介质

6. 500；25%

三、判断题

1. ×   2. √   3. √   4. √   5. ×

四、简答题

1. 平均速度是位移与时间的比值,是矢量;平均速率是路程与时间的比值,是标量。

2. 卫星的动量不守恒,因为卫星的合外力不为零;卫星的角动量守恒,卫星的合外力矩为零;机械能守恒,因为卫星与地球构成的系统中万有引力是保守内力,系统保守内力做功,机械能守恒。

3. 刚体的质量、质量的分布、转轴的位置。

4. 花样滑冰运动员,在高速旋转时绕自身轴在转动,合外力矩为零,角动量守恒,即 $J\omega$ 不变,手脚往身体靠拢,J 减小,ω 增大。

5. 动能与势能相互转化,机械能守恒。

6. 做功和热传导。

做功是将外界定向运动的机械能转化为系统内分子无规则热运动能量,而传热是将外界分子无规则热运动能量转化为系统内分子无规则热运动能量。

五、计算题

1. **解**：由 $a = \dfrac{\mathrm{d}v}{\mathrm{d}t}$，得 $\mathrm{d}v = a \, \mathrm{d}t$，

$$\int_{v_0}^{v} \mathrm{d}v = \int_{0}^{t} a \, \mathrm{d}t$$

$$\int_3^v dv = \int_0^t (4t+1)dt$$

$$v = 2t^2 + t + 3$$

由 $v = \dfrac{dx}{dt}$，得 $dx = v\,dt$，

$$\int_{x_0}^x dx = \int_0^t v\,dt$$

$$\int_8^x dx = \int_0^t (2t^2 + t + 3)dt$$

$$x = \frac{t^3}{3} + \frac{t^2}{2} + 3t + 8$$

2. （1）前 2s 内的冲量 $I = \displaystyle\int_0^2 2t\,dt = t^2 \Big|_0^2 = 4\text{N}\cdot\text{S}$

（2）设 2s 后的速度为 v，由动量定理得

$$\int_0^2 2t\,dt = 2 \cdot v - 0$$

$$得\ v = 2\text{m/s}$$

由动能定理得

$$W = \frac{1}{2}mv^2 - 0 = 4\text{J}$$

3. **解**：转动定律 $M = J\alpha$ 得

$$mg\,\frac{l}{2}\sin\theta = \frac{ml^2}{3}\alpha$$

$$\alpha = \frac{3g}{2l}\cos\theta$$

$$\alpha = \frac{d\omega}{dt} = \frac{d\omega}{d\theta}\frac{d\theta}{dt} = \omega\,\frac{d\omega}{d\theta}$$

$$\int_0^\omega \omega\,d\omega = \int_0^\theta \frac{3g}{2l}\sin\theta\,d\theta$$

$$\omega = \sqrt{\frac{3g}{l}(1-\cos\theta)}$$

4. **解**：设振动方程为 $y = A\cos[\omega t + \varphi_0]$

$$A = 0.06\text{m}, \quad \omega = \frac{2\pi}{T} = 4\pi$$

当 $t = 0, y = 0.03$，即 $0.03 = 0.06\cos(\varphi_0)$

$\cos\varphi_0 = \dfrac{1}{2}$，得 $\varphi_0 = \pm\dfrac{\pi}{3}$

因 $v_0 < 0$

得 $\varphi_0 = \dfrac{\pi}{3}$

所以振动方程为 $y = 0.06\cos\left[4\pi + \dfrac{\pi}{3}\right]$

(2) 设波动方程为

$$y = A\cos\left[\omega\left(t - \frac{x}{u}\right) + \varphi_0\right]$$

波动方程为 $y = 0.06\cos\left[4\pi\left(t - \frac{x}{6}\right) + \frac{\pi}{3}\right]$

5. 解：$pV = vRT$ 得

$$v = \frac{pV}{RT} = \frac{1 \times 10^5 \times 0.0082}{8.31 \times 300}\text{mol} = 0.33\text{mol}$$

(1) 等体：

$$\Delta E = v\,\frac{i}{2}R\Delta T = 0.33 \times \frac{5}{2} \times 8.31 \times 100 = 683\text{J}, \quad W = 0$$

$$Q = \Delta E = 683\text{J}$$

(2) 等压：

$$\Delta E = v\,\frac{i}{2}R\Delta T = 0.33 \times \frac{5}{2} \times 8.31 \times 100\text{J} = 683\text{J}$$

$$W = p\Delta V = vR\Delta T = 0.33 \times 8.31 \times 100\text{J} = 274.23\text{J}, \quad Q = W + \Delta E = 957.23\text{J}$$

综合练习(四)

一、单项选择题

1. B；2. B；3. C；4. D；5. C；6. C；7. C；8. A；9. B；10. D；11. B；12. C

二、填空题

1. $2R$；πR

2. 保守力；重力或弹力或万有引力

3. 守恒；守恒

4. 纵波；横波

5. 3；1

6. 200J

三、判断题

1. ×　　2. √　　3. √　　4. √　　5. ×

四、简答题

1. 答：(1) $a_\tau = 0$；$a_n \neq 0$；(2) $a_\tau \neq 0$；$a_n \neq 0$。

2. 答：物体所受的合外力大小等于物体的动量随时间的变化率，$\boldsymbol{F} = \dfrac{\mathrm{d}\boldsymbol{p}}{\mathrm{d}t}$。

3. 答：角动量守恒的条件是合外力矩为零，如跳水过程、花样滑冰旋转过程、体操运动员空翻等。

4. 答：对轴的合外力矩为零，角动量守恒；合外力和非保守内力做功为零，机械能守恒。

5. 答：波动中的任一质元动能和势能同时最大，同时最小，机械能不守恒。

6. 答：(1) 分子本身的大小比分子间的平均距离小得多，分子可视为质点，它们遵从牛顿运动定律。

（2）分子与分子间或分子与器壁间的碰撞是完全弹性碰撞。

（3）除碰撞瞬间外,分子间的相互作用力可忽略不计,重力也忽略不计,两次碰撞之间,分子作匀速直线运动。

五、计算题

1. **解**：$a = \dfrac{F}{m} = 2t + 2$

由 $a = \dfrac{\mathrm{d}v}{\mathrm{d}t}$,得 $\mathrm{d}v = a\,\mathrm{d}t$,

$$\int_{v_0}^{v} \mathrm{d}v = \int_0^t a\,\mathrm{d}t$$

$$\int_5^v \mathrm{d}v = \int_0^t (2t+2)\,\mathrm{d}t$$

$$v = t^2 + 2t + 5$$

当 $t = 1\mathrm{s}, v = 8\mathrm{m/s}$

由 $v = \dfrac{\mathrm{d}x}{\mathrm{d}t}$,得 $\mathrm{d}x = v\,\mathrm{d}t$,

$$\int_{x_0}^{x} \mathrm{d}x = \int_0^t v\,\mathrm{d}t$$

$$\int_3^x \mathrm{d}x = \int_0^t (t^2 + 2t + 5)\,\mathrm{d}t$$

$$x = \frac{t^3}{3} + t^2 + 5t + 3$$

$$t = 1\mathrm{s}, \quad x = 9\frac{1}{3}\mathrm{m}$$

2. **解**：物体 A,B 及弹簧构成的系统中水平方向 $F_{合} = 0$,动量守恒。

$$2mv_0 = (2m + m)v$$

得碰撞后的共同速度

$$v = \frac{2}{3}v_0 = \frac{2}{3} \times 3\mathrm{m/s} = 2\mathrm{m/s}$$

又因为该系统只有弹性力（保守内力）做功,则机械能守恒设弹簧压缩距离为 x,则

$$\frac{1}{2}2mv_0^2 = \frac{1}{2}(2m + m)v^2 + \frac{1}{2}kx^2$$

解得

$$x = \sqrt{\frac{2m}{3k}}v_0 = 0.6\mathrm{m/s}$$

3. **解**：转动定律 $M = J\alpha$ 得

$$mg\,\frac{l}{2} = \frac{ml^2}{3}\alpha$$

$$\alpha = \frac{3g}{2l}$$

从水平位置到竖直位置由转动动能定理得

$$mg\,\frac{l}{2}=\frac{1}{2}\,\frac{ml^2}{3}\omega^2$$

$$\omega=\sqrt{\frac{3g}{l}}$$

4. 解：(1) $T=\dfrac{2\pi}{\omega}=1\text{s},\lambda=uT=2\text{m}$

(2) 设波动方程为

$$y=A\cos\left[2\pi\left(\frac{t}{T}-\frac{x}{\lambda}\right)+\varphi_0\right]$$

$$=5\times10^{-3}\cos\left[2\pi\left(t-\frac{x}{2}\right)+\frac{\pi}{2}\right]$$

(3) $x=4$ 处的振动方程为

$$y=5\times10^{-3}\cos\left[2\pi\left(t-\frac{2}{2}\right)+\frac{\pi}{2}\right]=5\times10^{-3}\cos\left[2\pi(t-1)+\frac{\pi}{2}\right]$$

5. 解：(1) 沿 AB 作等温膨胀的过程中，系统做功

$$W_{AB}=\frac{m}{M}RT_1\ln(V_B/V_A)=p_AV_B\ln(V_B/V_A)=2.77\times10^3\text{J}$$

由分析可知在等温过程中，氧气吸收的热量为

$$Q_{AB}=W_{AB}=2.77\times10^3\text{J}$$

(2) 沿 A 到 C 再到 B 的过程中系统做功和吸热分别为

$$W_{ACB}=W_{AC}+W_{CB}=W_{CB}=p_C(V_B-V_C)=2.0\times10^3\text{J}$$

$$Q_{ACB}=WA_{CB}=2.0\times10^3\text{J}$$

综合练习(五)

一、单项选择题

1. D；2. D；3. A；4. D；5. C；6. D；7. C；8. D；9. B；10. D；11. A；12. C

二、填空题

1. $2\boldsymbol{i}-4t\boldsymbol{j}$ ；$-4\boldsymbol{j}$

2. 维持；改变

3. $4tr$ ；$4r$

4. 0.05；2

5. 守恒；不守恒

6. 10J；0

三、判断题

1. √　　2. ×　　3. √　　4. √　　5. √

四、简答题

1. $\boldsymbol{F}=\dfrac{\mathrm{d}\boldsymbol{p}}{\mathrm{d}t}$ ；物理意义：物体的动量随时间的变化率等于作用于物体的合外力。

2. 质点所受合外力的冲量等于质点动量的变化量；$\displaystyle\int_{t_1}^{t_2}F\mathrm{d}t=mv_2-mv_1$ 。

3. 杆相对长些安全,杆绕着端点转动,其转动惯量的大小为$\dfrac{ml^2}{3}$,杆长些的转动惯量大,其转动惯性更不容易改变,则杆的晃动程度更小,人在上面就更容易平衡,也更安全。

4.(1)机械波:波源和弹性介质;

(2)电磁波:波源。

5. 动能与势能相互转化,机械能守恒。

五、计算题

1. **解**:由 $a=\dfrac{\mathrm{d}v}{\mathrm{d}t}$,得 $\mathrm{d}v=a\,\mathrm{d}t$

$$\int_{v_0}^{v}\mathrm{d}v=\int_{0}^{t}a\,\mathrm{d}t$$

$$\int_{8}^{v}\mathrm{d}v=\int_{0}^{t}(2t+2)\,\mathrm{d}t$$

$$v=t^2+2t+8$$

由 $v=\dfrac{\mathrm{d}x}{\mathrm{d}t}$,得 $\mathrm{d}x=v\,\mathrm{d}t$,

$$\int_{x_0}^{x}\mathrm{d}x=\int_{0}^{t}v\,\mathrm{d}t$$

$$\int_{6}^{x}\mathrm{d}x=\int_{0}^{t}(t^2+2t+8)\,\mathrm{d}t,\quad x=\dfrac{t^3}{3}+t^2+8t+6$$

当 $t=1,v=11\mathrm{m/s},x=15\dfrac{1}{3}\mathrm{m}$

2. **解**:(1)前 3s 内的冲量 $I=\int_{0}^{3}6t\,\mathrm{d}t=3t^2\Big|_{0}^{3}=27\mathrm{N\cdot S}$

(2)由动量定理得,设 3s 后的速度为 v

$$\int_{0}^{3}6t\,\mathrm{d}t=9\cdot v-0$$

得 $v=3\mathrm{m/s}$

由动能定理得

$$W=\dfrac{1}{2}mv^2-0=40.5\mathrm{J}$$

3. **解**:转动定律 $M=J\alpha$ 得

$$mg\,\dfrac{l}{2}\sin\theta=\dfrac{ml^2}{3}\alpha$$

$$\alpha=\dfrac{3g}{2l}\cos\theta$$

$$\alpha=\dfrac{\mathrm{d}\omega}{\mathrm{d}t}=\dfrac{\mathrm{d}\omega}{\mathrm{d}\theta}\dfrac{\mathrm{d}\theta}{\mathrm{d}t}=\omega\,\dfrac{\mathrm{d}\omega}{\mathrm{d}\theta}$$

$$\int_{0}^{\omega}\omega\,\mathrm{d}\omega=\int_{0}^{\theta}\dfrac{3g}{2l}\sin\theta\,\mathrm{d}\theta$$

$$\omega=\sqrt{\dfrac{3g}{l}(1-\cos\theta)}$$

4. **解**：设振动方程为 $y = A\cos(\omega t + \varphi_0)$

$$A = 0.08\text{m}, \quad \omega = \frac{2\pi}{T} = \frac{\pi}{2}$$

当 $t = 0, y = 0.04$，即 $0.04 = 0.08\cos(\varphi_0)$

$\cos\varphi_0 = \frac{1}{2}$，得 $\varphi_0 = \pm\frac{\pi}{3}$ 因 $v_0 < 0$

得 $\varphi_0 = \frac{\pi}{3}$

所以振动方程为 $y = 0.08\cos\left[\frac{\pi}{2}t + \frac{\pi}{3}\right]$

（2）设波动方程为

$$y = A\cos\left[2\pi\left(\frac{t}{T} - \frac{x}{\lambda}\right) + \varphi_0\right]$$

波动方程为 $y = 0.08\cos\left[2\pi\left(\frac{t}{4} - \frac{x}{2}\right) + \frac{\pi}{3}\right]$

5. **解**：（1）等体时

$$W = 0$$

$$\Delta E = \frac{m}{M}\frac{i}{2}R\Delta T = 2 \times \frac{5}{2} \times 8.31 \times 50\text{J} = 2077.5\text{J}$$

$$Q = \Delta E + W = 2077.5\text{J}$$

（2）等压时

$$\Delta E = \frac{m}{M}\frac{i}{2}R\Delta T = 2 \times \frac{5}{2} \times 8.31 \times 50\text{J} = 2077.5\text{J}$$

$$Q = vC_{p,m}\Delta T = v\frac{7}{2}R\Delta T = 2 \times \frac{7}{2} \times 8.31 \times 50\text{J} = 2908.5\text{J}$$

$$W = Q - \Delta E = 831\text{J}$$

参 考 文 献

［1］　吴百诗.大学物理(新版)[M].北京：科学出版社,2001.

［2］　杨庆芬,张闪,李同锴.大学物理[M].2版.北京：中国铁道出版社,2011.

［3］　张三慧,安宇,阮东,等.大学物理学：力学、热学[M].5版.北京：清华大学出版社,2024.

［4］　秦万广,刘帅,宋更新,等.大学物理学(上册)[M].北京：高等教育出版社,2013.

［5］　马文蔚,周雨青.物理学教程(上册)[M].2版.北京：高等教育出版社,2006.

［6］　赵近芳,王登龙.大学物理学(上册)[M].4版.北京：北京邮电大学出版社,2014.

［7］　郭进,刘奕新,冯禄燕,等.大学物理(上册)[M].北京：科学出版社,2009.

［8］　詹煜,李传起,等.大学物理教程(上册)[M].2版.北京：科学出版社,2014.

［9］　程守洙,江之永.普通物理学(第一册)[M].5版.北京：高等教育出版社,1998.

［10］　王文福,税正伟.大学物理学(下册)[M].2版.北京：科学出版社,2016.

附 录 I

国 际 单 位 制

1948 年召开的第九届国际计量大会要求国际计量委员会创立一种实用的计量单位制。1954 年第十届国际计量大会决定采用米(m)、千克(kg)、秒(s)、安培(A)、开尔文(K)和坎德拉(cd)作为基本单位。1960 年第十一届国际计量大会决定将上述 6 个基本单位命名为"国际单位制",并规定其符号为"SI"。1974 年第十四届国际计量大会决定将摩尔(mol)增加为基本单位。因此,目前国际单位制共有 7 个基本单位。另外还规定了 2 个辅助单位,即弧度(平面角单位)、球面度(立体角单位)。其他单位均由这些基本单位和辅助单位导出。

2018 年 11 月,第 26 届国际计量大会对国际单位制的 7 个基本单位进行了重新定义,使 7 个基本单位将全部通过不变的自然常数来定义,用这些不变的常数作为测量基础,意味着这些单位的定义在未来也是可靠的、不变的。

1954 年国际度量衡会议决定,自 1978 年 1 月 1 日起实行国际单位制,简称国际制,国际代号为 SI。我国于 1985 年 9 月 6 日通过的《中华人民共和国计量法》规定"国家采用国际单位制。国际单位制计量单位和国家选定的其他计量单位,为国家法定计量单位。国家法定计量单位的名称、符号由国务院公布"。

1. 国际单位制的基本单位

物理量名称	单位名称	单位符号	单 位 定 义
长度	米	m	1 米是光在真空中在 $(299792458)^{-1}$ s 内的行程
质量	千克	kg	1 千克是普朗克常量为 $6.62607015 \times 10^{-34}$ J·s($6.62607015 \times 10^{-34}$ kg·m²·s⁻¹)时的质量
时间	秒	s	1 秒是铯-133 原子在基态下的两个超精细能级之间跃迁所对应的辐射的 9192631770 个周期的时间
电流	安培	A	1 安培是 1s 内通过 $(1602176634)^{-1} \times 10^{28}$ 个元电荷所对应的电流
热力学温度	开尔文	K	1 开尔文是玻耳兹曼常数为 1.380649×10^{-23} J·K⁻¹(1.380649×10^{-23} kg·m²·s⁻²·K⁻¹)时的热力学温度
物质的量	摩尔	mol	1 摩尔是精确包含 $6.02214076 \times 10^{23}$ 个原子或分子等基本单元的系统的物质的量

续表

物理量名称	单位名称	单位符号	单 位 定 义
发光强度	坎德拉	cd	1 坎德拉是一光源在给定方向上发出频率为 $540\times10^{12}\,\mathrm{s}^{-1}$ 的单色辐射,且在此方向上的辐射强度为 $(683)^{-1}\,\mathrm{kg\cdot m^2\cdot s^{-3}}$ 时的发光强度

2. 国际单位制的辅助单位

量的名称	单位名称	单位符号	定 义
平面角	弧度	rad	弧度是一个圆内两条半径在圆周上截取的弧长与半径相等
立体角	球面角	sr	球面度是一个立体角,其顶点位于球心,而它在球面上所截取的面积等于以球半径为边长的正方形面积

3. 国际单位制词头

因数	词头名称	符号	因数	词头名称	符号
10^{18}	艾[可萨](wexa)	E	10^{-1}	分(deci)	d
10^{15}	拍[它](peta)	P	10^{-2}	厘(centi)	c
10^{12}	太[拉](tera)	T	10^{-3}	毫(milli)	m
10^{9}	吉[咖](giga)	G	10^{-6}	微(micro)	μ
10^{6}	兆(mega)	M	10^{-9}	纳[诺](nano)	n
10^{3}	千(kilo)	k	10^{-12}	皮[可](wexa)	p
10^{2}	百(hecto)	h	10^{-15}	飞[母托](femto)	f
10^{1}	十(deca)	da	10^{-18}	阿[托](atto)	a

常用基本物理数据

物 理 量	符号	数 值		不确定度 /10^{-6}
		计算用值	最 佳 值	
真空中的光速	c	$3.0\times10^{8}\,\mathrm{m\cdot s^{-1}}$	$299792458\,\mathrm{m\cdot s^{-1}}$	(精确)
真空磁导率	μ_0	$4\pi\times10^{-7}\,\mathrm{N\cdot A^{-2}}$	$4\pi\times10^{-7}\,\mathrm{N\cdot A^{-2}}$ $1.2566370614\times10^{-6}\,\mathrm{N\cdot A^{-2}}$	(精确)
真空电容率	ε_0	$8.85\times10^{-12}\,\mathrm{F\cdot m^{-1}}$	$8.854187817\times10^{-12}\,\mathrm{F\cdot m^{-1}}$	(精确)
万有引力常量	G	$6.67\times10^{-11}\,\mathrm{m^3\cdot kg^{-1}\cdot s^{-2}}$	$6.67430(15)\times10^{-11}\,\mathrm{m^3\cdot kg^{-1}\cdot s^{-2}}$	22
精细结构常数及其 倒数	α α^{-1}	7.30×10^{-3} 137	$7.2973525643(11)\times10^{-3}$ $137.035999177(21)$	0.00016 0.00016
普朗克常量	h $\hbar$	$6.63\times10^{-34}\,\mathrm{J\cdot s}$ $1.05\times10^{-34}\,\mathrm{J\cdot s}$	$6.62607015\times10^{-34}\,\mathrm{J\cdot s}$ $1.054571817\times10^{-34}\,\mathrm{J\cdot s}$	(精确)
阿伏伽德罗常量	N_A	$6.022\times10^{23}\,\mathrm{mol}$	$6.02214076\times10^{23}\,\mathrm{mol}$	(精确)
摩尔气体常量	R	$8.31\,\mathrm{J\cdot mol^{-1}\cdot K^{-1}}$	$8.314462618\,\mathrm{J\cdot mol^{-1}\cdot K^{-1}}$	(精确)
玻耳兹曼常量	k	$1.38\times10^{-23}\,\mathrm{J\cdot K^{-1}}$	$1.380649\times10^{-23}\,\mathrm{J\cdot K^{-1}}$	(精确)
斯特藩-玻耳兹曼常量	σ	$5.67\times10^{-8}\,\mathrm{W\cdot m^{-2}\cdot K^{-4}}$	$5.670374419\times10^{-8}\,\mathrm{W\cdot m^{-2}\cdot K^{-4}}$	(精确)
维恩位移定律常量	b	$2.897\times10^{-3}\,\mathrm{m\cdot K^4}$	$2.897771955\times10^{-3}\,\mathrm{m\cdot K^4}$	(精确)
摩尔体积(理想气体, $T=273.15\mathrm{K}$, $p=101325\mathrm{Pa}$)	V_m	$22.4\times10^{-3}\,\mathrm{m^3\cdot mol^{-1}}$	$22.41396954\times10^{-3}\,\mathrm{m^3\cdot mol^{-1}}$	(精确)
基本电荷	e	$1.60\times10^{-19}\,\mathrm{C}$	$1.602176634\times10^{-19}\,\mathrm{C}$	(精确)
电子质量	m_e	$9.11\times10^{-31}\,\mathrm{kg}$	$9.1093837015(28)\times10^{-31}\,\mathrm{kg}$	0.00031
质子质量	m_p	$1.67\times10^{-27}\,\mathrm{kg}$	$1.67262192369(51)\times10^{-27}\,\mathrm{kg}$	0.00031
中子质量	m_n	$1.67\times10^{-27}\,\mathrm{kg}$	$1.6749274980(21)\times10^{-27}\,\mathrm{kg}$	0.0013
经典电子半径	r_e	$2.82\times10^{-15}\,\mathrm{kg}$	$2.81794092(38)\times10^{-15}\,\mathrm{kg}$	0.00045
波尔半径	a_0	$5.29\times10^{-11}\,\mathrm{m}$	$5.29177210903(80)\times10^{-11}\,\mathrm{m}$	0.00015
电子比荷	e/m	$1.76\times10^{11}\,\mathrm{C\cdot kg^{-1}}$	$1.75882000838(55)\times10^{11}\,\mathrm{C\cdot kg^{-1}}$	0.00031

续表

物 理 量	符号	数 值		不确定度 /10^{-6}
		计算用值	最 佳 值	
电子磁矩	μ_e	$9.28\times10^{-24}\,\mathrm{J\cdot T^{-1}}$	$9.2847646917(29)\times10^{-24}\,\mathrm{J\cdot T^{-1}}$	0.00031
质子磁矩	μ_p	$1.41\times10^{-26}\,\mathrm{J\cdot T^{-1}}$	$1.41060679545(60)\times10^{-26}\,\mathrm{J\cdot T^{-1}}$	0.00043
中子磁矩	μ_n	$0.966\times10^{-26}\,\mathrm{J\cdot T^{-1}}$	$9.6623653(23)\times10^{-26}\,\mathrm{J\cdot T^{-1}}$	0.24
康普顿波长	λ_c	$2.43\times10^{-12}\,\mathrm{m}$	$2.42631023867(11)\times10^{-12}\,\mathrm{m}$	0.000045
磁通量子,$h/2e$	$\varPhi$	$2.07\times10^{-15}\,\mathrm{Wb}$	$2.067833848\times10^{-15}\,\mathrm{Wb}$	(精确)
波尔磁子,$e\hbar/2m_e$	μ_B	$9.27\times10^{-24}\,\mathrm{J\cdot T^{-1}}$	$9.2740100783(28)\times10^{-24}\,\mathrm{J\cdot T^{-1}}$	0.00030
核磁子,$(e\hbar)/(2m_e)$	μ_N	$5.05\times10^{-27}\,\mathrm{J\cdot T^{-1}}$	$5.0507837393(16)\times10^{-27}\,\mathrm{J\cdot T^{-1}}$	0.00031
里德伯常量	R_∞	$1.097\times10^{7}\,\mathrm{m^{-1}}$	$10973731.568157(12)\,\mathrm{m^{-1}}$	1.1×10^{-6}
原子（统一）质量单位,原子质量常量	m_u	$1.66\times10^{-27}\,\mathrm{kg}$ $931.5\,\mathrm{MeV\cdot c^{-2}}$	$1.66053906892(52)\times10^{-27}\,\mathrm{kg}$	0.00031
1 埃	Å	$1\text{Å}=1\times10^{-10}\,\mathrm{m}$		
1 光年	l. y.	$1\,\mathrm{l.y.}=9.46\times10^{15}\,\mathrm{m}$		
1 电子伏（特）	eV	$1\,\mathrm{eV}=1.602\times10^{-19}\,\mathrm{J}$	$1.602176634\times10^{-19}\,\mathrm{J}$	(精确)
1 特（斯拉）	T	$1\text{T}=1\times10^{-4}\,\mathrm{G}$		
热功当量	J	$4.186\,\mathrm{J\cdot cal^{-1}}$		
标准大气压	P_0	$101325\,\mathrm{Pa}\times10^{-3}$		
冰点绝对温度	T_0	$273.15\,\mathrm{K}$		
标准状态下声音在空气中传播速度	v_0	$331.46\,\mathrm{m\cdot s^{-1}}$		
钠光谱中黄线波长	D	$589.3\times10^{-9}\,\mathrm{m}$		
镉光谱中红线波长	λ_{Cd}	$643.84696\times10^{-9}\,\mathrm{m}$		

空气、水、地球、太阳系常用数据

1. 空气和水的一些性质(在 20℃、101Pa 时)

	空气	水
密度	$1.20kg \cdot m^{-3}$	$1.00 \times 10^3 kg \cdot m^{-3}$
比热(c_p)	$1.0 \times 10^3 J \cdot kg^{-1} \cdot K^{-1}$	$4.18 \times 10^3 J \cdot kg^{-1} \cdot K^{-1}$
声速	$343m \cdot s^{-1}$	$1.26 \times 10^3 m \cdot s^{-1}$

2. 有关地球的一些常用数据

密度	$5.49 \times 10^3 kg \cdot m^{-3}$
半径	$6.37 \times 10^6 m$
质量	$5.98 \times 10^{24} kg$
大气压强(地球表面)	$1.01 \times 10^5 Pa$
地球与月球平均距离	$3.84 \times 10^8 m$

3. 有关太阳系一些常用数据

星体	平均轨道半径/m	星体半径/m	轨道周期/s	星体质量/kg
太阳	5.6×10^{20}(银河)	6.96×10^8	8×10^{15}	1.99×10^{30}
水星	5.79×10^{10}	2.42×10^6	7.51×10^6	3.35×10^{23}
金星	1.08×10^{11}	6.10×10^6	1.94×10^7	4.89×10^{24}
地球	1.50×10^{11}	6.37×10^6	3.15×10^7	5.98×10^{24}
火星	2.28×10^{11}	3.38×10^6	5.94×10^7	6.46×10^{23}
木星	7.78×10^{11}	7.13×10^7	3.74×10^8	1.90×10^{27}
土星	1.43×10^{12}	6.04×10^7	9.35×10^8	5.69×10^{26}
天王星	2.87×10^{12}	2.38×10^7	2.64×10^9	8.73×10^{25}
海王星	4.50×10^{12}	2.22×10^7	5.22×10^9	1.03×10^{26}
冥王星	5.91×10^{12}	3×10^6	7.82×10^9	5.4×10^{24}
月球	3.84×10^8(地球)	1.74×10^6	2.36×10^6	7.35×10^{22}

物理量的名称符号和单位

物理量名称	符号	单位名称	单位符号
长度	L,l	米	m
面积	S	平方米	m^2
体积	V	立方米	m^3
时间	t	秒	s
[平面]角	$\alpha,\beta,\gamma,\theta,\varphi$ 等	弧度	rad
速度	v,u,c	米每秒	$m \cdot s^{-1}$
加速度	a	米每二次方秒	$m \cdot s^{-2}$
角速度	ω	弧度每秒	$rad \cdot s^{-1}$
角加速度	α	弧度每二次方秒	$rad \cdot s^{-2}$
质量	m	千克	kg
力	F	牛[顿]	N
摩擦因数	μ	—	1
功	W	焦[耳]	J
能量	E,E_k,E_p	焦[耳]	J
功率	p	瓦[特]	W
动量	p	千克米每秒	$kg \cdot m \cdot s^{-1}$
冲量	I	牛[顿]秒	$N \cdot s$
力矩	M	牛[顿]米	$N \cdot m$
转动惯量	J	千克二次方米	$kg \cdot m^2$
角动量	L	千克二次方米每秒	$kg \cdot m^2 \cdot s^{-1}$
周期	T	秒	s
频率	ν	赫[兹]	Hz
波长	λ	米	m
波数	k	每米	m^{-1}
振幅	A	米	m
热力学温度	T	开[尔文]	K
摄氏温度	t	摄氏度	℃
压强	p	帕[斯卡]	Pa
摩尔质量	M	千克每摩[尔]	$kg \cdot mol^{-1}$
物质的量	ν	摩[尔]	mol

物理量名称	符号	单位名称	单位符号
分子平均自由程	$\bar{\lambda}$	米	m
分子平均碰撞次数	$\bar{z}$	次每秒	s^{-1}
热量	Q	焦[耳]	J
摩尔定体热容	$C_{V,m}$	焦[耳]每摩[尔]开[尔文]	$J \cdot mol^{-1} \cdot K$
摩尔定压热容	$C_{p,m}$	焦[耳]每摩[尔]开[尔文]	$J \cdot mol^{-1} \cdot K$
黏度	η	次每秒	s^{-1}
热导率	κ	千克每米秒	$kg \cdot m \cdot s^{-1}$
熵	S	焦[耳]每开[尔文]	$J \cdot K^{-1}$
摩尔气体常量	R	焦[耳]每摩[尔]开[尔文]	$J \cdot mol^{-1} \cdot K^{-1}$
阿伏伽德罗常量	N_A	每摩[尔]	mol^{-1}
玻耳兹曼常量	k	焦[耳]每开[尔文]	$J \cdot K^{-1}$
电量	Q, q	库[仑]	C
电流	I, i	安[培]	A
电流密度	j	安[培]每平方米	$A \cdot m^{-2}$
电荷线密度	λ	库[仑]每米	$C \cdot m^{-1}$
电荷面密度	σ	库[仑]每平方米	$C \cdot m^{-2}$
电荷体密度	ρ	库[仑]每立方米	$C \cdot m^{-3}$
电场强度	E	伏[特]每米	$V \cdot m^{-1}$
电势	V	伏[特]	V
真空介电常数	ε_0	法[拉]每米	$F \cdot m^{-1}$
相对电容率	ε_r	—	—
电偶极矩	P	库[仑]米	$C \cdot m$
电极化强度	P	库[仑]每平方米	$C \cdot m^{-2}$
电位移	D	库[仑]每平方米	$C \cdot m^{-2}$
电位移通量	Φ_e	库[仑]	C
电容	C	法[拉]	F
电动势	ε	伏[特]	V
电阻	R	欧[姆]	Ω
电阻率	ρ	欧姆米	$\Omega \cdot m$
磁感应强度	B	特[斯拉]	T
磁导率	μ	亨[利]每米	$H \cdot m^{-1}$
真空磁导率	μ_0	亨[利]每米	$H \cdot m^{-1}$
相对磁导率	μ_r	—	—
磁通量	Φ_m	韦[伯]	Wb
磁化强度	M	安[培]每米	$A \cdot m^{-1}$
磁场强度	H	安[培]每米	$A \cdot m^{-1}$
自感	L	亨[利]	H
位移电流	I_d	安[培]	A
互感	M	亨[利]	H
电磁能密度	ω	焦[耳]每立方米	$J \cdot m^{-3}$
波速	μ	米每秒	$m \cdot s^{-1}$
波的强度	I	瓦[特]每平方米	$W \cdot m^{-2}$

续表

物理量名称	符号	单位名称	单位符号
光程差	Δ	米	m
辐射出射度	M	瓦[特]每平方米	$W \cdot m^{-2}$
核的结合能	E	焦[耳]	J
衰变常量	λ	每秒	s^{-1}
半衰期	τ	秒	s
普朗克常量	h	焦[耳]秒	$J \cdot s$
量子数	n		
里德伯常量	R	每米	m^{-1}
玻尔半径	r_1	米	m
波函数	Ψ	—	—